A construção da teoria fundamentada

C482c Charmaz, Kathy.
A construção da teoria fundamentada : guia prático para análise qualitativa / Kathy Charmaz ; tradução Joice Elias Costa.– Porto Alegre : Artmed, 2009.
272 p. ; 23 cm.

ISBN 978-85-363-1999-5

1.Métodos de pesquisa. 2. Pesquisa qualitativa. I. Título.

CDU 001.891

Catalogação na publicação: Renata de Souza Borges CRB-10/1922

KATHY CHARMAZ
Professora de Sociologia na Sonoma State University

A construção da teoria fundamentada

GUIA PRÁTICO PARA ANÁLISE QUALITATIVA

Tradução
Joice Elias Costa

Consultoria, supervisão e revisão técnica desta edição
Sonia Elisa Caregnato
Professora Adjunta da Faculdade e do Programa de Pós-Graduação em Biblioteconomia e Comunicação da Universidade Federal do Rio Grande do Sul.
Doutora em Information Studies pela University of Sheffield.

bookman® artmed®

2009

Obra originalmente publicada sob o título
Constructing Grounded Theory: a practical guide through qualitative analysis

ISBN 9780761973539

English language edition published by SAGE Publications of London,
Thousand Oaks and New Delhi and Singapore

Capa: *Paola Manica*

Preparação do original: *Smirna Cavalheiro*

Leitura final: *Janine Pinheiro de Mello*

Supervisão editorial: *Carla Rosa Araujo*

Editoração eletrônica: *Formato Artes Gráficas*

Av. Jerônimo de Ornelas, 670 - Santana
90040-340 Porto Alegre RS
Fone (51) 3027-7000 Fax (51) 3027-7070

SÃO PAULO
Av. Angélica, 1091 - Higienópolis
01227-100 São Paulo SP
Fone (11) 3665-1100 Fax (11) 3667-1333

SAC 0800 703-3444

IMPRESSO NO BRASIL
PRINTED IN BRAZIL
Impresso sob demanda na Meta Brasil a pedido de Grupo A Educação.

Agradecimentos

A autora e o editor agradecem às seguintes organizações e editores por concederem permissão para a reprodução:

– American Occupational Therapy Foundation: por excertos do artigo "The self as habit: The reconstruction of self in chronic illness", Charmaz, K. (2002).

– Blackwell Publishing: por fragmentos extraídos de Charmaz, K. (1995). "The body, identity and self", *The Sociological Quarterly* 36: 657-680.

– Rutgers University Press: por fragmentos extraídos de Charmaz, K. (1991). *Good days, bad days: The self in chronic illness and time.*

– Springer Science and Business Media: por um fragmento extraído de Lempert, L.B. (1997) "The other side of help: Negative effects in the help-seeking processes of abused women", *Qualitative Research*, 20, 289-309.

– Society for the Study of Symbolic Interaction, University of California Press: por duas figuras (5.1 e 5.2) extraídas de Adele E. Clarke (2003). "Situational analyses: Grounded theory mapping after the postmodern turn", *Symbolic Interaction*, 26 (4): 553-576.

Sumário

Prefácio

Este livro conduzirá o leitor pela jornada da construção da teoria fundamentada ao percorrer as suas etapas mais essenciais. O livro fornecerá um caminho, ampliará as suas perspectivas e apressará o seu passo ao assinalar obstáculos e oportunidades ao longo do caminho. Poderemos compartilhar a viagem, mas a aventura será sua. Esclarecerei as estratégias da teoria fundamentada e fornecerei diretrizes, exemplos e sugestões ao longo de todo o livro. Embora alguns autores forneçam mapas metodológicos a serem seguidos, levanto questões e esboço estratégias para indicar possíveis roteiros a serem adotados. Em cada fase da jornada suas leituras do seu trabalho orientarão seus próximos passos. Essa combinação de envolvimento e interpretação o conduzirá à próxima etapa. O ponto final da sua jornada emergirá de onde você começar, para onde você for e com quem você interagir, do que você vir e ouvir, e do modo como você aprende e pensa. Em resumo, o trabalho final será uma construção – a sua.

Escrever sobre métodos é algo que pode seguir por caminhos imprevisíveis. Em um recente fascículo do periódico *Symbolic Interaction*, Howard Becker (2003) relata os motivos que levaram o mestre etnógrafo Erving Goffman a evitar escrever sobre os seus métodos. Becker conta que Goffman acreditava que qualquer conselho de ordem metodológica seria um erro e os pesquisadores o culpariam pela confusão resultante disso. Oferecer conselhos metodológicos é um convite à divergência – e às críticas construtivas. Entretanto, ao contrário de Goffman, acolho a entrada no combate metodológico e o convido a se juntar a mim. Podem ser muitas as possibilidades de divergências metodológicas, no entanto, são inúmeras as oportunidades que podem surgir para alcançarem-se esclarecimentos e avanços metodológicos. Levar para a esfera pública qualquer método que vá além de mera prescrição é algo que, inevitavelmente, convida à interpretação e à reconstrução – e, é claro, à divergência. As perspectivas, os objetivos e as práticas de leitores e pesquisadores influenciam a forma como esses compreenderão um método. No passado, os pesquisadores muitas vezes tiveram uma compreensão equivocada da teoria fundamentada. Os pesquisadores qualitativos com produção publicada acabam por alimentar essa confusão ao citarem a teoria fundamentada como sendo a abordagem metodológica utilizada, mesmo que seus trabalhos pouco se assemelhassem a estudos de teoria fundamentada. Inúmeros pesquisadores invocaram a teoria fundamentada com base metodológica para justificar a condução da pesquisa qualitativa em vez de adotarem as diretrizes da teoria para o relato dos seus estudos.

Este livro representa a minha interpretação da teoria fundamentada e contém diretrizes, recomendações e perspectivas metodológicas. Dependendo da perspectiva adotada, pode-se dizer que o método avançou ou modificou-se desde que os seus criadores, Barney G. Glaser e Anselm L. Strauss, apresentaram o enunciado clássico da teoria fundamentada, em 1967. Cada um deles alterou a sua postura em relação a determinados pontos, mas acrescentaram outros. Minha versão da teoria fundamentada retorna aos enunciados clássicos do século passado e os reexamina através de uma lente metodológica deste século. Os pesquisadores podem utilizar métodos da teoria fundamentada tanto com dados quantitativos quanto dados qualitativos; no entanto, eles têm sido adotados quase exclusivamente na pesquisa qualitativa, à qual me dirijo aqui. Ao longo do livro, refiro-me aos materiais com os quais trabalhamos como "dados" e não como materiais ou relatos, pois a pesquisa qualitativa ocupa um lugar na investigação científica por seus próprios méritos.

Ao escrever este livro, tive a intenção de atingir os seguintes objetivos: 1) oferecer um conjunto de diretrizes para a construção da pesquisa de teoria fundamentada, instruída pelos avanços metodológicos ocorridos ao longo das últimas quatro décadas; 2) corrigir alguns dos equívocos comuns relativos à teoria fundamentada; 3) apontar as diferentes versões do método e as mudanças de postura dentro dessas versões; 4) fornecer explicações suficientes das diretrizes de modo que possam ser seguidas por qualquer pesquisador iniciante que tenha um conhecimento básico sobre métodos de pesquisa; 5) inspirar pesquisadores iniciantes e experientes a se envolverem em um projeto de pesquisa de teoria fundamentada. De forma coerente com os enunciados clássicos da teoria fundamentada, apresentados por Glaser e Strauss, enfatizo os aspectos analíticos da investigação ao reconhecer a importância de se ter uma base sólida no que diz respeito a dados. Em sua maioria, utilizei dados publicados e excertos para que você possa buscar as fontes originais, caso deseje ver a forma como os dados que foram extraídos se ajustam às suas respectivas narrativas.

Espero que você considere útil a minha construção dos métodos da teoria fundamentada para a sua própria construção de novas teorias fundamentadas. Esses métodos fornecem um valioso conjunto de ferramentas para o desenvolvimento de um instrumento analítico no seu trabalho e, por sua extensão lógica, para a elaboração de uma teoria a partir dele. Aqueles pesquisadores que orientam os seus estudos para a construção da teoria podem considerar os Capítulos 5 e 6 particularmente interessantes. Entretanto, constato que, às vezes, os nossos objetivos de pesquisa e o nosso público nem sempre pressupunham a construção de uma teoria explícita, embora o fornecimento de um esquema analítico útil represente uma contribuição significativa. Os métodos da teoria fundamentada oferecem uma vantagem analítica para o seu trabalho. São muitos os indícios de que esses métodos possam determinar descrições inquestionáveis e narrativas reveladoras. Quer você busque histórias etnográficas, narrativas biográficas ou análises qualitativas de entrevistas, os métodos da teoria fundamentada podem ajudá-lo a tornar seu trabalho compreensivo e incisivo.

Uma longa evolução precede a minha travessia pelos fundamentos deste livro. As minhas ideias surgiram a partir de duas fontes distintas: uma primeira imersão nos desenvolvimentos epistemológicos nos anos de 1960 e um programa doutoral inovador que acendeu a minha imaginação. Tal como ocorre para muitos estudantes de pós-graduação dos dias de hoje, *The Structure of Scientific Revolutions*, de Thomas Kuhn, teve, em mim, um efeito duradouro, assim como os efeitos dos físicos teóricos que questionaram as noções convencionais da verdade, da objetividade e do raciocínio científicos.

Como membro da primeira turma de alunos de doutorado em Sociologia da Universidade da Califórnia, em São Francisco, tive o privilégio de estudar a teoria fundamentada com Barney Glaser em diversos seminários da pós-graduação. Cada estudante teve uma reunião de classe em que todos os membros analisaram o seu material em uma discussão livre. Os seminários faiscaram de excitação e entusiasmo. A habilidade de Barney brilhou pela forma como nos afastou da mera descrição do nosso material, orientando-nos para a sua conceitualização em esquemas analíticos. Sou grata por ter tido a oportunidade de estudar com ele. Anselm Strauss, meu orientador de dissertação, acompanhou meu trabalho desde o dia de nossa primeira reunião até a sua morte, em 1996. Ele e Barney compartilharam o compromisso de fazerem surgir novas gerações de estudantes que se tornassem pesquisadores produtivos adeptos da teoria fundamentada. Quando eu entregava a Anselm sua parte do texto, geralmente apenas um fragmento pela manhã, já ao final da tarde ele ligava para conversarmos sobre o que eu havia escrito. Embora Anselm provavelmente discordasse de vários pontos deste livro, tenho esperança de que boa parte dele fosse interessá-lo e provocar aquela conhecida risada dissimulada que tantas gerações de estudantes tiveram a oportunidade de compartilhar.

Um livro pode ter longos antecedentes que precedem a sua escrita. A minha jornada com a teoria fundamentada começou com Barney Glaser e Anselm Strauss, cuja sólida influência não apenas permeou o meu trabalho, mas também a minha consciência. Sendo assim, de forma não tão evidente, a minha interpretação da teoria fundamentada contém também lições aprendidas durante os meus estudos doutorais, com Fred Davis, Virginia Olesen e Leonard Schatzman, sobre a qualidade da coleta de dados e do conhecimento. Desde então, desenvolvi as ideias para este livro. As variadas solicitações para que articulasse a minha versão da teoria fundamentada ampliaram a minha visão desta. Embora nenhuma das pessoas que menciono a seguir estivesse de fato envolvida neste projeto, responder às suas solicitações iniciais me ajudou a esclarecer minha postura e a antecipar minha compreensão da teoria fundamentada. Agradeço, portanto, a Paul Atkinson, Alan Bryman, Amarda Coffey, Tom Cooke, Robert Emerson, Sara Delamont, Norm Denzin, Uta Gerhardt, Jaber Gubrium, James Holstein, Yvonna Lincoln, John Lofland, Lyn Lofland e Jonathan A. Smith.

Este livro jamais teria sido desenvolvido sem o apoio e o incentivo do meu editor na Sage, Patrick Brindle, e do editor David Silverman. Agradeço a David Silverman pelo seu convite e estimo a sua fé na materialização do livro. Em especial, agradeço a Patrick Brindle por seus esforços para viabilizá-lo. Sou grata a Patrick Brindle, Antony Bryant, Adele Clarke, Virginia Olesen e David Silverman por suas leituras perspicazes dos originais e por seus admiráveis comentários a respeito. Por sua vez, Jane Hood, Devon Lanin e Kristine Snyder leram e fizeram comentários muito úteis sobre um dos capítulos. Por diversas vezes, discuti capítulos com membros do Faculty Writing Program da Sonoma State University e sempre apreciei as nossas conversas. Anita Catlin, Dolly Friedel, Jeanette Koshar, Melinda Milligan, Myrna Goodman e Craig Winston levantaram questões acertadas. Além de participarem das estimulantes discussões, Julia Allen, Noel Byrne, Diana Grant, Mary Halavais, Kim Hester-Williams, Matt James, Michelle Jolly, Scott Miller, Tom Rosen, Richard Senghas e Thaine Stearns também escreveram comentários criteriosos sobre alguns capítulos em diversas etapas do desenvolvimento. Nas primeiras etapas do projeto, as minhas conversas sobre a teoria fundamentada com Kath Melia foram sempre estimulantes.

Em um nível mais técnico, Leslie Hartman administrou várias tarefas práticas tediosas com habilidade e entusiasmo, e Claire Reeve e Vanessa Hardwood, da Sage, mantiveram-me informada sobre os detalhes. Nenhum livro é realizado sem o devido tempo para se pensar e escrever. Uma licença concedida pela Sonoma State University durante a primavera de 2004 acelerou em muito o meu trabalho para escrever. Em todo o livro, conto com algum material extraído e adaptado das minhas publicações anteriores sobre a teoria fundamentada pela Editora Sage, e agradeço a Patrick Brindle pela permissão para a reimpressão.

1

Convite à Teoria Fundamentada

Uma viagem tem início antes da partida dos viajantes. Da mesma forma, a nossa aventura pela teoria fundamentada também se inicia à medida que buscamos informações sobre o que requer uma jornada por essa teoria e o que esperar ao longo desse caminho. Investigamos o terreno coberto pela teoria fundamentada, o qual esperamos atravessar. Antes de partir, relembramos a história da teoria fundamentada durante o século XX e olhamos adiante para o seu potencial, ainda não efetivado, no século XXI. Nosso último passo antes de embarcarmos é a exposição de um mapa do método e deste livro.

Neste livro, convido você a fazer parte de uma jornada por um projeto de pesquisa qualitativa. Você poderia perguntar: O que essa jornada requer? Por onde começo? Como devo proceder? Quais obstáculos podem estar adiante? Este livro consiste de uma breve viagem pela coleta de dados e segue, então, uma trilha mais prolongada pela análise dos dados qualitativos. Ao longo do caminho, diversos roteiros facilitam o seu caminho nos processos analíticos e de redação. Em todas as partes da viagem subiremos aos níveis analíticos e promoveremos a importação teórica das suas ideias, enquanto mantemos os seus dados presos a uma forte amarra em terra firme.

Como deve ser a trajetória entre a coleta e a análise dos dados? Por um momento, vamos supor que você tenha iniciado a realização de entrevistas para um novo projeto de pesquisa que investiga o ataque súbito de uma grave doença crônica. Imagine encontrar a Margie Arlen durante o seu último ano do ensino médio. Margie, então, conta sobre as suas preocupações que acompanharam um rápido acesso de artrite reumatoide. Você reúne a seguinte sequência de eventos a partir da história narrada por ela:

Aos 14 anos, Margie era uma estudante brilhante, do tipo estudiosa e atlética. Ela estava claramente destinada ao sucesso na escola e fora dela. Os professores percebiam os seus potenciais eruditos, os treinadores maravilhavam-se com sua destreza atlética e seus colegas a viam como alguém que pertencia a uma classe que estava bem além deles. Então, a saúde dela deteriorou-se rapidamente em função da artrite. Em alguns meses, ela passou da situação de ser como um raio no campo de futebol a outra na qual mal conseguia caminhar. A admiração que os demais estudantes lhe conferiam transformou-se em distância e desdém. Em um determinado momento, seus talentos e habilidades a haviam separado da multidão que clamava à sua volta. Agora, era a faixa em seu pescoço e seus movimentos desajeitados que a mantinham à margem, uma vez que os colegas a evitavam silenciosamente. No entanto, Margie aprendeu lições mais profundas.

Ela disse:

> Isso (a doença e a incapacidade física) me ensinou coisas importantes, como, por exemplo, eu costumava ser realmente introvertida e, de certa forma, tinha medo de falar com outras pessoas. Mas agora é como se eu sentisse que posso levar comigo as minhas habilidades, sair e falar com as pessoas e me tornar uma amiga, daquelas que estimulam as pessoas e coisas desse tipo. E achei que isso é, de certa forma, mais importante e gera mais autoestima apenas pelo fato de ser capaz de fazer coisas pelas pessoas, como servir em missões e coisas assim, do que, você sabe, ser capaz de ir lá e provar que é uma boa atleta. Portanto, isso me fez mudar nessa coisa de compreender melhor aquilo que é de fato importante.

Então, como entrevistador, você perguntou gentilmente, "O que é importante, então?", ao que Margie respondeu,

> Penso que, de várias formas, é o oposto de me fazer parecer bem, tem a ver com fazer com que os outros pareçam bem. Sempre fui perfeccionista, queria fazer tudo rápido. Se eu dizia que iria fazer algo, eu iria fazê-lo sem me importar com até que horas eu tivesse que ficar acordada... E esse tipo de coisa cobra um preço do nosso corpo; e quando compreendi que estava tudo bem em dizer, "olha, sinto muito, não posso fazer isso a tempo" ou algo assim, ou simplesmente dizer que não posso fazê-lo – a dizer "não" em primeiro lugar –, penso então que isso é importante, pois, de outro modo, a pessoa se afunda no chão se ela tiver uma doença crônica e se sentirá pior. Portanto, isso levou algum tempo para aprender. Mas penso no que é de fato importante, é como uma reordenação das suas prioridades. Concentrar-se naquilo que é importante e, então, fazer isso primeiro e deixar de lado o restante. (Charmaz, 2002b, p. 39s)

Agora, pense em como estudar histórias como a da Margie. De que forma você compreende o que Margie Arlen descreve? O que você percebe nas afirmações dela e que gostaria de investigar mais, tanto com ela quanto com outras pessoas que tenham passado por essa experiência, de perda de capacidade física? Imagine que você tenha buscado essas questões em um estudo qualitativo com o objetivo de desenvolver uma análise conceitual dos materiais. Como você conduziria a sua pesquisa de modo a tornar-se uma análise?

Os métodos da teoria fundamentada deverão ajudá-lo a começar, a permanecer envolvido e a concluir o seu projeto. O processo de pesquisa trará surpresas, despertará ideias e aguçará as suas habilidades analíticas. Os métodos da teoria fundamentada favorecem a percepção dos dados sob uma nova perspectiva e a exploração das ideias sobre os dados por meio de uma redação analítica já na fase inicial. Ao adotar os métodos da teoria fundamentada, você poderá conduzir, controlar e organizar a sua coleta de dados e, além disso, construir uma análise original dos seus dados.

Quais são os métodos da teoria fundamentada? Para simplificar, seus métodos baseiam-se em diretrizes sistemáticas, ainda que flexíveis, para coletar e analisar os dados visando à construção de teorias "fundamentadas" nos próprios dados. Essas diretrizes fornecem um conjunto de princípios gerais e dispositivos heurísticos, em vez de regras pré-formuladas (ver também Atkinson, Coffey e Delamont, 2003). Assim, os dados formam a base da nossa teoria, e a nossa análise desses dados origina os conceitos que construímos. Os pesquisadores que utilizam a teoria fundamentada reúnem dados para elaborar análises teóricas desde o início de um projeto. Tentamos descobrir o que ocorre nos ambientes de pesquisa nos quais integramos e como é a vida dos nossos participantes de pesquisa. Estudamos a forma como eles explicam seus enunciados e ações, bem como questionamos a compreensão analítica que podemos ter sobre eles.

Começamos por estar abertos ao que ocorre nas cenas estudadas e nos enunciados de entrevista de modo que possamos aprender sobre as vidas dos participantes da pesquisa. Prestamos atenção àquilo que vemos, ouvimos e sentimos durante a entrevista da Margie Arlen. Os pesquisadores adeptos à teoria fundamentada começam pelos dados. Construímos esses dados por meio das nossas observações, das interações e dos materiais que reunimos sobre o tópico ou sobre o ambiente. Estudamos as experiências e os eventos empíricos, seguindo as nossas intuições e ideias analíticas potenciais sobre eles. Boa parte dos métodos qualitativos permite aos pesquisadores acompanhar os dados interessantes da forma que determinarem. Os métodos da teoria fundamentada têm a vantagem adicional de conter diretrizes explícitas, as quais nos indicam a forma *como* devemos proceder.

Os intrigantes comentários de Margie Arlen, sobre como aprender a ocupar-se de outras pessoas e a limitar as suas próprias atividades, podem servir como pontos de partida à análise bem como para uma nova coleta de dados. Em entrevistas subsequentes, escutaríamos as histórias de outros jovens que tivessem sofrido perdas físicas recentes e investigaríamos como eles administram as suas vidas alteradas. Se possível, acrescentaríamos dados etnográficos ao reunir os nossos participantes de pesquisa enquanto estivessem na escola, na fisioterapia, em um grupo de apoio ou mesmo apenas passando um tempo com os amigos. Como os jovens reagem a uma doença grave e à deficiência?

O que contribui para as suas diferentes respostas? Levantamos questões que procedem do fato de refletirmos sobre os dados que coletamos e que dão forma aos dados que desejamos obter.

Como pesquisadores adeptos à teoria fundamentada, estudamos os nossos primeiros dados e começamos a separar, classificar e sintetizar esses dados por meio da codificação qualitativa. Codificar significa associar marcadores a segmentos de dados que representam aquilo de que se trata cada um dos segmentos. A codificação refina os dados, classifica-os e nos fornece um instrumento para que assim possamos estabelecer comparações com outros segmentos de dados. Os pesquisadores que utilizam a teoria fundamentada enfatizam aquilo que ocorre na cena no momento em que codificam os dados.

Diversos códigos iniciais destacaram-se para mim na entrevista de Margie: "sendo modificado", "concentrando-se naquilo que é importante", e "aprendendo sobre os limites". Esses códigos e as nossas ideias acerca deles indicam áreas a serem investigadas durante a coleta de dados subsequente. Poderíamos comparar os eventos e opiniões relatados por Margie – e os nossos códigos com a próxima pessoa que entrevistarmos, a pessoa seguinte e o texto.

Ao estabelecermos e codificarmos numerosas comparações, a nossa compreensão analítica dos dados começa a tomar forma. Redigimos anotações analíticas preliminares sobre nossos códigos e comparações, bem como qualquer outra ideia que nos ocorra sobre nossos dados – essas anotações são os chamados memorandos. Com o estudo dos dados, a comparação destes e a redação dos memorandos, definimos as ideias que melhor se ajustam e interpretam os dados como categorias analíticas provisórias. Quando surgem questões inevitáveis e aparecem lacunas em nossas categorias, buscamos dados que resolvam essas questões e que possam preencher as lacunas. Podemos voltar a Margie e aos demais participantes da pesquisa para que possamos compreender melhor e fortalecer nossas categorias analíticas. Conforme prosseguimos, nossas categorias não apenas coalescem à medida que interpretamos os dados coletados, mas também tornam-se mais sistematizadas, uma vez que passamos por níveis sucessivos de análise.

Nossas categorias analíticas e as relações delas extraídas nos fornecem um instrumento conceitual sobre a experiência estudada. Sendo assim, construímos níveis de abstração diretamente dos dados e, posteriormente, reunimos dados adicionais para verificar e refinar as nossas categorias analíticas geradas a partir disso. Nosso trabalho culmina em uma "teoria fundamentada" ou em uma compreensão teórica da experiência estudada. Os comentários feitos por Margie podem nos iniciar em uma jornada de pesquisa – a realização da análise comparativa e a elaboração das nossas categorias promovem o nosso desenvolvimento. Em resumo, os métodos da teoria fundamentada desmistificam o procedimento da investigação qualitativa – e aceleram a sua pesquisa, intensificando o seu estímulo em relação a ela.

O SURGIMENTO DA TEORIA FUNDAMENTADA

O contexto histórico

Os métodos da teoria fundamentada surgiram a partir da exitosa colaboração dos sociólogos Barney G. Glaser e Anselm L. Strauss (1965, 1967) durante os seus estudos do processo da morte em hospitais (ver Glaser e Strauss, 1965, 1968; Strauss e Glaser, 1970). Nos Estados Unidos, no início dos anos de 1960, os funcionários dos hospitais raramente falavam sobre, ou mesmo reconheciam, a morte e o processo da morte nos pacientes gravemente doentes. A equipe de pesquisa de Glaser e Strauss observou a forma como ocorreu o processo da morte em diversos ambientes hospitalares; observaram como e quando os profissionais e seus pacientes terminais tomavam conhecimento do fato de estarem morrendo, e a forma como lidavam com essa informação. Glaser e Strauss deram aos seus dados um tratamento analítico explícito e produziram análises teóricas sobre a organização social e a disposição temporal da morte. Eles investigaram ideias analíticas em longas conversas e compartilharam suas anotações preliminares ao analisarem as observações feitas em campo. À medida que construíam as suas análises do processo da morte, eles desenvolveram estratégias metodológicas sistemáticas que poderiam ser adotadas por cientistas sociais para o estudo de muitos outros temas. O livro de Glaser e Strauss, *The discovery of grounded theory* (1967), primeiro articulou essas estratégias e defendeu o *desenvolvimento* de teorias a partir da pesquisa baseada em dados, em vez da *dedução* de hipóteses analisáveis a partir de teorias existentes.

Glaser e Strauss ingressaram no cenário metodológico em um período oportuno, pois a pesquisa qualitativa perdia terreno na Sociologia. Em meados da década de 1960, a longa tradição da pesquisa qualitativa na Sociologia havia enfraquecido, à medida que os sofisticados métodos quantitativos ganhavam relevância nos Estados Unidos e os estudiosos da metodologia quantitativa reinavam nos departamentos, nos conselhos editoriais de publicações periódicas e nas agências financiadoras. Apesar da reverência concedida a algumas estrelas qualitativas, da presença de vários programas doutorais qualitativos sólidos e de críticas agudas à quantificação, por parte de teóricos críticos, a disciplina marchou em direção à definição da pesquisa em termos quantitativos.

Quais espécies de pressupostos metodológicos apoiaram o movimento em direção à quantificação? Cada forma de conhecimento depende de uma teoria sobre como as pessoas elaboram o conhecimento. As crenças em um método unitário de observação sistemática, em experimentos passíveis de repetição, em definições operacionais de conceitos, em hipóteses logicamente deduzidas e em indícios confirmados – muitas vezes tidos como *o* método científico – deram forma aos pressupostos que sustentam os métodos quantitativos. Esses pressupostos fortaleceram o positivismo, paradigma dominante de investigação de uso geral das ciências naturais.

As concepções positivistas, de meados do século passado, a respeito do método científico e do conhecimento destacaram a objetividade, a generalidade, a réplica da pesquisa e a falsificação de hipóteses e teorias concorrentes. Os pesquisadores sociais que adotaram o paradigma positivista tinham como objetivo descobrir explicações causais e realizar previsões sobre um mundo externo e conhecível. Suas crenças na lógica científica, em um método unitário, na objetividade e na verdade legitimaram a redução das qualidades da experiência humana a variáveis quantificáveis. Dessa forma, os métodos positivistas pressupunham um observador imparcial e passivo, o qual coletava fatos sem ter participação na criação destes, a separação dos fatos dos valores, a existência de um mundo externo separado de observadores científicos e seus métodos, e o acúmulo de conhecimento passível de generalização a respeito deste mundo. O positivismo induziu a uma busca de instrumentos válidos, procedimentos técnicos, planos de pesquisa passíveis de repetição e de conhecimento quantitativo verificável.

Apenas as formas de conhecimento estreitamente científicas, isto é, quantitativas, asseguravam a validade para os positivistas; eles rejeitaram outras formas possíveis de conhecimento, como a interpretação de significados ou as realizações intuitivas. Sendo ssim, a pesquisa qualitativa, que analisava e interpretava os significados dos participantes da pesquisa, despertou as discussões quanto ao seu valor científico. Os pesquisadores quantitativos dos anos de 1960 viam a pesquisa qualitativa como impressionista, anedótica, não sistemática e tendenciosa. A prioridade atribuída por eles à reprodução e à verificação resultou na desconsideração dos problemas humanos e das questões de pesquisa que não se ajustavam aos planos de pesquisa positivistas. Se, de alguma forma, os defensores da quantificação reconheciam a pesquisa qualitativa, tratavam-na como um exercício preliminar para aprimorar os instrumentos quantitativos. Dessa forma, alguns pesquisadores quantitativos utilizaram entrevistas ou observações como apoio para projetarem pesquisas mais exatas ou experimentos mais eficazes.

Conforme o positivismo ganhou força em meados do século passado, a divisão entre a teoria e a pesquisa cresceu simultaneamente. Um número cada vez maior de pesquisadores quantitativos concentrou-se na obtenção de informações concretas. Aqueles pesquisadores quantitativos que associaram teoria e pesquisa testaram hipóteses logicamente deduzidas a partir de uma teoria existente. Embora aprimorassem tal teoria, as suas pesquisas raramente levavam a uma nova construção de teoria.

O desafio de Glaser e Strauss

Em *The discovery of grounded theory*, Glaser e Strauss opuseram-se aos pressupostos metodológicos predominantes da época. Nesse livro, os autores manifestaram um enunciado de vanguarda, pois contestaram noções de consenso metodológico e ofereceram estratégias sistemáticas para a prática da pesquisa qualitativa. Essencialmente, Glaser e Strauss integraram a crítica epistemológica com as diretrizes práticas para a ação. Eles propuseram que a análise qualitativa sistemática tivesse sua própria lógica e pudesse gerar teoria. Em especial, Glaser e Strauss pretenderam construir explicações teóricas abstratas dos processos sociais.

Para Glaser e Strauss (1967; Glaser, 1978; Strauss, 1987), os componentes determinantes da prática da teoria fundamentada abrangem:

- O envolvimento simultâneo na coleta e na análise dos dados.
- A construção de códigos e categorias analíticas a partir dos dados, e não de hipóteses preconcebidas e logicamente deduzidas.
- A utilização do método comparativo constante, que compreende a elaboração de comparações durante cada etapa da análise.
- O avanço no desenvolvimento da teoria em cada passo da coleta e da análise dos dados.
- A redação de memorandos para elaborar categorias, especificar as suas propriedades, determinar relações entre as categorias e identificar lacunas.
- A amostragem dirigida à construção da teoria, e não visando à representatividade populacional.
- A realização da revisão bibliográfica *após* o desenvolvimento de uma análise independente.

Empenhar-se nessas práticas ajuda os pesquisadores a controlarem os seus processos de pesquisa e a ampliarem o poder analítico dos seus trabalhos (ver também Bigus, Hadden e Glaser, 1994; Charmaz, 1983, 1990, 1995b, 2003; Glaser, 1992, 1994; Glaser e Strauss, 1967; Stern, 1994b; Strauss, 1987; Strauss e Corbin, 1990, 1994). Glaser e Strauss visaram a deslocar a investigação qualitativa para além dos estudos descritivos, e em direção à esfera dos arranjos teóricos explanatórios e, com isso, produzir compreensões abstratas e conceituais dos fenômenos estudados. Eles estimularam os pesquisadores iniciantes, adeptos à teoria fundamentada, a desenvolverem teorias novas e, dessa forma, defenderam o adiamento da revisão bibliográfica com o objetivo de evitar que os pesquisadores percebessem o mundo pela lente das ideias já existentes. A teorização de Glaser e Strauss contrastou com a teorização de poltrona e lógico-dedutiva, uma vez que eles iniciaram com os dados e sistematicamente elevaram o nível conceitual de suas análises, enquanto mantinham uma sólida base nos dados. Coerente com o seu raciocínio, uma *teoria fundamentada* completa deveria cumprir os seguintes critérios: ter um ajuste adequado aos dados, utilidade, densidade conceitual, durabilidade ao longo do tempo, ser passível de alterações e apresentar poder explicativo (Glaser, 1978, 1992; Glaser e Strauss, 1967).

O livro *The discovery of grounded theory* (1967) forneceu um argumento poderoso que legitimou a pesquisa qualitativa como uma abordagem metodológica confiável em si mesma e não meramente uma precursora à elaboração de instrumentos quantitativos. Nesse livro, Glaser e Strauss (1967) contestaram:

- As crenças que consideravam os métodos qualitativos como impressionistas e não sistemáticos.
- A separação das fases de coleta e análise dos dados.
- As visões dominantes da pesquisa qualitativa como precursora para métodos quantitativos mais "rigorosos".
- A divisão arbitrária entre teoria e pesquisa.
- As suposições de que a pesquisa qualitativa não pudesse gerar teoria.

Glaser e Strauss aperfeiçoaram os procedimentos analíticos e as estratégias de pesquisa implícitos de pesquisadores qualitativos anteriores a eles, tornando-os explícitos. Durante a primeira metade do século XX, os pesquisadores qualitativos haviam ensinado gerações de estudantes por meio da orientação e da imersão prolongada no campo de pesquisa (Rock, 1979). As orientações prévias à realização da pesquisa de campo tratavam, primariamente, dos métodos de coleta de dados e dos papéis de membros dos pesquisadores nos ambientes de campo. Os autores pouco relataram aos seus leitores sobre como lidar com as pilhas de dados coletados. As diretrizes escritas por Glaser e Strauss sobre a condução da pesquisa qualitativa modificaram a tradição oral e tornaram acessíveis as diretrizes analíticas.

A combinação de tradições disciplinares divergentes

A teoria fundamentada alia duas tradições opostas, e concorrentes, da sociologia, conforme representado por cada um de seus criadores: de um lado, o positivismo da Universidade de Colúmbia, e, de outro, o pragmatismo e a pesquisa de campo da escola de Chicago. Os pressupostos epistemológicos, a lógica e a abordagem sistemática dos métodos da teoria fundamentada refletem a formação quantitativa rigorosa de Glaser na Universidade de Colúmbia, com Paul Lazarsfeld. Glaser teve a intenção de codificar os métodos da pesquisa qualitativa, da mesma forma como Lazarsfeld havia codificado a pesquisa quantitativa (ver, por exemplo, Lazarsfeld e Rosenberg, 1955). Codificar os métodos da pesquisa qualitativa acarretava especificar estratégias explícitas para a condução da pesquisa e, portanto, desmistificar o processo da pesquisa.

Glaser defendeu também a elaboração de teorias úteis "de médio alcance", como havia proposto o teórico Robert K. Merton (1957), da Universidade de Colúmbia. As teorias de médio alcance consistiam em versões abstratas de fenômenos sociais específicos baseados em dados. Essas teorias de médio alcance contrastavam com as "grandes" teorias da sociologia de meados do século, as quais vasculharam as sociedades, mas não se baseavam em dados sistematicamente analisados.

Glaser imbuiu a teoria fundamentada de empirismo controlado, de rigorosos métodos codificados, de ênfase nas descobertas emergentes e da sua respectiva, e um tanto ambígua, linguagem especializada que ecoa os métodos quantitativos. Embora a obra *The discovery of grounded theory* tenha transformado os debates metodológicos e inspirado gerações de pesquisadores qualitativos, foi o livro de Glaser, *Theoretical sensitivity* (1978), que forneceu o primeiro enunciado mais definitivo sobre o método.

Entretanto, a herança da escola de Chicago de Strauss também permeia o método da teoria fundamentada. Strauss viu os seres humanos como agentes ativos em suas vidas e em suas esferas de vida, e não como receptores passivos de forças sociais maiores. Ele partiu do princípio de que o processo, e não a estrutura, era fundamental à existência humana. De fato, os seres humanos criaram estruturas por meio do seu engajamento em processos. Para Strauss, os significados sociais subjetivos baseavam-se no uso da linguagem e emergiam por meio da ação. A construção da ação foi o problema central a ser tratado. Em resumo, Strauss levou para a teoria fundamentada as noções da atividade humana, dos processos emergentes, das significações sociais e subjetivas, das práticas da solução de problemas e do estudo irrestrito da ação.

Todas essas ideias refletiram a tradição filosófica pragmatista que Strauss abraçou durante o seu curso de doutorado na Universidade de Chicago (Blumer, 1969; Mead, 1934). O pragmatismo anunciou o interacionismo simbólico, uma perspectiva teórica que compreende que a sociedade, a realidade e o indivíduo são construídos por meio da interação e, assim, conta com a linguagem e a comunicação. Essa perspectiva pressupõe que a interação é inerentemente dinâmica e *interpretativa*, e trata de como as pessoas criam, representam e modificam os significados e as ações. Considere a forma como Margie Arlen relatou a reinterpretação daquilo que havia se tornado importante para ela e, por consequência, modificado as suas ações. O interacionismo simbólico pressupõe que as pessoas possam refletir, e de fato reflitam, sobre as suas ações, e não apenas respondam de forma mecânica a estímulos. Com a influência de Herbert Blumer e Robert Park, Strauss adotou tanto o interacionismo simbólico quanto o legado de Chicago da pesquisa etnográfica (Park e Burgess, 1921).

Glaser aplicou as suas habilidades analíticas para codificar a análise qualitativa e, assim, elaborou diretrizes específicas para a sua realização. Glaser e Strauss compartilhavam um aguçado interesse em estudar os processos sociais fundamentais ou psicossociais dentro de um ambiente social ou de uma determinada experiência, como o caso de ser portador de uma doença crônica. Dessa forma, para eles, uma teoria fundamentada concluída explica o processo estudado em novos termos teóricos, explica as propriedades das categorias teóricas e, muitas vezes, demonstra as causas e as condições nas quais o processo surge e varia, delineando as suas consequências.

A maioria das teorias fundamentadas compõe-se de teorias substantivas por tratarem de problemas delimitados em áreas substantivas específicas, como um estudo sobre como jovens que recentemente tornaram-se deficientes reconstroem suas identidades. A lógica da teoria fundamentada pode alcançar áreas substantivas e o domínio da teoria formal, o que significa gerar conceitos abstratos e especificar as relações entre eles para compreender os problemas em múltiplas áreas substantivas (ver Kearney, 1998). Por exemplo, se desenvolvemos uma teoria da perda e da reconstrução da identidade entre jovens com novas deficiências físicas, poderíamos considerar as nossas categorias em outras áreas da vida nas quais as pessoas tenham experienciado uma perda importante súbita, tal como ocorre no caso da morte súbita de uma pessoa próxima, da dispensa do trabalho ou da perda de moradia em função de alguma catástrofe natural. Cada investigação dentro de uma nova área substantiva pode nos ajudar a refinar a teoria formal. A lógica de Glaser e Strauss os levou à teorização formal ao adotarem as categorias teóricas que haviam desenvolvido sobre a condição de transição durante os seus estudos do processo da morte, analisando-o como um processo genérico que permeia variadas áreas substantivas (ver Glaser e Strauss, 1971).

O livro *Discovery* encontrou bastante receptividade e tornou-se um argumento de peso para fomentar a "revolução qualitativa" (Denzin e Lincoln, 1994, ix) que ganhou força durante todo o final do século XX. As estratégias explícitas e o apelo de Glaser e Strauss em relação ao desenvolvimento de teorias a partir dos dados qualitativos espalharam-se por todas as disciplinas e profissões. O livro deles inspirou as novas gerações de cientistas sociais e de profissionais, em especial profissionais da área da Enfermagem, a adotarem a pesquisa qualitativa. Muitos estudantes de doutorado em Enfermagem da Universidade da Califórnia, em São Francisco, aprenderam os métodos da teoria fundamentada com Glaser e Strauss e, mais tarde, tornaram-se referências em suas profissões e especialistas em investigação qualitativa (ver Chenitz e Swanson, 1986; Schreiber e Stern, 2001).

Desdobramentos da teoria fundamentada

Desde os seus enunciados clássicos em 1967 (Glaser e Strauss) e 1978 (Glaser), Glaser e Strauss passaram a considerar a teoria fundamentada em direções relativamente divergentes (Charmaz, 2000). Durante anos, Glaser permaneceu coerente com sua exegese inicial do método e, dessa forma, definiu a teoria fundamentada como um método de descoberta, tratou as categorias como algo cujo surgimento se dava a partir dos dados, baseou-se no empirismo objetivo e, muitas vezes, restrito, e analisou um processo social básico. Strauss (1987) deslocou o método para a verificação, sendo que seus trabalhos como coautor junto de Juliet M. Corbin (Corbin e Strauss, 1990; Strauss e Corbin, 1990, 1998) promoveram esse direcionamento.

A versão da teoria fundamentada de Strauss e Corbin favorece também os seus novos procedimentos técnicos, em vez de enfatizar os métodos comparativos que primeiramente distinguiram as estratégias da teoria fundamentada. Glaser (1992) argumenta que os procedimentos de Strauss e Corbin forçam os dados e a análise a categorias preconcebidas e, dessa forma, contradizem os princípios fundamentais da teoria fundamentada. Apesar das muitas objeções de Glaser à versão de Strauss e Corbin, o livro serve como um enunciado vigoroso do método e tem instruído estudantes de graduação em todo o mundo.

Nos anos de 1960, Glaser e Strauss combateram a dominação da pesquisa quantitativa positivista. Ironicamente, por volta da década de 1990, a teoria fundamentada ficou conhecida não apenas por seu rigor e sua utilidade, mas também por *seus* pressupostos positivistas. Obteve aceitação por parte de pesquisadores quantitativos que, muitas vezes, a adotam para projetos que envolvem a utilização de métodos combinados. A flexibilidade e a legitimidade dos métodos da teoria fundamentada continuam atraindo pesquisadores qualitativos com variados interesses teóricos e substantivos.

Entretanto, um número cada vez maior de estudiosos tem afastado a teoria fundamentada do positivismo, tanto na versão do método apresentada por Glaser como na versão de Strauss e Corbin (ver Bryant, 2002, 2003; Charmaz, 2000, 2002a, 2006a; Clarke, 2003, 2005; Seale, 1999). Como qualquer recipiente no qual diferentes conteúdos possam ser vertidos, os pesquisadores podem utilizar as diretrizes básicas da teoria fundamentada como a codificação, a redação de memorandos e a amostragem para o desenvolvimento de teoria, sendo que os métodos comparativos são, de muitas formas, neutros.

As diretrizes da teoria fundamentada descrevem as etapas do processo de pesquisa, além de fornecerem um caminho para esse processo. Os pesquisadores podem adotá-los e adaptá-los para a realização de estudos diversos. A forma *como* os pesquisadores utilizam essas diretrizes não é neutra; nem o são os pressupostos que eles levam para as suas pesquisas e organizam durante o processo. Antony Bryant (2002) e Adele Clarke (2003, 2005) unem-se a mim na argumentação de que podemos utilizar as diretrizes básicas da teoria fundamentada com os pressupostos e as abordagens metodológicas do século XXI. Este livro explora o desafio de como realizar isso.

A CONSTRUÇÃO DA TEORIA FUNDAMENTADA

Em seu enunciado original do método, Glaser e Strauss (1967) convidaram seus leitores a utilizarem estratégias da teoria fundamentada de forma flexível, cada qual ao seu próprio modo. Aceito o convite dos autores e volto à ênfase anterior da teoria fundamentada, sobre a análise dos processos, ao tornar central o estudo da ação e criar compreensões interpretativas abstratas dos dados. Este livro fornece *um* modo de fazer teoria fundamentada, o qual considera os avanços teóricos e metodológicos das décadas passadas.

Vejo os métodos da teoria fundamentada como um conjunto de princípios e práticas, não como pacotes ou prescrições prontas. Nos capítulos seguintes, destaco as diretrizes flexíveis, e não as regras, receitas e exigências metodológicas. Ao longo de nossa jornada pelo processo de pesquisa, tenho como objetivo esclarecer o que a teoria fundamentada faz e mostrar a você como fazemos isso. Em função disso, discuto as diretrizes ao longo dos capítulos subsequentes de modo suficientemente detalhado para que você possa utilizá-las à sua própria maneira e avaliá-las com segurança.

Os métodos da teoria fundamentada podem completar outras abordagens da análise de dados qualitativos, em vez de estarem em oposição a eles. Ocasionalmente, valho-me de excelentes exemplos extraídos de estudos qualitativos cujos autores não declaram qualquer fidelidade à teoria fundamentada ou cujo trabalho escrito reconhece apenas os aspectos específicos da abordagem. Esses autores conseguem proporcionar um olhar imaginativo e uma voz incisiva aos seus estudos – e, dessa forma, inspiram um trabalho consistente. Os seus trabalhos transcendem os seus círculos imediatos.

Os textos clássicos da teoria fundamentada de Glaser e Strauss (1967) e Glaser (1978) fornecem um método explícito para a análise de processos. Falei sobre o processo da pesquisa e o estudo do processo, mas o que é um processo[1]? Um processo é constituído por sequências temporais reveladas que podem apresentar limites identificáveis com inícios e finais claros e marcas de referência entre eles. As sequências temporais estão associadas a um determinado processo e o levam à modificação. Assim, eventos individuais tornam-se associados como parte de uma totalidade mais ampla. Mesmo o processo mais arregimentado pode conter surpresas, porque o presente resulta do passado, mas nunca é exatamente a mesma coisa. O presente surge com novas características (Mead, 1932). Assim, a experiência e o resultado de um processo específico apresentam algum grau de indeterminação, por menor que seja.

Em todo o livro, baseio-me em minhas discussões anteriores em relação ao método da teoria fundamentada (ver Charmaz, 1990, 2000, 2002a, 2003, 2005) e em uma perspectiva teórica interacionista simbólica. A teoria fundamentada serve como um modo de aprendizagem sobre os mundos que estudamos e como um método para a elaboração de teorias para compreendê-los. Nos trabalhos clássicos da teoria fundamentada, Glaser e Strauss falam sobre a descoberta da teoria como algo que surge dos dados, isolado do observador científico. Diferentemente da postura deles, compreendo que nem os dados nem as teorias são descobertos. Ao contrário, somos parte do mundo o qual estudamos e dos dados os quais coletamos. Nós *construímos* as nossas teorias fundamentadas por meio dos nossos envolvimentos e das nossas interações com as pessoas, as perspectivas e as práticas de pesquisa, tanto passados e como presentes.

Minha abordagem admite, de modo explícito, que qualquer versão teórica oferece um retrato *interpretativo* do mundo estudado, e não um quadro fiel dele (Charmaz, 1995b, 2000; Guba e Lincoln, 1994; Schwandt, 1994). Os significados implícitos dos participantes de pesquisa, bem como as suas opiniões sobre as suas próprias experiências – e as teorias fundamentadas concluídas dos pesquisadores – são construções da realidade. De acordo com os seus antecedentes da escola de Chicago, defendo um embasamento nos fundamentos pragmatistas para a teoria fundamentada e o desenvolvimento das análises interpretativas que reconhecem essas construções.

UMA VISÃO GERAL DA CONSTRUÇÃO DA TEORIA FUNDAMENTADA

A organização deste livro reproduz a lógica da teoria fundamentada de forma linear. Começamos pela coleta de dados e concluímos com a redação das nossas análises e a reflexão sobre todo o processo. Na prática, no entanto, o processo da pesquisa não é tão linear. Os pesquisadores que utilizam a teoria fundamentada param e escrevem sempre que as ideias lhes ocorrem. Algumas de nossas melhores ideias podem acontecer em fases posteriores ao processo e atrair-nos de volta ao campo, visando à obtenção de uma perspectiva mais aprofundada. Com frequência, descobrimos que o nosso trabalho sugere que busquemos mais de uma direção analítica. Dessa forma, podemos nos concentrar em determinadas ideias primeiro e concluir um artigo ou um projeto a respeito delas para, posteriormente, voltarmos aos dados e às análises inacabadas em outra área. Ao longo deste livro, considero os métodos da teoria fundamentada como algo que constitua um ofício exercido pelos pesquisadores. Como qualquer ofício, os profissionais variam nas suas respectivas ênfases em um ou outro aspecto, mas que, tomados em conjunto, compartilham a existência de atributos comuns, aos quais me dedico neste livro (ver Figura 1.1).

O Capítulo 2, "Coletando dados relevantes", examina as decisões relativas a como iniciar e como escolher abordagens para a coleta de dados. Os pesquisadores podem utilizar as estratégias da teoria fundamentada com vários métodos de coleta de dados. Discuto esses métodos enquanto instrumentos a serem utilizados e não como receitas a serem seguidas. Defendo a coleta de dados relevantes – detalhados e completos –, estabelecendo-os em seus contextos situacionais e sociais relevantes. Este capítulo introduz diversas das principais abordagens da coleta de dados e fornece diretrizes para o uso dos dados com o objetivo de estudar o modo como as pessoas compreendem as suas circunstâncias e a forma como atuam nestas.

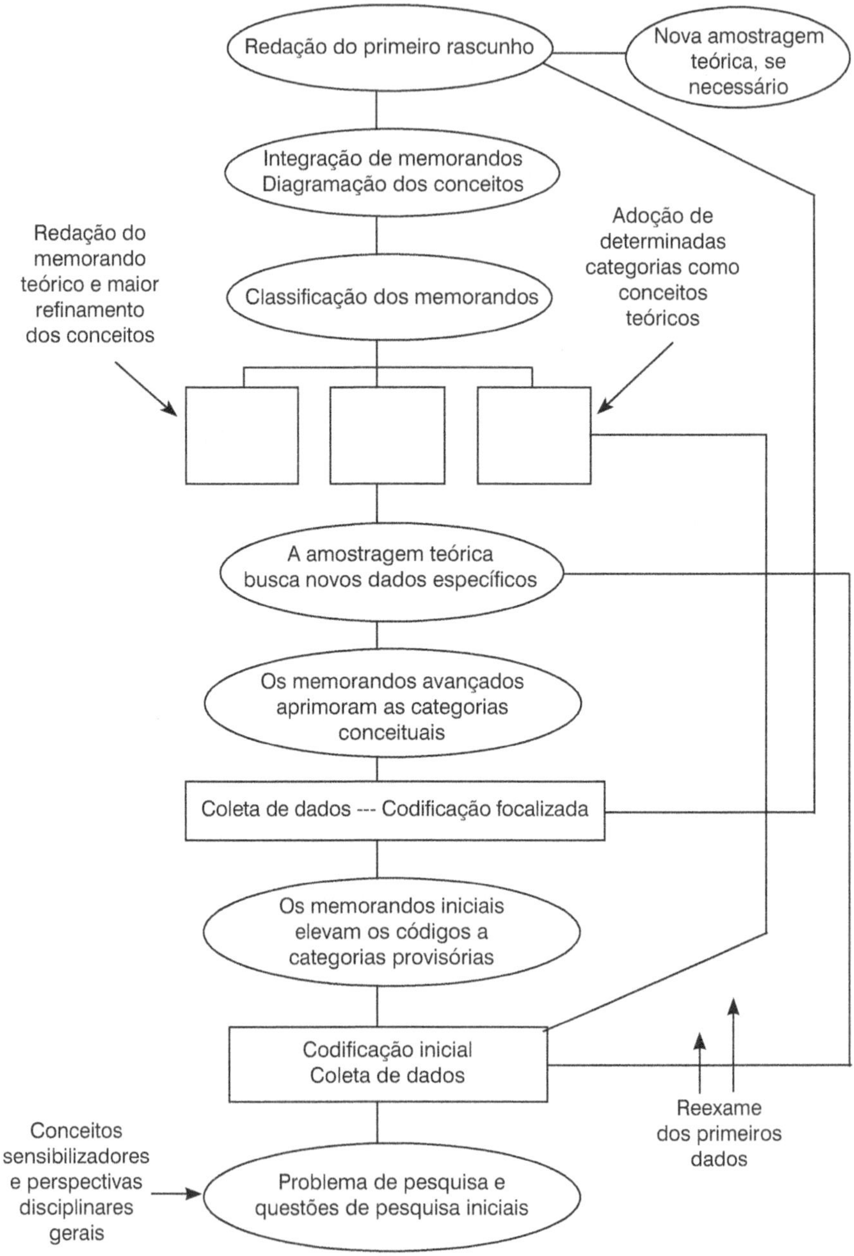

Figura 1.1 O processo da teoria fundamentada.

Conforme aprendemos como os nossos participantes de pesquisa percebem as suas experiências, começamos a ter uma compreensão analítica das suas ações e dos seus significados. O Capítulo 3, "Codificação na prática da teoria fundamentada", mostra como realizar a codificação e, assim, classificar pequenas quantidades de dados de acordo com o que eles indicam. O capítulo concentra-se nos dois tipos principais de codificação da teoria fundamentada: 1) a codificação linha a linha inicial, uma estratégia que induz o pesquisador a estudar os seus dados rigorosamente – linha a linha – e a começar a conceituar as suas ideias e 2) a codificação focalizada, que permite ao pesquisador separar, classificar e sintetizar grandes quantidades de dados.

Determinados códigos cristalizam os significados e as ações nos dados. A redação de anotações extensivas, os chamados memorandos, sobre os códigos significativos auxiliam você a desenvolver as suas ideias. No Capítulo 4, "Redação do memorando", mostro como os pesquisadores que utilizam a teoria fundamentada desmembram esses códigos e os analisam nos memorandos. Você escreve memorandos ao longo de toda a sua pesquisa. Os memorandos fornecem formas para comparar os dados, explorar as ideias sobre os códigos e direcionar a nova coleta de dados. Conforme trabalha com os seus dados e códigos, você se torna progressivamente mais analítico quanto à forma como lida com eles e, assim, você eleva determinados códigos a categorias conceituais.

O Capítulo 5, "Amostragem teórica, saturação e classificação", explica a amostragem teórica, a estratégia da teoria fundamentada para a obtenção de outros dados mais seletivos a fim de refinar e completar as suas categorias principais. Neste capítulo, questiono também o significado da saturação teórica com a indicação de que não surgem novas propriedades da categoria durante a coleta de dados. A seguir, discuto a classificação dos memorandos para ajustar as categorias teóricas e revelar as relações que integram o trabalho. Introduzo a representação gráfica porque é cada vez maior o número de pesquisadores adeptos à teoria fundamentada que a utilizam como um modo alternativo para integrar as suas ideias e estabelecer a lógica da sua organização.

O Capítulo 6, "Reconstrução da teoria nos estudos de teoria fundamentada", requer que você reavalie o que a teoria significa. Exploro os significados da teoria nas ciências sociais e os conceitos da teorização na teoria fundamentada. Justaponho as formas positivista e interpretativa da teoria fundamentada para esclarecer como essas formas contrastantes de análise procedem de pontos de partida distintos. O capítulo termina com a apresentação de uma discussão de três exemplos de teorização na teoria fundamentada e de uma reconstrução das suas respectivas lógicas teóricas. Cada exemplo se distingue por sua ênfase teórica, escopo e alcance, mas, tomados em conjunto, eles demonstram a versatilidade e a utilidade dos métodos da teoria fundamentada.

O Capítulo 7, "Redação do manuscrito", explica as diferenças entre a redação para a elaboração de uma análise e a redação destinada a um determinado público. As estratégias da teoria fundamentada levam você a se concentrar em sua análise e não em discussões a ela relacionadas, a retardar a revisão da bibliografia e a construir uma teoria original que interpreta os seus dados. Essas estratégias contradizem as exigências tradicionais para a apresentação da pesquisa. O capítulo reconcilia a tensão entre métodos da teoria fundamentada e as formas tradicionais de apresentação das ciências sociais ao oferecer diretrizes para a construção de argumentos, para a revisão bibliográfica e para a elaboração de um esquema teórico. O capítulo termina tratando de caminhos para a representação das nossas ideias através da escrita.

Por fim, o Capítulo 8, "Refletindo sobre o processo de pesquisa", discute os critérios para avaliação das teorias fundamentadas como produtos da pesquisa e conclui o livro com questionamentos sobre a nossa busca pelo conhecimento e um convite à ação.

E agora tem início a nossa jornada pelo processo da pesquisa...

NOTA

1 A minha definição de processo aproxima-se em muito das noções pragmáticas surgidas e concorda em parte com aspectos das opiniões variadas expressas por Russell Kelley, Dan E. Miller, Dennis Waskul, Angus Vail e Phillip Vannini em uma lista da discussão no SSSITalk, em 25 de janeiro de 2005. (www.soci.niu.edu/~archives/SSSITALK).

2

Coletando dados relevantes

Nossa aventura pela teoria fundamentada começa à medida que entramos no campo no qual procedemos à coleta dos dados. Avançamos em nossas perspectivas disciplinares com algumas ferramentas e conceitos provisórios. Uma jornada pela teoria fundamentada pode seguir por caminhos diversos e variados, dependendo de onde queremos chegar e de onde a nossa análise nos leva. Os métodos etnográficos, o processo intensivo de entrevista e a análise textual fornecem as ferramentas para a coleta dos dados à medida que cruzamos esses caminhos. Neste capítulo, uma breve digressão examina os benefícios prometidos por cada uma dessas ferramentas, bem como os limites que esses impõem.

O que você quer estudar? Qual problema de pesquisa poderia adotar? Quais são as ferramentas que poderão auxiliá-lo a prosseguir? Como você utiliza os métodos para reunir dados relevantes? Os dados relevantes conseguem alcançar aquilo que está sob a superfície da vida social e subjetiva. Uma mente investigativa, a persistência e as abordagens de coleta de dados podem levar um pesquisador a novos mundos e colocá-lo em contato com dados relevantes. Considere a forma como Patrick L. Biernacki (1986, p. 200) iniciou a sua teoria fundamentada, apresentada no livro *Pathways from heroin addiction: recovery without treatment*:

> A ideia desta pesquisa originou-se há vários anos durante um estudo que realizei sobre pessoas que haviam parado de fumar maconha (Biernacki e Davis, 1970). Embora os motivos manifestados por algumas pessoas para considerarem necessário interromper o uso da maconha possam hoje parecer insignificantes, naquela época isso foi considerado importante. Apesar da importância relativa da pesquisa, ela de fato me levou ao contato com pessoas que tinham sido dependentes de opiáceos, juntamente com a maconha, e que haviam parado de usar drogas opiáceas. Essa descoberta casual de alguns dependentes "naturalmente" recuperados abriu a porta para uma grande quantidade de questionamentos

sobre o destino final dos viciados em drogas opiáceas. As causas que encontrei eram incomuns? A maior parte dos viciados estava destinada a permanecer assim por toda vida? Era sempre necessária alguma forma de intervenção terapêutica para romper a dependência desse tipo de droga? Ou era possível, ao menos para algumas pessoas, romper esse vício e recuperarem-se por meio do próprio esforço e determinação?

Esse tópico intrigante despertou a curiosidade de Biernacki. Mas como ele poderia encontrar os dados para estudar isso? Ele afirma (p. 203):

> Localizar e entrevistar ex-viciados que haviam passado por alguma forma de tratamento é algo que apresentaria poucas dificuldades. (...) Descobrir respondentes que se enquadrassem nos critérios da pesquisa da *recuperação natural* era outra questão. (...) Na verdade, em função da crença amplamente mantida de que "uma vez viciado, sempre um viciado", muitos clínicos e pesquisadores do campo imaginavam que os viciados recuperados naturalmente - que seriam o foco do estudo proposto - não existissem ou, se existissem, não seria com grande frequência.

Assim como a busca de Biernacki para encontrar participantes adequados ao estudo, a sua aventura de pesquisa inicia com a busca dos dados[1]. Descubra como pode ser estimulante uma pesquisa empírica por meio da coleta de dados relevantes. Deixe o mundo aparecer sob uma nova forma por meio dos seus dados. A coleta de dados relevantes fornecerá a você material sólido para a construção de uma análise significativa. Os dados relevantes são detalhados, focados e completos. Eles revelam as opiniões, os sentimentos, as intenções e as ações dos participantes, bem como os contextos e as estruturas de suas vidas. A obtenção de dados relevantes significa uma descrição "densa", como a redação das extensivas notas de campo das observações, a coleta dos relatos pessoais dos respondentes por escrito e/ou a compilação de narrativas detalhadas (como a transcrição das fitas das entrevistas).

Os pesquisadores geram teorias fundamentadas fortes a partir de dados relevantes. As *teorias fundamentadas* podem ser construídas com diversos tipos de dados – notas de campo, entrevistas e informações de gravações e relatórios. O tipo de dado buscado pelo pesquisador depende do assunto e da acessibilidade. Muitas vezes, os pesquisadores reúnem diversos tipos de dados em estudos de teoria fundamentada e podem utilizar estratégias variadas de coleta de dados. O que precisa ser considerado para conseguirmos dados relevantes para uma teoria fundamentada emergente? Como poderíamos construir dados relevantes com as nossas ferramentas metodológicas?

UMA REFLEXÃO SOBRE OS MÉTODOS

Ver através dos métodos

Os métodos expandem e ampliam a nossa perspectiva da vida estudada e, assim, estendem e aprofundam aquilo que aprendemos dela e sobre ela. Por meio de nossos métodos, primeiro devemos ver esse mundo da forma como os nossos participantes de pesquisa o fazem, a partir de uma perspectiva pessoal. Embora não possamos pretender a reprodução das suas perspectivas, podemos tentar entrar em seus ambientes e em circunstâncias o máximo possível. Perceber as vidas dos participantes de pesquisa de uma perspectiva pessoal normalmente fornece ao pesquisador visões impossíveis de serem obtidas de outra maneira. Você pode vir a aprender que o que as pessoas estranhas ao mundo que você estuda pressupõem a respeito dele pode ser limitado, impreciso, equivocado ou notadamente errado.

Os pesquisadores qualitativos têm uma grande vantagem sobre os nossos colegas quantitativos. Podemos acrescentar novas peças ao quebra-cabeça da pesquisa ou criarmos quebra-cabeças inteiramente novos – *enquanto coletamos os dados* –, e isso pode ocorrer até mesmo posteriormente, durante a análise. A flexibilidade da pesquisa qualitativa permite ao pesquisador seguir as indicações que vão surgindo. Os métodos da teoria fundamentada ampliam essa flexibilidade e, simultaneamente, oferecem mais foco ao pesquisador que muitos outros métodos. Se for bem utilizada, a teoria fundamentada acelera a obtenção de um foco claro no que ocorre em seus dados sem sacrificar o detalhe das ações desempenhadas. Como uma câmera com muitas lentes, primeiramente você percebe uma ampla extensão da paisagem. A seguir, você troca as suas lentes diversas vezes para aproximar cada vez mais essas ações.

Com os métodos da teoria fundamentada, você modela e remodela a sua coleta de dados e, portanto, refina os dados coletados. Entretanto, os métodos não contêm nenhuma magia. Um método fornece *uma* ferramenta para intensificar a percepção, mas não fornece um *insight* automático. Devemos *ver através* do arsenal de técnicas metodológicas e da confiança nos procedimentos mecânicos. Os métodos sozinhos, quaisquer que sejam, não geram uma pesquisa de boa qualidade ou análises astuciosas. O que importa é o modo como os pesquisadores utilizam os métodos. As aplicações mecanicistas dos métodos produzem dados comuns e relatórios de rotina. Um olhar aguçado, a mente aberta, o ouvido apurado e a mão confiante podem aproximá-lo do que você estuda e são aspectos mais importantes que o desenvolvimento de ferramentas metodológicas (Charmaz e Mitchell, 1996).

Os métodos *são* meras ferramentas. Porém, algumas ferramentas são mais úteis do que outras. Quando combinados com *insight* e esmero, os métodos da *teoria fundamentada* oferecem instrumentos apurados para gerar, extrair e produzir sentido dos dados. A teoria fundamentada pode lhe fornecer diretrizes flexíveis e não prescrições rígidas. Com diretrizes flexíveis, você pode direcionar o seu estudo e, ao mesmo tempo, deixar a sua imaginação fluir.

Embora os métodos sejam simplesmente ferramentas, eles, de fato, têm consequências. Escolha métodos que o ajudem a responder às suas questões de pesquisa de forma inventiva e incisiva. A forma *como* você coleta os dados afeta *quais* serão os fenômenos que você verá, *como*, *onde* e *quando* irá analisá-los, e *qual* sentido você produzirá a partir deles.

Assim como os métodos que escolhemos influenciam aquilo que enxergamos, também o que levamos ao estudo influencia aquilo que *podemos* enxergar. A pesquisa qualitativa, de todos os tipos, depende daqueles que a conduzem. Não somos observadores científicos que podem dispensar o exame minucioso dos nossos valores reivindicando neutralidade e autoridade científica. Nem o observador nem o observado chegam à situação de pesquisa sem terem sido influenciados pelo mundo. Os pesquisadores e os participantes de pesquisa fazem suposições sobre o que seja verdadeiro, possuem estoques de conhecimento, ocupam posições sociais e buscam objetivos que influenciam as suas respectivas opiniões e ações em presença um do outro. Apesar disso, são os pesquisadores, e não os participantes, que são obrigados a serem reflexivos em relação àquilo que levamos ao cenário de pesquisa, àquilo que percebemos e como o percebemos.

Deixe o problema de pesquisa determinar os métodos que você escolhe. O seu problema de pesquisa pode apontar para o método da coleta de dados. Se, por exemplo, você escolheu estudar a forma como as pessoas ocultam um histórico de uso de drogas ilegais, então você precisa pensar nas maneiras pelas quais conseguirá atingir esses indivíduos, ganhar a sua confiança e obter dados sólidos a partir deles. Se essas pessoas desejarem manter os seus passados em segredo, podem se recusar a preencher questionários ou a participar de grupos focais. No entanto, as pessoas que se definem como viciados em recuperação deverão concordar em conversar com você. Uma vez que você tenha estabelecido um elo de confiança, alguém que utilize drogas poderá convidá-lo a estar presente naquela circunstância.

Determinados problemas de pesquisa indicam a utilização de diversas abordagens combinadas ou em sequência. Se você visa a examinar experiências da vivência do câncer, você poderia ingressar em um grupo local de apoio voluntário, realizar entrevistas, participar de grupos de discussão na internet e distribuir questionários. Em qualquer estudo, podem ocorrer dúvidas durante a pesquisa que o levem a construir novos métodos de coleta de dados e a revisar os anteriores. Uma vez que você começa a reunir os dados, os seus participantes de pesquisa podem fornecer materiais que você não tinha coletado antecipadamente, mas que podem auxiliar a sustentar as suas ideias. Alguns participantes podem convidá-lo a ler os seus diários pessoais; outros podem comentar sobre registros organizacionais que poderiam lhe fornecer informações.

A lógica da teoria fundamentada orienta os seus *métodos de coleta de dados*, bem como de elaboração teórica. Tenha por objetivo a criação ou adoção de métodos comprometidos com o desenvolvimento de suas ideias emergentes. Essa inovação pode ocorrer em qualquer momento da pesquisa, pois você tomará conhecimento de coisas as quais gostaria de ter explorado antes. Reflita sobre qual o tipo de abordagem que lhe permitiria a obtenção desses dados necessários e sobre qual o tipo de ambiente em que poderá encontrá-los. Para um projeto, isso pode significar o enquadramento de determinadas questões para possibilitar que os participantes façam revelações, como, por exemplo, esta pergunta: "Algumas pessoas mencionaram ter tido experiência. Você passou por algo desse tipo?" Etnógrafos e pesquisadores podem voltar a pesquisar participantes com os quais já conversaram e refazer esse tipo de questionamento. Entretanto, inúmeros entrevistadores enfrentam restrições de tempo, de recursos ou de acesso institucional que permitem apenas uma entrevista por participante. Esses entrevistadores poderiam então fazer essas perguntas aos participantes subsequentes, ao final da conversa em suas entrevistas. Para outros projetos e objetivos, o pesquisador pode considerar útil a construção de um questionário aberto.

Barney G. Glaser (2002) diz que "Tudo são dados". Sim, tudo o que você descobre no(s) ambiente(s) de pesquisa ou sobre o seu tema de pesquisa pode servir como dados. Porém, os dados variam na qualidade, na relevância dos seus interesses emergentes e na utilidade para a interpretação. Os pesquisadores também variam em relação às suas capacidades de discernimento de dados úteis e nas suas habilidades e eficácias para registrá-los. Além disso, as *pessoas* constroem os dados – quer os pesquisadores construam dados de primeira mão, por meio de entrevistas ou notas de campo, ou reúnam textos e informações a partir de outras fontes como documentos históricos, registros governamentais ou informações organizacionais compiladas para discussão privada ou disseminação pública. Podemos considerar como fatos os dados provenientes desses documentos, registros e censos; contudo, estes foram construídos por indivíduos. O que quer que conste como dados procede de algum propósito para a realização de um objetivo específico. Por sua vez, os propósitos e objetivos surgem sob determinadas condições históricas, sociais e situacionais.

Os pressupostos contextuais e as perspectivas disciplinares dos pesquisadores que utilizam a teoria fundamentada alertam-nos para a busca de determinadas possibilidades e processos em seus dados. Esses pressupostos e perspectivas muitas vezes diferenciam-se entre as disciplinas, porém definem os tópicos de pesquisa e as ênfases conceituais. A noção de Blumer (1969) da sensibilização de conceitos é útil nessa conjuntura. Esses conceitos oferecem as ideias iniciais a serem buscadas e sensibilizam o pesquisador para a realização de determinados tipos de perguntas sobre o seu tópico específico. Os pesquisadores que utilizam a teoria fundamentada muitas vezes iniciam os seus estudos visando a estudar determinados interesses empíricos orientadores e, de acordo com Blumer, com conceitos gerais que conferem uma estrutura indefinida a esses interesses. Por exemplo, iniciei os meus estudos sobre pessoas portadoras de doenças crônicas a partir de um interesse na forma como essas pessoas eram afetadas pelas suas experiências com a doença. Os interesses que me orientavam fizeram com que utilizasse em meu estudo conceitos como o autoconceito, a identidade e o tempo de duração. Isso, no entanto, foi apenas o início. Utilizei aqueles conceitos como *pontos de partida* para conceber questões de entrevista, observar os dados, ouvir os entrevistados e pensar analiticamente sobre os dados. Os interesses orientadores, os conceitos sensibilizantes e as perspectivas disciplinares muitas vezes fornecem esses pontos de partida para o desenvolvimento e não para a limitação de nossas ideias. Sendo assim, desenvolvemos conceitos específicos pelo estudo dos dados e pelo exame das nossas ideias por meio dos níveis sucessivos da análise.

De acordo com a descrição de Blumer (1969) dos conceitos sensibilizadores, os pesquisadores que utilizam a teoria fundamentada seguidamente iniciam os seus estudos com determinados interesses de pesquisa e com um conjunto de conceitos gerais. Esses conceitos fornecem ideias a serem investigadas e sensibilizam o pesquisador no sentido de realizar determinados tipos de perguntas sobre o tópico em questão.

Pesquisadores profissionais e muitos estudantes de pós-graduação já têm uma posição consolidada em suas disciplinas antes de darem início a um projeto de pesquisa e muitas vezes têm alguma intimidade com o tema da pesquisa e com a bibliografia a ele relacionada. Todos oferecem perspectivas privilegiadas que podem intensificar a observação de certos aspectos do mundo empírico, mas também podem ignorar outros. Podemos iniciar os nossos estudos a partir dessas perspectivas privilegiadas, mas precisamos permanecer o mais aberto, quanto for possível, a tudo o que vemos e sentimos nas etapas iniciais da pesquisa.

Em resumo, os conceitos sensibilizadores e as perspectivas disciplinares fornecem um ponto para *começar*, não para *concluir*. Os pesquisadores adeptos da teoria fundamentada utilizam os conceitos sensibilizadores como ferramentas provisórias para desenvolverem as suas ideias sobre os processos definidos em seus dados. Se os conceitos sensibilizadores específicos demonstrarem-se comprovadamente irrelevantes, então podemos dispensá-los. Ao contrário disso, o modelo lógico-dedutivo da pesquisa quantitativa tradicional requer operacionalizar os conceitos estabelecidos em uma teoria da forma mais exata possível e deduzir hipóteses passíveis de análise sobre as relações entre esses conceitos. Nesse modelo, a pesquisa fica restrita aos conceitos originais.

O que acontece se os seus dados qualitativos não elucidam os seus interesses de pesquisa iniciais? Pertti Alasuutari (1995, p. 161) demonstra como a sua equipe de pesquisa lidou com esse problema:

> Esse processo, no qual refletimos bastante sobre os principais problemas do nosso projeto e fizemos falsos inícios para depois reconsiderá-los novamente, é poucas vezes um começo excepcional para um projeto de pesquisa. É só porque os pesquisadores dificilmente informam a respeito de tudo isso. No entanto, um fracasso inicial na escolha do caminho correto não precisa significar que você esteja preso em um beco sem saída. (...) Revise a sua estratégia com base naquele resultado e você poderá ser capaz de se dirigir para outro resultado.
>
> No nosso caso, os falsos inícios que fizemos e as ideias de pesquisa que tivemos que descartar por considerá-las como não realistas, tendo em vista os recursos existentes, acabaram nos levando a um plano melhor e a uma visão mais clara de como o projeto deveria ser realizado.

Os pesquisadores que utilizam a teoria fundamentada avaliam o ajuste entre os seus interesses de pesquisa iniciais e os seus dados emergentes. Não forçamos ideias preconcebidas e teorias diretamente sobre os nossos dados. Em vez disso, seguimos as indicações que *definimos* nos dados, ou projetamos outra forma de coleta de dados para investigarmos os nossos interesses iniciais. Dessa forma, iniciei com interesses de pesquisa relativos ao tempo e ao autoconceito, mas também busquei outros temas que meus respondentes definiram como cruciais. Por exemplo, senti-me compelida a explorar as suas inquietações em relação à revelação da doença – algo que eu não havia previsto. Os seus dilemas acerca da revelação e os sentimentos em relação à sua realização surgiram como um tema recorrente[2]. Posteriormente, estudei como, quando, por que e com quem os doentes conversam sobre os seus estados de saúde. Mais recentemente, comecei a explorar quando e por que os portadores de doenças crônicas permanecem calados no que diz respeito às suas doenças (Charmaz, 2002b).

A tensão entre as estratégias de coleta de dados e aquilo que constitui o "forçamento" dos dados ainda precisa ser solucionada na teoria fundamentada. Algo que poderia valer como meio viável de coleta de dados para um pesquisador adepto à teoria fundamentada poderia ser definido como forçamento dos dados dentro de um esquema preconcebido por outro. Glaser (1998, p. 94) adverte contra a preconcepção de "guias de entrevista, unidades para a coleta de dados, amostras, códigos acolhidos, orientação por diagramas, regras para a elaboração de memorandos e assim por diante". Contudo, um guia de entrevista aberto para a exploração de um tema dificilmente é da mesma ordem que a imposição de códigos acolhidos nos dados coletados. A simples ponderação sobre a forma de redigir as questões abertas auxilia os pesquisadores novatos a evitarem que questões capciosas escapem e impedir que forcem as respostas dentro de categorias restritas. A negligência por parte dos pesquisadores, no que diz respeito aos métodos de coleta de dados, resulta no forçamento dos dados de forma inconsciente e, muito provavelmente, que isso se repita frequentemente.

Alcançando qualidade

A qualidade, e a credibilidade, do seu estudo começam pelos seus dados. A profundidade e o alcance dos dados fazem a diferença. Um estudo baseado em dados ricos, substanciais e relevantes se destaca. Assim, além da sua utilidade para o desenvolvimento de categorias centrais, dois outros critérios para os dados são a sua adequação e a sua suficiência para a representação dos eventos empíricos.

Sejam quaisquer os métodos selecionados, planeje a coleta de dados suficiente para suprir o seu trabalho e que possibilite um quadro o mais completo possível do tópico dentro dos parâmetros do trabalho. Os leitores e revisores verão o seu estudo como um esforço sério e você terá um argumento sólido no qual poderá basear aquilo que irá falar. Um novato poderá confundir dados relevantes, mas limitados, por um estudo adequado. Considere o plano do estudo como um todo. Por exemplo, um etnógrafo que se compromete com uma observação sustentada detalhada e conclui o estudo com a realização de 10 entrevistas intensivas de informantes-chave tem muito mais com o que contar que alguém que simplesmente tenha realizado 10 boas entrevistas. Aquilo que se adapta às exigências de um projeto da graduação raramente é suficiente para uma tese de doutorado. Dados restritos podem oferecer um início maravilhoso, mas não bastam para um estudo detalhado ou para uma teoria fundamentada sofisticada. Um pesquisador raramente pode fazer enunciados persuasivos e, ainda menos, definitivos a partir de dados limitados.

Alguns pesquisadores que utilizam a teoria fundamentada (Glaser, 1998; Stern, 1994a) argumentam contra a observação da quantidade de dados. Inúmeros outros pesquisadores seguiram uma postura semelhante para legitimar pequenos estudos com dados restritos. Tanto para Glaser quanto para Stern, amostras pequenas e dados limitados não apresentam problemas porque os métodos da teoria fundamentada visam à elaboração de categorias conceituais e, dessa forma, a coleta de dados é orientada para o esclarecimento das propriedades de uma categoria e das relações entre as categorias. O raciocínio deles pode ajudá-lo a aperfeiçoar a coleta de dados. Pode também levar ao que Dey (1999, p. 119) denomina de estratégia *smash and grab** para a coleta de dados e para as análises superficiais.

* N. de T. Literalmente, "romper e prender".

Quais os tipos de dados que valem como dados relevantes e suficientes? Questionar-se sobre as seguintes perguntas poderá ajudá-lo a avaliar os seus dados:

- Consegui reunir dados contextuais suficientes sobre as pessoas, os processos e os ambientes que me possibilitem a pronta recuperação desses contextos, bem como compreender e retratar a variação integral dos contextos do estudo?
- Consegui obter descrições detalhadas das opiniões e ações de uma variedade de participantes?
- Os dados revelam aquilo que existe sob a superfície?
- Os dados são suficientes para revelar as mudanças ao longo do tempo?
- Consegui obter opiniões múltiplas sobre a variedade das ações dos participantes?
- Consegui reunir dados que me permitam desenvolver categorias analíticas?
- Quais os tipos de comparações posso estabelecer entre os dados? Como essas comparações geram e comunicam as minhas ideias?

Os métodos qualitativos interpretativos destinam-se à entrada na esfera de vida dos participantes da pesquisa. A máxima de Blumer (1969), "Respeitem os seus sujeitos", lembra-nos da necessidade de conservar a dignidade humana dos nossos participantes mesmo quando questionamos as suas perspectivas ou práticas. Uma forma de respeitar os nossos participantes de pesquisa é procurar estabelecer uma concordância com eles. Dey (1999) chama a atenção para o fato de que a estratégia *smash and grab* para a coleta de dados de Glaser e Strauss (1967) prescinde de afinidade, o que, para muitos projetos, é um pré-requisito à obtenção de dados confiáveis. Se os pesquisadores não estabelecerem afinidade, eles correm o risco de perder o acesso para a realização das entrevistas ou observações subsequentes.

O nosso respeito para com os participantes da pesquisa permeia a forma como coletamos os dados e como moldamos o conteúdo dos nossos dados. Demonstramos o nosso respeito ao realizarmos esforços em conjunto para aprender sobre as suas opiniões e ações, na tentativa de entender a vida dos participantes a partir de suas próprias perspectivas. Essa abordagem determina que devemos testar as nossas suposições em relação às esferas de vida que estudamos, e não reproduzir inconscientemente essas suposições. Ela pretende descobrir aquilo que os nossos participantes de pesquisa não declaram por considerarem óbvio, assim como o que eles dizem e fazem. À medida que tentamos ver o mundo deles por meio dos seus próprios olhos, oferecemos aos participantes o nosso respeito e a compreensão com toda a habilidade possível, embora possamos não concordar com eles. Tentamos compreender, mas não necessariamente adotamos ou reproduzimos as suas opiniões como se fossem nossas; em vez disso, nós as interpretamos. Tentamos estudar, mas não podemos saber o que de fato se passa na cabeça das pessoas (ver também Murphy e Dingwall, 2003). Entretanto, os estudos qualitativos clássicos são, muitas vezes, assinalados por uma compreensão interpretativa cautelosa, o que representa uma realização impressionante (ver, por exemplo, Clark, 1997; Fine, 1986, 1998; Mitchell, 2002). O livro de Kristin Luker (1984), *Abortion and the politics of motherhood*, exemplifica esse tipo de compreensão interpretativa. A autora estudou as opiniões de mulheres de grupos "pró-vida" e "pró-opção", demonstrando respeito e interesse aos membros de ambos os grupos. Ela retratou essas visões contrastantes e forneceu uma análise imparcial das posturas mantidas pelos dois grupos. Veja a seguir a forma como Luker (1984, p. 156) apresenta a lógica das ativistas do grupo pró-vida:

> Como eles não foram, em conjunto, durante a infância e a juventude, apresentados à ideia de que os embriões pertencem a uma categoria moral diferente daquelas das pessoas já nascidas, o movimento de reforma da legislação sobre o aborto representa para eles uma rejeição súbita e caprichosa de séculos de "respeito à vida futura". (...) Para as pessoas que realmente acreditam que os embriões sempre foram tratados com respeito – e nossos dados sugerem que a maior parte das pessoas pró-vida acredita nisso – a ampla aceitação do aborto na sociedade americana é de fato assustadora, porque isso parece representar uma vontade da sociedade de privar dos direitos de personalidade "pessoas" que sempre gozaram desses direitos. Se os direitos de personalidade podem ser tão facilmente retirados dos bebês (embriões), quem de nós será o próximo?

A coleta de dados da teoria fundamentada

A teoria fundamentada clássica (Glaser e Strauss, 1967; Glaser, 1978) enfatiza a elaboração das análises da ação e do processo. A abordagem da teoria fundamentada quanto à coleta e à análise simultânea dos dados nos ajuda a prosseguir em busca dessas ênfases à medida que adaptamos a nossa coleta de dados para informar as nossas análises emergentes. Dessa forma, a primeira questão a ser feita na teoria fundamentada é a seguinte:

- O que está acontecendo aqui? (Glaser, 1978)

Essa questão gera a observação daquilo que esteja acontecendo em quaisquer dos dois níveis:

- Quais são os processos sociais básicos?
- Quais são os processos psicossociais básicos?

Essas questões servem de início para você. As respostas podem não ser tão diretas como sugerem as questões. O que você define como sendo básico é sempre uma interpretação, mesmo quando os principais participantes concordam.

Glaser e Strauss (1967; Glaser, 1978) enfatizam *o* processo social básico que o pesquisador descobre no campo. Embora os textos clássicos apresentem a análise dos processos sociais básicos como sendo essencial ao método da teoria fundamentada, a revisão da teoria feita por Glaser (2002) nega a busca de um processo social básico, afirmando que isso forçaria os dados.

Você pode encontrar muitas coisas ocorrendo em um ambiente de pesquisa. Tudo pode parecer significativo – ou trivial. Reflita sobre o que você está vendo e ouvindo. Dependendo da sua avaliação, questões como as relacionadas abaixo poderão ajudar:

- Um determinado processo é considerado fundamental a partir do ponto de vista de quem? É considerado sem grande importância a partir do ponto de vista de quem?
- Como surgem os processos sociais observados? Como eles são construídos pelas ações dos participantes?
- Quem exerce controle sobre esses processos? Sob quais condições?
- Quais significados os diversos participantes atribuem ao processo? Como eles falam sobre isso? O que eles enfatizam? O que omitem?
- Como e quando se alteram os significados e as ações dos participantes em relação ao processo?

Essas perguntas podem ser enganosas. Uma resposta ingênua pode não ir além de um nível bastante superficial – e deixar de alcançar os processos sociais fundamentais. Esses processos podem permanecer sem ser vistos nem determinados, mas definem as ações e as compreensões dos participantes dentro do ambiente. As definições "do" processo social básico presente no ambiente de pesquisa podem se diferenciar conforme as posturas dos vários participantes e de suas perspectivas privilegiadas? Com base em quais informações e experiências os participantes definem os processos nos quais estão empenhados? Eles fornecem um quadro idealizado envolvido na retórica das relações públicas e não um que efetivamente reflita as realidades que as pessoas enfrentam? Quando um processo social básico se torna visível ou se modifica? Uma organização comunitária, por exemplo, pode pretender a realização de bons trabalhos para os clientes. Ainda que uma análise mais cuidadosa possa revelar que o processo mais básico seja manter essa organização solvente. Considere as seguintes formas para a construção de dados:

- Observar as ações e os processos, bem como as palavras.
- Delinear o contexto, as cenas e as circunstâncias da ação com cautela.
- Registrar quem fez o que, quando ocorreu, por que aconteceu (se você puder determinar as razões) e *como* ocorreu.
- Identificar as *condições* nas quais determinadas ações, intenções e processos emergem ou são abrandados.
- Procurar caminhos para interpretar esses dados.

- Concentrar-se nas palavras e expressões específicas às quais os participantes parecem atribuir um significado especial.
- Descobrir as suposições tidas como óbvias e ocultas de vários participantes; demonstrar a forma como são reveladas por meio da ação e como a afetam.

A TEORIA FUNDAMENTADA NA ETNOGRAFIA

A etnografia pretende registrar a vida de um determinado grupo e, assim, implica a participação e a observação sustentadas em seu ambiente, sua comunidade ou sua esfera social. Ela pretende mais que a observação participante isolada, porque um estudo etnográfico cobre o curso da vida que ocorre dentro daquele(s) determinado(s) ambiente(s) e inclui, muitas vezes, dados suplementares de documentos, diagramas, mapas, fotografias e, ocasionalmente, entrevistas formais e questionários.

Os observadores participantes podem limitar o seu foco a um aspecto da vida cotidiana. Ao contrário disso, os etnógrafos buscam o conhecimento detalhado acerca das múltiplas dimensões da vida dentro do ambiente social estudado e visam a compreender aquelas suposições e regras presumidas pelos seus membros (Ashworth, 1995; Charmaz e Olesen, 1997).

O que um etnógrafo deve estudar no campo? Qualquer coisa que esteja acontecendo neste campo. Ao permanecer aberto ao ambiente e às ações e às pessoas que nele se encontram, os etnógrafos têm a oportunidade de trabalhar a partir da base e buscar tudo aquilo que considerarem de maior interesse.

Os participantes de pesquisa permitem que os etnógrafos observem as suas esferas de vida e as suas ações dentro delas. O objetivo de boa parte das etnografias é a obtenção de um retrato do mundo social estudado a partir de uma perspectiva interna. Contudo, assim como outros pesquisadores, os etnógrafos levam os seus treinamentos teóricos e os seus instrumentos metodológicos para seus trabalhos. Do ponto de vista dos participantes de pesquisa, um relatório elaborado a partir de uma perspectiva de alguém estranho àquele campo poderá representar um resultado irônico (Pollner e Emerson, 2001).

Embora os livros-texto clássicos exijam uma mente aberta e uma conduta de aceitação no campo, os etnógrafos trazem estilos divergentes aos seus estudos. Os problemas de pesquisa que eles contemplam, os participantes que conhecem e os constrangimentos que encontram, tudo isso dá forma ao envolvimento dos etnógrafos. Em um ambiente de pesquisa, um etnógrafo pode encontrar participantes ansiosos para contar as suas histórias pessoais e coletivas. Em outro, o etnógrafo pode permanecer sendo considerado bem-vindo apenas se, ele ou ela, puder proporcionar algo novo àquele ambiente. O grau em que os etnógrafos passam da observação passiva para a observação total depende do estudo específico e seus aspectos como objetivos, acordos em relação ao acesso, envolvimento, reciprocidade e relações emergentes com os membros. É possível que um etnógrafo se torne mais envolvido ao cenário de pesquisa do que o previsto. De modo semelhante, ele ou ela, pode considerar esse envolvimento como sendo de uma ordem diversa daquela esperada. Como uma etnógrafa ingênua em um setor de assistência institucional, pensei que teria condições de escapulir para a minha sala e fazer anotações de vez em quando, ao longo do dia. O administrador que me havia concedido a permissão para viver lá tinha uma opinião bem diferente: a vida institucional superava os papéis de pesquisa. Ele insistiu que eu passasse os dias, e a maior parte das noites, participando das atividades dos residentes. Ele me comunicou: "Aqui, todos são terapeutas".

O que é considerado básico em um ambiente de pesquisa depende das posturas, das ações e das intenções dos participantes. As ações podem contestar as intenções enunciadas. Os diversos participantes apresentam perspectivas privilegiadas distintas – e, às vezes, pautas concorrentes. Eles percebem quando mantêm pautas concorrentes? Como eles as influenciam? Caso ocorra um conflito, em que momento ele surge?

Se você por acaso ler as notas de campo de observações em um projeto de teoria fundamentada, você pode constatar que essas anotações:

- Registram ações individuais e coletiva.
- Contêm anotações completas e detalhadas com histórias e observações.
- Destacam os processos significativos que ocorrem no ambiente.
- Tratam sobre o que os participantes definem como interessante e/ou problemático.
- Observam o uso da linguagem por parte dos participantes.
- Situam os atores e as ações em cenários e contextos.
- Tornam-se progressivamente focados nas ideias analítico-fundamentais.

Desde o princípio, um estudo de teoria fundamentada assume uma forma diversa dos outros tipos de etnografias. A etnografia da teoria fundamentada dá prioridade ao *fenômeno* ou ao *processo* estudado – e não à descrição de um ambiente. Dessa forma, desde o início dos seus trabalhos de campo, os etnógrafos da teoria fundamentada estudam o que ocorre no ambiente e elaboram uma *interpretação* conceitual dessas ações. Um etnógrafo adepto à teoria fundamentada provavelmente se desloca pelos ambientes para obter maior conhecimento sobre o processo estudado. Outras abordagens etnográficas muitas vezes concentram-se em tópicos como redes de parentescos, práticas religiosas e na organização do trabalho de uma determinada comunidade. Posteriormente, esses etnógrafos fornecem descrições completas desses tópicos no ambiente estudado e normalmente adotam uma abordagem mais estrutural do que processual.

A etnografia da teoria fundamentada prioriza o *fenômeno* ou o *processo* estuda-do – e não o ambiente de pesquisa em si.

À medida que os etnógrafos tratam os seus tópicos como segmentos isolados do mundo estudado, ou como estruturas e não como processos, impõem-se dificuldades à conclusão de uma teoria fundamentada. As suas notas de campo podem descrever o tópico como uma coisa, um objeto, sem revelar as ações e os processos que o constroem. O etnógrafo, assim como os participantes, pode deixar imperceptíveis os processos que constroem o tópico ou a estrutura em estudo.

Em outro nível, considere a congruência relativa entre os seus objetivos gerais de pesquisa e os dados que coleta e registra. Esteja aberto ao que você tem e aonde isso o leva (Atkinson, 1990). Horizontes novos e emocionantes podem aparecer. Às vezes, no entanto, você pode ter de estender o seu acesso dentro de um ambiente. Se você desejar escrever sobre como uma organização manipula as pessoas, você precisará demonstrar como as pessoas se deslocam pela organização – ou são deslocadas ao longo dela. As alocações e os arranjos espaciais organizacionais podem fornecer dados significativos. Por exemplo, se você quer saber quando, como, e por que funcionários de uma casa de repouso definem e redefinem aos residentes áreas de permanência com diferentes níveis de assistência, você precisará ir além de descobrir a forma como os residentes utilizam as áreas sociais como a sala de televisão. A utilização do saguão por parte dos residentes pode, por certo, permitir observações significativas sobre determinadas restrições em função do ambiente físico, mas não fornece informações sobre as decisões dos funcionários a respeito dos níveis de assistência.

Um problema provável dos estudos etnográficos consiste em ver dados em qualquer lugar e em nenhum lugar, coletar tudo e nada. O mundo estudado parece tão interessante (e provavelmente o seja) que o etnógrafo tenta dominar o conhecimento dele por inteiro. Crescem as montanhas de dados desconexos (ver também Coffey e Atkinson, 1996), mas sem que digam muita coisa. O que vem a seguir? Uma descrição de baixa qualidade que, na hipótese de ser um pouco mais sofisticada, relaciona categorias fragmentadas. Os etnógrafos que deixam os dados não sistematizados raramente produzem novos *insights* e, algumas vezes, podem mesmo não concluir os seus projetos, apesar de tanto tempo de trabalho.

Nesse momento, entra em cena a teoria fundamentada. Paradoxalmente, concentrar-se em um processo social básico pode ajudá-lo a obter um quadro mais completo do ambiente como um *todo* que a abordagem anterior, usual do antigo trabalho etnográfico. Os etnógrafos podem estabelecer conexões entre os eventos utilizando a teoria fundamentada para estudar os processos.

Uma ênfase da teoria fundamentada no estudo comparativo leva o etnógrafo a 1) comparar os dados com os dados referentes ao *início* da pesquisa, e não após a coleta de todos os dados; 2) comparar os dados com as categorias emergentes; 3) demonstrar as relações entre os conceitos e as categorias. As estratégias da teoria fundamentada podem ampliar o envolvimento dos etnógrafos em suas *investigações de pesquisa*, apesar de as pressões que poderiam enfrentar para se tornarem participantes plenos nos seus ambientes de pesquisa. Nesse sentido, a teoria fundamentada dissipa a noção positivista dos observadores passivos que meramente absorvem os cenários que os cercam. Os pesquisadores que utilizam a teoria fundamentada selecionam os cenários que observam e direcionam seus olhares para dentro deles. Uma vez utilizados com cautela e eficácia, os métodos da teoria fundamentada fornecem diretrizes sistemáticas para investigar abaixo da superfície e trabalhar intensamente no ambiente de pesquisa. Esses métodos auxiliam a manter o controle sobre o processo de pesquisa, pois auxiliam o etnógrafo a focalizar, estruturar e organizar o processo.

Os métodos da teoria fundamentada orientam a pesquisa etnográfica para o desenvolvimento teórico ao elevarem a descrição a categorias abstratas e à interpretação teórica. No passado, a etnografia passou por uma separação rígida e artificial entre a coleta e a análise dos dados. Os métodos da teoria fundamentada conservam uma abordagem aberta para o estudo do mundo empírico, mas acrescentam rigor à pesquisa etnográfica com a incorporação de checagens sistemáticas tanto na coleta quanto na análise dos dados. A lógica da teoria fundamentada acarreta retornar aos dados e seguir para a análise. Depois disso, você voltará ao campo para reunir novos dados e aprimorar o esquema teórico emergente. Essa lógica contribui para a superação de diversos problemas etnográficos: acusações quanto à adoção indiscriminada das perspectivas dos participantes da pesquisa; 2) longas incursões desfocadas no ambiente do campo de pesquisa; 3) coleta de dados superficial e aleatória; 4) dependência de categorias disciplinares comuns.

Dados restritos e desfocados podem levar os etnógrafos à utilização de conceitos comuns das suas predisposições disciplinares. A teoria fundamentada inspira a adoção de um novo olhar e a criação de categorias e novos conceitos. Esta é a força e a essência do método. Avançar e recuar por entre os dados e a análise também evita que você se sinta subjugado e impede a procrastinação (ver também Coffey e Atkinson, 1996). As duas coisas podem acontecer quando os pesquisadores coletam dados sem que tenham uma direção.

As tendências correntes relativas a dados restritos e teorização "imediata"[3] vêm há muito tempo sendo associadas à teoria fundamentada e agora permeiam outros métodos, inclusive a etnografia. Um estudo etnográfico qualificado exige tempo e comprometimento. A teoria fundamentada pode ajudá-lo a cortar o trabalho excessivo, mas as tarefas essenciais ainda precisam ser realizadas. Coletar dados etnográficos relevantes significa começar por comprometer-se com os fenômenos estudados – envolva-se!

Você pode aproveitar ao máximo aquilo que levar ao ambiente de pesquisa. Os etnógrafos novatos muitas vezes levam energia e abertura. Enquanto alguns etnógrafos experientes podem estar tão imbuídos com ideias e procedimentos disciplinares que acabem tendo dificuldade para ir além deles. Outros etnógrafos experientes percebem as áreas a serem buscadas sem articulá-las e, além disso, não se comprometem com elas. Os novatos podem tropeçar. Algumas diretrizes podem converter esse tropeço em prosperidade. Mitchell (em Charmaz e Mitchell, 2001) constatou que, com uma pequena ajuda, os estudantes etnógrafos prosperam. Ele pede aos estudantes que analisem as ações e os atores, fornecendo as questões seguintes para despertar as suas reflexões. Você pode encontrar diversas questões que podem vir a auxiliá-lo na observação dos eventos do seu ambiente de pesquisa. Nesse caso, adote-as, mas, em primeiro lugar, acompanhe o que você observa no ambiente. Podemos utilizar as questões apresentadas por Mitchell para iniciar a investigação, e não para substituí-la por uma fórmula.

- Qual é o ambiente da ação? Quando e como a ação acontece?
- O que está acontecendo? Qual é a atividade geral em estudo, qual o comportamento de prazo relativamente longo sobre o qual os participantes se organizam? Quais ações específicas compreendem essa atividade?
- Qual é a distribuição espacial e temporal dos participantes nessas localidades?
- Como os atores (participantes de pesquisa) estão organizados? Quais são as organizações que realizam, supervisionam, regulam ou promovem essa atividade?
- Como os membros estão estratificados? Quem está ostensivamente no comando? O fato de estar no comando é algo que se altera conforme a atividade? Como as pessoas alcançam e mantêm a condição de membro?
- A que os atores prestam atenção? O que é considerado importante, preocupante, decisivo?
- O que eles ignoram propositadamente e que poderia interessar a outras pessoas?
- Quais são os símbolos que os atores invocam para compreender as suas esferas de vida, os participantes e os processos neles presentes, bem como os objetos e eventos que encontram? Quais denominações são por eles atribuídas a objetos, eventos, pessoas, papéis, cenários e equipamentos?
- Quais práticas, habilidades, estratagemas e métodos de ação os atores empregam?

- Quais teorias, motivos, desculpas, justificativas ou outras explicações são utilizadas pelos atores para a prestação de contas relativa às suas participações? Como eles explicam uns aos outros, e não a investigadores estranhos, aquilo que eles fazem e por que o fazem?
- Quais os objetivos buscados pelos atores? Na perspectiva dos atores, quando uma ação é bem ou mal executada? Como eles avaliam a ação – com base em quais padrões? E por quem esses padrões são elaborados e aplicados?
- Quais recompensas os diversos atores obtêm por meio das suas participações?[4]

(Charmaz e Mitchell, 2001, p. 163)

Um etnógrafo pode invocar essas questões ao estudar sobre o contexto e o conteúdo, o significado e a ação, as estruturas e os atores. A teoria fundamentada pode acelerar a investigação dos etnógrafos nos tópicos problemáticos que surgem no campo. Uma estratégia da teoria fundamentada: procurar dados, descrever os eventos observados, resolver as questões fundamentais sobre o que ocorre e, então, desenvolver categorias teóricas para compreender os dados. Essa abordagem corrige também as fragilidades dos estudos de teoria fundamentada, em especial os quais dependem de relatos isolados fornecidos aos investigadores de campo. A forma como as pessoas explicam as suas ações umas às outras pode não estar de acordo com as afirmações feitas a um entrevistador. Além disso, as explicações mais importantes dos participantes podem consistir de compreensões tácitas. Nesse caso, então, os participantes raramente as articulam em voz alta entre eles mesmos, e menos ainda entre pessoas que não sejam membros do campo.

A compreensão procede mais diretamente da proximidade da nossa participação nas esferas de vida compartilhadas dos atores sociais (Prus, 1996). Em termos práticos, isso significa que o pesquisador precisa compartilhar algumas experiências, mas não necessariamente todos os pontos de vista com aqueles que são estudados. Bergson (1903, p. 1) afirma que "Os filósofos concordam em estabelecer uma distinção profunda entre duas formas de conhecer uma coisa. A primeira implica em cercar essa coisa, a segunda consiste em entrar nela". A tarefa do etnógrafo é explorar este segundo caminho. Os estudos de teoria fundamentada muitas vezes giram em torno de um objeto; esses métodos geram um mapa do objeto de estudo a partir de uma perspectiva externa, mas é possível que não consigam entrar nele. Esses estudos podem observar os fenômenos a partir de diversas posições e pontos de vista (ver, por exemplo, Glaser e Strauss, 1965, 1968). Contudo, os etnógrafos da teoria fundamentada podem investigar profundamente a experiência para a elaboração de uma versão interpretativa (ver, por exemplo, Baszanger, 1998; Casper, 1998; Timmermans, 1999).

A ENTREVISTA INTENSIVA

A conversa da entrevista

A entrevista intensiva é há muito tempo considerada um método vantajoso para a coleta de dados em tipos variados de pesquisa qualitativa. Mais fundamentalmente, uma entrevista é uma conversa orientada (Lofland e Lofland, 1984, 1995); a entrevista intensiva permite um exame detalhado de determinado tópico ou experiência e, dessa forma, representa um método útil para a investigação interpretativa. Outras formas de entrevista como a entrevista informativa poderiam ser indicadas para determinados projetos de teoria fundamentada, em particular para aqueles com inclinação objetivista (ver Hermes, 1995).

A entrevista é uma conversa direcionada (Lofland e Lofland, 1984, 1995). A entrevista intensiva permite um exame minucioso de um tópico em particular, com uma pessoa que tenha tido experiências relevantes.

A natureza detalhada de uma entrevista intensiva promove o esclarecimento da interpretação de cada participante sobre a sua própria experiência. O entrevistador procura compreender o tópico, e o participante tem as experiências relevantes para esclarecê-lo (ver Fontana e Frey, 1994; Seidman, 1997). Dessa forma, as perguntas do entrevistador pedem que o participante descreva e reflita sobre as suas experiências de maneiras que raramente ocorrem na vida cotidiana. O entrevistador está lá para escutar, ouvir com sensibilidade e estimular a pessoa a responder. Assim, nessa conversa, o participante é quem mais fala.

Para um estudo de teoria fundamentada, planeje algumas perguntas amplas e abertas. Você pode, então, enfocar as questões da entrevista para provocar a discussão detalhada do tópico. Ao elaborar questões abertas, não valorativas, você estimula o surgimento de afirmações e histórias imprevistas. A combinação da forma como você constrói as questões e como conduz a entrevista determina a medida na qual você atinge um bom equilíbrio entre a realização da entrevista aberta e a concentração do seu foco nas afirmações significativas.

A estrutura de uma entrevista intensiva pode variar de uma exploração vagamente orientada dos tópicos a questões focais semiestruturadas. Embora a entrevista intensiva possa ser uma conversa coloquial, ela segue um cerimonial diferente. O pesquisador deve manifestar o interesse e a vontade de saber mais. Temas que poderiam ser considerados grosseiros de serem abordados ou temas cordialmente evitados nas conversas usuais – até mesmo entre pessoas íntimas – tornam-se a essência a ser explorada. Os participantes de pesquisa muitas vezes têm a expectativa de que os seus entrevistadores façam perguntas que provoquem reflexões sobre o tema. Antes de proferir "aham" ou simplesmente acenar com a cabeça como se os significados fossem automaticamente partilhados, o entrevistador deveria dizer algo como "Isso é interessante, fale mais sobre isso". Em seu papel como entrevistador, os seus comentários e as suas perguntas ajudam o participante da pesquisa a articular as suas próprias intenções e significados. Enquanto a entrevista prossegue, você pode solicitar detalhes esclarecedores para obter informações precisas e conhecer as experiências e as reflexões do participante da pesquisa. Diferente da conversação cotidiana, um entrevistador pode deslocar a conversa e seguir intuições. Uma entrevista vai além da superfície de uma conversa cotidiana, analisando mais uma vez os eventos, as opiniões e as impressões iniciais.

As entrevistas intensivas permitem que o pesquisador:

- Vá além das aparências da(s) experiência(s) descrita(s).
- Interrompa para explorar um determinado enunciado ou tópico.
- Solicite mais detalhes ou explicações.
- Questione o participante sobre as suas ideias, sentimentos e ações.
- Volte a um ponto anterior.
- Reformule uma ideia emitida pelo participante para checar a sua precisão.
- Reduza ou acelere o ritmo.
- Altere o tópico seguinte.
- Valide o participante conforme seu caráter de benevolência, perspectiva ou ação.
- Utilize as habilidades sociais e de observação para promover a discussão.
- Respeite o participante e manifeste estima pela sua participação.

Agora compare essas prerrogativas da entrevista às revelações que ocorrem na vida normal. As regras da conversação podem ditar que você ouça sem pedir esclarecimentos e apenas concorde com o interlocutor – ao menos tacitamente –, ou seja, sem questionar, deixando que o interlocutor direcione o fluxo da conversa, em vez de interrompê-lo para explorar uma questão anterior, e ouça a história sem repeti-la com as suas próprias palavras para retomar as palavras da outra pessoa. Pense no que se segue após um amigo ter compartilhado uma longa história com você. Você imagina dizer a essa pessoa algo como "Vamos ver se compreendi esses eventos corretamente", e então descrever cada volta e reviravolta da história dela?

Um participante de pesquisa também tem prerrogativas de conversação durante a entrevista. As entrevistas intensivas permitem ao participante:

- Interromper silêncios e manifestar as suas opiniões.
- Contar a sua história e conferir-lhe uma estrutura coerente.
- Refletir sobre os eventos anteriores.
- Ser um especialista.

- Selecionar o que e como dizer.
- Compartilhar experiências significativas e instruir o entrevistador sobre como interpretá-las.
- Manifestar ideias e sentimentos não permitidos em outros tipos de relações e ambientes.
- Receber apoio e compreensão.

As negociações durante a entrevista

Uma entrevista é contextual e negociada. Quer os participantes narrem as suas histórias sem interrupção, quer os pesquisadores solicitem informações específicas, o resultado é a construção, ou reconstrução, de uma realidade. As histórias de entrevistas não reproduzem realidades anteriores (Murphy e Dingwall, 2003; Silverman, 2000). Pelo contrário, essas histórias fornecem relatos feitos a partir de determinados pontos de vista que servem para objetivos específicos, inclusive suposições de que se devam seguir regras tácitas de conversação durante a entrevista.

Questões neutras não significam uma entrevista neutra. Em vez disso, uma entrevista reflete aquilo que os entrevistadores e os participantes levam para a entrevista, as suas impressões durante a entrevista e as relações nela construídas. Os entrevistadores devem permanecer afinados em relação a como os participantes os percebem e à forma como tanto as identidades anteriores quanto as atuais dos participantes e dos entrevistadores podem influenciar no caráter e no conteúdo da interação. O passado bem como o presente indicam questões e negociações tácitas dos participantes sobre o processo de entrevista e a discussão ao longo deste. Os participantes de pesquisa avaliam o pesquisador, julgam a situação e influenciam as suas avaliações atuais e os seus conhecimentos anteriores, normalmente de maneiras presumidas. As pessoas que já tiveram a experiência de conflitos podem buscar uma orientação por parte do entrevistador sobre o que dizer e com que profundidade. À medida que se tornam mais sensíveis às preocupações e às vulnerabilidades dos seus participantes, os entrevistadores aprendem até que ponto devem se aprofundar e o momento de explorar mais utilizando sondagens.

As diferenças relativas ao poder e à posição social podem ser trabalhadas e exauridas durante a entrevista. As pessoas que ocupam uma posição de maior poder podem assumir o controle, aproveitar as perguntas da entrevista para tratar dos tópicos com suas próprias palavras, controlar o tempo, o ritmo e a duração da entrevista. Tanto indivíduos dotados de maior poder quanto aqueles destituídos de qualquer um podem desconfiar de seus entrevistadores, das instituições financiadoras e do objetivo declarado da pesquisa, assim como quanto à forma como as descobertas podem vir a ser utilizadas. Durante as entrevistas, os profissionais podem repetir a retórica das relações públicas, sem revelar opiniões pessoais e muito menos um relato completo das suas experiências. Os entrevistados podem apresentar questões ocultas ou manifestas sobre se o entrevistador é ou não um representante de autoridades ou apoiadores – e testar a sua lealdade.

Além da dinâmica do poder e da situação profissional, elementos como sexo, raça e idade podem afetar o curso e o conteúdo das entrevistas. Os entrevistados podem apresentar as entrevistas intensivas como uma ameaça, uma vez que elas ocorrem dentro de uma relação individualizada, tornam o controle da interação ambíguo, promovem a autorrevelação e, portanto, podem gerar o risco de causar danos às suas figuras públicas (Schwalbe e Wolkomir, 2002). O possível desconforto masculino pode ser intensificado se um tópico de entrevista, como a deficiência física ou o divórcio, consistir em algo que questione as afirmações de sua masculinidade. Ao estudar pais divorciados, Terry Arendell (1997) observou uma alteração sutil da ênfase do foco no divórcio durante certas entrevistas. No momento em que esses pais revelaram uma preocupação maior com suas identidades como homens, os seus enunciados de entrevista passaram a adotar um metadiscurso sobre a masculinidade. Os homens que escondem as emoções por trás da imensa barreira do controle das próprias impressões podem não aceitar serem entrevistados; outros podem enredar as perguntas em vez de tratá-las diretamente. De acordo com o que Arendell descobriu, alguns homens interpretam e dramatizam as relações de gênero durante a entrevista.

A realização de entrevistas com mulheres apresenta outros dilemas. Quando o entrevistador é homem, a dinâmica de gênero pode integrar a entrevista. Quando ambos, entrevistador e participante, são mulheres, as diferenças de classe, idade e/ou raça e etnia podem ainda influenciar a forma como a entrevista prossegue. Apesar disso, mulheres de variados contextos normalmente se oferecem voluntariamente para serem entrevistadas com relação a vários tópicos delicados. A qualidade das respostas femininas pode variar amplamente quando outras pessoas as houverem silenciado no que diz respeito ao tópico da entrevista. As suas respostas à entrevista podem variar entre esclarecedoras, catárticas ou reveladoras e incômodas, doloridas ou subjugadas. O tópico, o seu significado e as circunstâncias da vida da participante, assim como as habilidades do entrevistador, afetam a forma como as mulheres vivenciam as suas respectivas entrevistas (ver também Reinharz e Chase, 2001).

Conforme sugerido anteriormente, as diferenças entre entrevistador e entrevistado de pesquisa, no que diz respeito à raça, classe, gênero, idade e ideologias, podem afetar diretamente o que ocorre durante a entrevista. Esses atributos da posição social devem ser vistos em relação ao tópico da entrevista. Os participantes do sexo masculino normalmente preferem conversar sobre as suas experiências pessoais com uma mulher, mas podem preferir agir como instrutores de um entrevistador mais jovem do sexo masculino sobre suas vidas profissionais. Da mesma forma, os participantes idosos podem se revelar bastante dispostos a discutir a sexualidade na vida madura com um entrevistador de meia-idade ou mais velho, mas não com uma pessoa jovem. Reflita sobre a forma como você pode fazer uma melhor utilização da flexibilidade da entrevista. Os métodos da teoria fundamentada estimulam o uso tanto de abordagens etnográficas quanto de entrevista. Você pode começar pela observação para estudar um tópico e, conforme prossegue com as suas análises, voltar aos participantes com questões mais focais.

O ajuste da entrevista intensiva na teoria fundamentada

A entrevista qualitativa intensiva adapta-se de forma positiva aos métodos da teoria fundamentada. Tanto esses métodos quanto os da entrevista intensiva são abertos, ainda que orientados, determinados, ainda que emergentes, e cadenciados, ainda que irrestritos. Embora os pesquisadores muitas vezes optem pela entrevista intensiva como método único, ela complementa outros métodos, como as observações, os questionários e os relatos escritos de participantes.

> Tanto os métodos da teoria fundamentada quanto da entrevista intensiva são abertos, ainda que orientados, determinados, ainda que emergentes, e cadenciados, ainda que flexíveis.

Um entrevistador assume o controle mais direto sobre a construção dos dados do que sobre a maioria dos outros métodos como a etnografia ou a análise textual. Os métodos da teoria fundamentada exigem que os pesquisadores assumam o controle da coleta e da análise dos dados e, por sua vez, esses métodos oferecem aos pesquisadores um maior controle analítico sobre o material de que dispõem. A entrevista qualitativa oferece uma exploração irrestrita e detalhada de um aspecto da vida sobre o qual o entrevistado tem uma experiência substancial, muitas vezes combinada com *insights* consideráveis. A entrevista pode extrair perspectivas sobre o mundo subjetivo dessa pessoa. Os entrevistadores traçam o esboço dessas perspectivas por meio do delineamento dos tópicos e do esboço das questões. A entrevista é uma técnica flexível, emergente; as ideias e os tópicos surgem durante a entrevista e os entrevistadores podem imediatamente seguir essas orientações.

Os métodos da teoria fundamentada dependem de um tipo semelhante de flexibilidade, como a entrevista detalhada. Como adeptos da teoria fundamentada, temos por objetivo descobrir o que ocorre desde o início da nossa pesquisa. Os nossos esforços para alcançar essas descobertas auxiliam-nos a corrigir as tendências de seguir noções preconcebidas sobre o que ocorre no campo. Além da assimilação e da adoção de temas nas entrevistas, buscamos as ideias por meio do estudo dos dados e logo voltamos ao campo para coletar dados focais para solucionarmos as questões analíticas e preenchermos as lacunas conceituais. Dessa forma, a combinação de flexibilidade e controle inerente das técnicas da entrevista detalhada ajusta-se às estratégias da teoria fundamentada para ampliar a incisividade analítica da análise resultante. A entrevista da teoria fundamentada diferencia-se em boa parte da entrevista detalhada pelo fato de restringimos a variedade dos tópicos de entrevista a fim de coletar dados específicos para a elaboração dos nossos esquemas teóricos, conforme prosseguimos com a realização das entrevistas.

A realização das entrevistas

Como você poderia realizar uma entrevista para um estudo de teoria fundamentada? A sua primeira questão pode ser suficiente para a entrevista toda se as histórias se desenrolarem naturalmente. Recorrer a "ahans" receptivos, a algumas perguntas de esclarecimento ou comentários pode permitir a continuidade de uma história nas ocasiões em que o participante pode e quer contá-la. Escolho cautelosamente as questões e as apresento lentamente para promover as reflexões do participante. Os entrevistadores usam a entrevista detalhada para explorar e não para interrogar (Charmaz, 1991b). A elaboração das questões requer habilidade e prática, sendo que elas devem explorar o tópico do entrevistador e adaptar-se à experiência do participante. Como fica evidente a seguir, essas questões são suficientemente gerais para cobrir uma variedade de experiências e restritas o suficiente para extrair e elaborar a experiência específica do participante.

Na sequência, foram incluídas amostras de questões para dar uma ideia sobre como construir as questões para estudar o processo. Elas refletem uma ênfase interacionista simbólica na exploração das perspectivas, das experiências e das ações dos participantes. As amostras de perguntas destinam-se ao estudo da experiência individual. No caso de um projeto sobre processos organizacionais ou sociais, conduzo, em um primeiro momento, questões relativas às práticas coletivas e, posteriormente, trato da participação do indivíduo nessas práticas, bem como das suas opiniões sobre elas.

Essas amostras de questões são meros exemplos a serem considerados. Reflita sobre elas e formule algumas abertas. Planeje o máximo possível a sua lista de questões. Jamais perguntei todas as questões apresentadas a seguir e normalmente não ultrapasso o conjunto inicial de perguntas em uma única sessão. Raramente levo um guia de entrevista para a entrevista, pois prefiro mantê-la informal e conversacional; os novatos, no entanto, precisam estar mais estruturados. Ter um guia de entrevista com questões abertas bem planejadas e sondagens preparadas pode aumentar a sua confiança e permitir que você se concentre no que a pessoa está dizendo. De outra forma, você pode deixar passar alguns pontos óbvios a serem explorados pelo fato de estar distraído pensando sobre o que perguntar a seguir e como fazê-lo. Subsequentemente, você pode fazer uma série de perguntas diretas que interrompem a exploração do tópico. Ou, pior ainda, a sua linha de questionamento pode acabar se tornando um interrogatório. Ambos os rumos frustram o objetivo de se conduzir uma entrevista intensiva. A entrevista exige habilidade, mas você pode aprender a desenvolvê-la.

Da mesma forma como você pode ter de dar uma importância especial à entrevista de determinados participantes, muitos tópicos podem exigir uma atenção especial. Estudar as rupturas da vida ou os comportamentos estigmatizados pode levantar questões quanto a ser considerado importuno. Às vezes, os participantes contam histórias delicadas durante a entrevista sobre as quais nunca imaginaram falar e que podem, ou não, dizer respeito ao seu estudo. Nesses casos, apresento alguns princípios que podem ajudá-lo. Primeiramente, determino que o nível de bem-estar dos participantes tenha maior prioridade do que a obtenção de dados produtivos. Em segundo lugar, dou atenção rigorosa ao momento de aprofundar. Muitas vezes, apenas escuto, em particular quando o participante parece estar revivenciando sentimentos em relação ao incidente descrito. Em terceiro, procuro compreender a experiência a partir da perspectiva do participante e validar o seu significado para essa pessoa. Em quarto lugar, conduzo as questões de encerramento de modo que estas sejam voltadas para a obtenção de respostas positivas, a fim de levar a entrevista à conclusão em um nível positivo. Nenhuma entrevista deve terminar abruptamente após um entrevistador ter perguntado questões muito minuciosas ou no momento em que o participante estiver se sentindo desamparado. O ritmo e o passo da entrevista devem conduzir o participante de volta a um nível normal de conversação antes do encerramento. As questões de amostra apresentadas a seguir ilustram os pontos mencionados anteriormente.

Cada vez mais, os conselhos institucionais de revisão (IRBs*) e comitês de ética em pesquisa com seres humanos exigem que os pesquisadores submetam descrições detalhadas dos seus planos e instrumentos completos de pesquisa à apreciação desses órgãos. Tal grau de detalhamento não é coerente com a natureza emergente da pesquisa qualitativa em geral e, em particular, dos métodos da teoria fundamentada. As questões de entrevista apresentam problemas especiais na busca pela aprovação por parte dos IRBs e comitês de ética em pesquisa. As questões de entrevista propostas devem ser suficientemente detalhadas para convencer os avaliadores de que não ocorrerá nenhum dano aos participantes da pesquisa, ainda que sejam abertas o suficiente para permitir o surgimento de dados imprevistos durante a entrevista. Uma lista bem elaborada de questões abertas deve ajudar.

As questões do Quadro 2.1 se sobrepõem de forma intencional. Elas permitem-lhe voltar a uma etapa anterior para obter mais informação, ou separar questões desnecessárias ou potencialmente incômodas. O uso de um gravador de áudio possibilita que você dê atenção total ao seu participante de pesquisa com contato visual constante, fornecendo-lhe dados detalhados. Fazer anotações sobre os pontos-chave durante a entrevista pode ajudar, contanto que isso não distraia você ou o seu participante. As suas anotações servem para lembrá-lo de voltar aos pontos anteriores e sugerem a forma como construir as questões seguintes.

* N. de T. IRB – sigla em inglês para *institutional review board.*

Quadro 2.1 Uma amostra de questões de entrevista da teoria fundamentada sobre uma modificação na vida

Questões abertas iniciais

1. Conte o que aconteceu (ou como conseguiu...).
2. Quando foi que (se, de fato, ocorreu) você vivenciou ______ pela primeira vez? (ou notou ____)?
3. (Nesse caso,) como foi isso? O que você pensou naquele momento? Como aconteceu de você ______? Quem influenciou (se é que alguém o fez) as suas atitudes? Conte de que forma essa(s) pessoa(s) a/o influenciou(aram).
4. Você poderia descrever os eventos que levaram a _____ (ou que precederam ____)?
5. O que contribuiu para ____?
6. O que estava acontecendo em sua vida na época? Como você descreveria a forma como você via ______ antes que _______ acontecesse? De que forma (se, de fato, ocorreu) mudou a sua opinião a respeito de ________?
7. Como você descreveria a pessoa que você era naquela época?

Questões intermediárias

1. O que você sabia (se sabia) sobre ______?
2. Fale sobre o que você pensou e sentiu quando ficou sabendo sobre _______?
3. O que aconteceu depois?
4. Quem (no caso de haver alguém) estava envolvido? Quando foi isso? Como era esse envolvimento?
5. Conte como você aprendeu a lidar com ______.
6. De que forma as suas opiniões e sentimentos a respeito de ______ modificaram-se (no caso de ter havido modificação) desde ______?
7. Quais modificações positivas ocorreram na sua vida (ou _____) desde ______?
8. Quais modificações negativas (se houver alguma) ocorreram na sua vida (ou _____) desde ______?
9. Fale sobre como você realiza ______. O que você faz?
10. Você poderia descrever o que considera um dia normal para você quando você está ______? (Sondar diversas vezes.) Agora, fale sobre um dia normal quando você está ______.
11. Diga como você descreveria a pessoa que você é agora. O que mais contribuiu para essa mudança (ou continuidade)?
12. Ao relembrar ______, existem outros eventos que se destacam na sua mente? Você pode descrevê-los (cada um)? Como esse evento afetou o que ocorreu? Como você reagiu a/ao ______ (o evento; as situações resultantes)?
13. Você poderia descrever as lições mais importantes que aprendeu ao vivenciar ______?
14. Em que cenário você se vê dentro de dois anos (cinco, dez anos, conforme o que for apropriado)? Descreva a pessoa que você espera ser então. Como você compararia a pessoa que você espera ser e a pessoa como você se vê hoje?
15. O que ajuda você a controlar ______? Quais problemas você poderia encontrar? Fale sobre as causas desses problemas.
16. Quem foi que mais ajudou você durante esse período? De que maneira essa pessoa foi útil?
17. Teve apoio de alguma organização? Em que _______ ajudou? De que maneira foi útil?

Questões finais

1. Quais caminhos você considera mais importantes para ______? Como você os descobriu (ou criou)? De que maneira a sua experiência anterior a/ao ______ afetou o modo como você lidou com isso?
2. Fale sobre como as suas opiniões (e/ou ações, dependendo do tópico e das respostas anteriores) podem ter-se modificado desde que você ______.
3. Como foi o seu crescimento pessoal desde que ______? Fale sobre as forças que você descobriu ou desenvolveu por meio de _____. (Se considerar apropriado) O que você mais valoriza em você mesmo agora? O que as outras pessoas mais valorizam em você?
4. Após ter passado por essas experiências, que conselho você daria a alguém que acaba de descobrir que ele ou ela ______?
5. Há alguma coisa sobre a qual você poderia não ter pensado antes e que tenha lhe ocorrido durante esta entrevista?
6. Há algo mais que você considere que eu deva saber para compreender melhor ______?
7. Há algo que você gostaria de me perguntar?

Devemos evitar forçar os dados de entrevista de modo a encaixá-los em categorias preconcebidas (Glaser, 1978). A entrevista desafia-nos a desenvolver um equilíbrio entre fazer perguntas significativas e forçar as respostas – mais do que em outras formas de coleta de dados qualitativos. As questões e o estilo de entrevista de um entrevistador determinam o contexto, a estrutura e o conteúdo do estudo. Sendo assim, um pesquisador ingênuo pode forçar inadvertidamente os dados de entrevista dentro de categorias preconcebidas. Não é apenas a utilização de questões equivocadas que pode resultar no forçamento dos dados, mas também a forma como os entrevistadores apresentam, enfatizam e compassam as questões poderá forçá-los. Questões equivocadas não conseguem explorar questões fundamentais ou extrair as experiências dos participantes com as suas próprias palavras. Essas questões podem também impor os conceitos e as preocupações do pesquisador e discorrer sobre a realidade do participante da pesquisa – desde o início. Uma vez transcritas, as entrevistas gravadas em áudio facilitam a observação de quando as suas questões não funcionam ou quando elas forçam os dados. Quando a coleta de dados é determinada por questões irrelevantes, superficiais ou forçadas, a análise subsequente fica prejudicada. Dessa forma, os pesquisadores precisam refletir constantemente em relação à natureza das suas questões e quanto ao fato de elas funcionarem ou não para aqueles participantes específicos e para a teoria fundamentada nascente.

É provável que o foco da entrevista e as questões específicas realizadas diferenciem-se à medida que o pesquisador adotar uma abordagem mais construtivista ou mais objetivista. Uma abordagem construtivista enfatiza a obtenção das definições dos participantes quanto aos termos, às situações e aos eventos, na tentativa de explorar as suas suposições, os seus significados implícitos e as regras tácitas. Por outro lado, uma abordagem objetivista estaria mais interessada na obtenção de informações sobre a cronologia, os eventos, os ambientes e os comportamentos. Então, da mesma forma, a versão da teoria fundamentada de Glaser (1978) produziria questões distintas da abordagem de Strauss e Corbin (1990, 1998).

Em termos gerais, temos de estar cientes das suposições e das perspectivas que importamos para as nossas questões de entrevista. Considere as seguintes questões:

- "Fale sobre os estressores na sua situação."
- "Quais são as técnicas de enfrentamento que você utiliza para lidar com esses estressores?"

Essas questões poderiam funcionar com uma amostra de participantes de pesquisa, como enfermeiras, para quem os termos "estressores" e "técnicas de enfrentamento" consistem em um linguajar coloquial, contanto que, em algum momento, o entrevistador solicite aos participantes uma definição para esses termos. Contudo, o termo "estressores" poderia ser estranho a outros participantes, como no caso de pacientes de casas de assistência a idosos e, ainda mais quanto a identificação de fatores de estresse e a utilização de técnicas explícitas para lidar com eles. É crucial aqui prestar atenção à linguagem, aos significados e à vida dos participantes.

Como outros entrevistadores experientes, os entrevistadores da teoria fundamentada devem permanecer ativos na entrevista e alertas a indicações interessantes (para sugestões, ver Gorden, 1987; Gubrium e Holstein, 2001; Holstein e Gubrium, 1995; Rubin e Rubin, 1995; Seidman, 1998). O uso de sólidas estratégias de entrevista auxilia o pesquisador a ir além das narrativas do senso comum e das categorias óbvias e de baixa qualidade, as quais não acrescentam nada. Qualquer entrevistador competente elabora questões para obter um material rico e, simultaneamente, evita impor conceitos preconcebidos a este. O fato de manter as questões abertas é de imensa ajuda. Quando os participantes usam termos que fazem parte do léxico das suas experiências, como, por exemplo, "dias bons" e "dias ruins", o entrevistador pode pedir mais detalhes. Compare a diferença entre estas questões:

- "Fale sobre o que você considera como um dia bom."
- "Você se sente melhor em relação a você mesmo em um dia bom?"

A primeira questão deixa a resposta aberta à experiência e aos conceitos do participante. Essa questão estimula o participante a enquadrar e explorar as suas próprias opiniões sobre o que considera como um dia bom. Por outro lado, a segunda encerra a discussão e relega a resposta a mero "sim" ou "não". Essa questão pressupõe também uma estrutura de definição e que esta seja compartilhada pelo entrevistador e pelos participantes.

Questões de entrevista que permitem que o participante reflita de uma nova forma sobre os fenômenos extraem dados relevantes. Questões do tipo "fale sobre", "como", "o que" e "quando" produzem dados relevantes, em particular quando você as reforça com perguntas que o levam a elaborar melhor ou especificar como "Você poderia descrever melhor ______" (ver Charmaz, 2002a). Procure os "ahams" e "nés" e então investigue o que eles indicam. O que significam as longas pausas? De que maneira estas podem refletir um esforço para encontrar as palavras certas? Quando um sinal como um "né" poderia implicar em significados já tidos como subentendidos? Quando um "né" poderia ser utilizado para buscar o assentimento do pesquisador ou sugerir que o respondente esteja lutando para articular uma experiência? Entretanto, em minha pesquisa, as histórias dos respondentes sobre a doença normalmente eram contadas de forma contínua. Por exemplo, um participante que tinha esclerose múltipla relatou,

> Há sempre uma infecção de bexiga. Parece que, sabe, lá no lar assistencial não houve (infecção de bexiga). Foram dois ou três anos (sem elas). Após ter saído (do

> lar assistencial) tenho a impressão que só o que eu faço é tratar disso, infecções de bexiga (...) Então, acabo de me recuperar de uma infecção de bexiga. Foi estressante e levou um ano aquela infecção de bexiga, e eu provavelmente já tenho outra e isso faz apenas uma semana e meia. Portanto, sempre pude contar com a minha dor nas costas e a forma como durmo e a cada infecção, os remédios, eles matam também as bactérias boas. Então, você pega uma infecção fúngica e é como se você vivesse em função disso dia e noite (com a doença e o cuidado) e é, e isso é, se isso fosse tudo com o que eu tivesse que lidar, seria uma história, mas tenho ainda o estresse da minha, da minha família. E isso é uma verdadeira carga. E aí, os meus intestinos não funcionam. Esse remédio para a bexiga causa diarréia. (Charmaz, 1991a, p. 73)

Um pesquisador tem tópicos a seguir. Os participantes de pesquisa têm problemas para resolver, objetivos a atingir e ações a realizar, e eles mantêm suposições, ideias e sentimentos em relação a todos esses assuntos. As suas questões de pesquisa e a sua forma de indagá-las definem os dados e as análises subsequentes. Assim, tomar consciência acerca do porquê e da forma como você coleta os dados possibilita que você avalie a sua eficácia. Você aprende a perceber quando está reunindo dados relevantes e proveitosos que não enfraquecem ou degradam o(s) seu(s) respondente(s). Logo, não surpreende o fato de que os métodos da teoria fundamentada funcionem melhor quando o pesquisador adepto à teoria encarrega-se tanto da coleta quanto da análise dos dados. Dessa forma, você pode explorar as nuances do significado e do processo que pessoas contratadas poderiam facilmente deixar passar.

As histórias dos respondentes podem surgir repentinamente ou o processo principal no qual as pessoas estejam envolvidas pode simplesmente se revelar para você. No entanto, pode ser que os respondentes não apareçam tão facilmente e nem os processos principais sejam tão óbvios. Mesmo se o forem, normalmente a descoberta da sutileza e da complexidade das intenções e das ações dos respondentes representa um trabalho considerável. O pesquisador pode ter atingido o mundo implícito dos significados, mas não o das palavras explícitas. Por exemplo, alguns dos meus participantes falaram sobre incidentes nos quais eles contaram a outras pessoas sobre as suas doenças. Eles descreveram que essas pessoas os trataram com falsidade e sentiram que tanto o seu valor social quanto o pessoal foi enfraquecido. Muitas vezes, o significado desses incidentes foi mais revelado pelas emoções que essas pessoas expressaram ao recontarem os eventos do que pelas palavras que escolhiam.

O pesquisador pode ter atingido o mundo implícito dos significados, mas não o das palavras explícitas.

Para alguns tópicos, um estudo mais conciso e o questionamento direto podem ser suficientes. Para outros, pode ser necessário redirecionar a indagação.

Por exemplo, a nossa língua contém poucas palavras que nos possibilitam falar sobre a questão do tempo. Assim, muitas das atitudes e atividades dos meus participantes de pesquisa relacionadas com o tempo permaneceram sem ser mencionadas, sendo apenas pressupostas. Mais uma vez, as suas histórias sobre a doença normalmente dependem de conceitos relativos ao tempo e eles referiam-se às qualidades implícitas do tempo vivenciado. Por exemplo, o enunciado anterior da mulher com relação às infecções de bexiga mencionou a velocidade e o caráter acidentado dos seus dias. Quando você planeja explorar áreas como essas, então você tenta inventar maneiras de fazer observações relevantes ou de construir questões que possam promover respostas pertinentes. Para ilustrar, fiz aos meus respondentes questões como: "Ao relembrar a sua doença, que eventos se destacam em sua mente?" ou "Como é um dia útil normal para você?". Glaser (1992) poderia dizer nesse ponto que eu forço os dados ao utilizar questões preconcebidas sobre estes. Em vez disso, eu *produzo* os dados ao investigar aspectos da vida que são considerados óbvios. Em qualquer nível que você observe os significados, as intenções e as ações de seus participantes, poderá criar uma análise coerente com a utilização dos métodos da teoria fundamentada. Por isso, o método é útil para os estudos descritivos empenhados na verificação de fatos, bem como para os enunciados teóricos conceitualmente mais elaborados.

O estudo dos seus dados irá instigá-lo a descobrir as nuances da linguagem e dos significados dos seus participantes de pesquisa.

O estudo de seus dados irá instigá-lo a descobrir as nuances da linguagem e dos significados de seus participantes de pesquisa. Posteriormente, você aprenderá a determinar as direções às quais os seus dados podem levá-lo. Por meio da análise das gravações de áudio das entrevistas, por exemplo, você observará de maneira rigorosa emoções e opiniões de seus respondentes. Eles ganharão vida em sua mente à medida que você escutar atenta e reiteradamente o que foi dito por eles. Por exemplo, um de meus estudantes observou:

> Que impacto as palavras tiveram em mim ao sentar-me em casa sozinho para transcrever as fitas. Consegui ouvir e sentir melhor o que essas mulheres me diziam. Percebi o quanto, às vezes, eu estava imbuído de pensamentos ligados ao que seria a minha próxima questão, a como estava o meu contato visual, na esperança de que estivéssemos falando em volume suficientemente alto para o gravador. (Charmaz, 1991b, p. 393)

Se você prestar atenção à linguagem dos seus entrevistados, você conseguirá atingir a experiência deles com as suas questões de pesquisa. Logo, você conseguirá conhecer os significados deles, em vez de fazer suposições sobre aquilo que eles querem dizer. Por exemplo, quando os meus respondentes portadores de doenças crônicas falaram sobre ter "dias bons" e "dias ruins", sondei com mais profundidade e fiz mais perguntas acerca de seus significados presumidos para dias bons e ruins. Fiz perguntas como: "Como é um dia bom?", "Você poderia descrever como é um dia ruim?", "Que tipo de coisas você faz em um dia bom?", "Como você compara essas atividades com as de um dia ruim?". Descobri que os dias bons significam "intromissão mínima da doença, máximo controle da mente, do corpo e das ações, e maior variedade de atividades" (Charmaz, 1991a, p. 50). O significado dos dias bons também se estendem a horizontes temporais e espaciais ampliados, à qualidade do dia e à realização daquilo que cada um deseja ser. Mas se eu não tivesse reforçado e questionado os respondentes acerca dos significados desses termos, as suas propriedades específicas teriam permanecido implícitas. Assim, obtive um entendimento mais estruturado e denso de como o tempo e o indivíduo estavam relacionados.

A ANÁLISE TEXTUAL

Toda pesquisa qualitativa requer a análise de textos; porém, alguns pesquisadores estudam textos apenas parcialmente elaborados por eles próprios, ou que são obtidos a partir de outras fontes. Textos extraídos são aqueles que envolvem os participantes na produção de dados escritos em resposta a uma solicitação do pesquisador e, assim, fornecem os meios para a geração de dados. Textos existentes consistem de documentos variados, cuja elaboração não tenha tido a participação do pesquisador. Para tratar das suas questões de pesquisa, os pesquisadores consideram os textos existentes *como* dados, embora esses textos tenham sido produzidos com outros objetivos, muitas vezes, objetivos bastante distintos. Os dados de arquivos, como correspondências de uma figura histórica ou de uma determinada época, representam uma das principais fontes de textos existentes. Podemos usar textos extraídos ou existentes como fontes primárias ou como fontes suplementares de dados.

Os textos não existem como fatos objetivos, embora, muitas vezes, representem aquilo que os seus autores presumiram tratar-se de fatos objetivos (Prior, 2003). As pessoas constroem textos para atender a objetivos específicos e o fazem dentro de contextos sociais, econômicos, históricos, culturais e situacionais. Os textos baseiam-se em discursos específicos e fornecem relatos que registram, exploram, explicam, justificam ou prenunciam ações, quer os textos específicos sejam extraídos ou existentes. Por exemplo, os policiais podem registrar e emitir multas de trânsito por determinadas violações, mas não para aquelas que consideram triviais. Os seus registros têm a finalidade de cumprir seus papéis oficiais, e não a de servirem como dados de pesquisa. Enquanto discurso, o texto segue certas convenções e supõe significados que lhes são inerentes. Os pesquisadores podem comparar o estilo, os conteúdos, a direção e a apresentação do material a um discurso mais amplo no qual aquele texto esteja inserido. Enquanto relatos, os textos dizem algo sobre o público interessado, intencional e, possivelmente, também o não intencional.

Textos extraídos

Os textos extraídos envolvem os participantes na produção escrita dos dados. Um questionário enviado ou, cada vez mais, levantamentos realizados pela internet que contêm questões abertas são fontes comuns de textos desse tipo. Além do mais, etnógrafos e entrevistadores podem pedir aos seus participantes que escrevam textos. Solicitar aos participantes que registrem histórias familiares ou profissionais, que mantenham diários pessoais, que escrevam um registro diário ou que respondam a questões escritas, gera dados extraídos. Esses textos, tais como autobiografias publicadas, podem revelar conceitos, emoções e preocupações do sujeito que reflete e atua, bem como fornecer aos pesquisadores ideias sobre quais as estruturas e os valores culturais que influenciam a pessoa. As diretrizes dos pesquisadores para os textos extraídos podem variar desde instruções detalhadas a sugestões mínimas.

Em um nível psicossocial, os contrastes entre os documentos escritos extraídos e a observação direta podem revelar histórias pungentes. Por exemplo, ao realizar um estudo etnográfico sobre um ambiente de lar assistencial, pedi aos membros que registrassem aquilo que haviam feito em uma quarta-feira e em um domingo, para que pudesse obter mais informação sobre as opiniões dessas pessoas acerca dos seus dias normais na instituição. Após ter reunido os diários escritos dos residentes sobre os seus dias normais, descobri que uma mulher havia registrado uma relação completa de suas atividades de leitura e redação – ainda que eu houvesse percebido que ela dormira durante a maior parte desse tempo. Ao conversar com uma das enfermeiras, descobri que essa mulher tinha registrado o seu dia normal de três anos antes (Calkins, 1970). Tendo sido, outrora, uma escritora publicada, ela queria ser identificada pelo seu passado, e não pelo seu presente. Se eu não tivesse coletado os registros diários, poderia ter deixado de descobrir como algumas pessoas idosas e doentes podem construir identidades ficcionais no tempo presente, reconstruindo-os a partir de identidades reais do passado. Essas identidades refletem significados e imagens escolhidas pela própria pessoa, e não representam necessariamente mentiras. De modo semelhante, os respondentes de entrevistas podem desejar parecer amáveis, inteligentes ou politicamente corretos e, consequentemente, elaborar as suas respostas nesse sentido. Contudo, as entrevistas apresentam possibilidades de checagem de uma história que o texto já não permite.

No exemplo acima, minha presença sustentada me permitiu procurar as razões das disparidades existentes entre as realidades observadas e as respostas escritas. Quando os textos extraídos são escritos por autores anônimos, o pesquisador não tem meios para compará-los com outros dados relativos às mesmas pessoas.

Os textos extraídos, como registros, diários, agendas ou respostas escritas para questões específicas, compartilham algumas das vantagens e das desvantagens das pesquisas e entrevistas convencionais. Assim como os questionários, os textos extraídos anonimamente podem favorecer revelações francas que a pessoa pode não desejar fazer a um entrevistador – o que inclui, por exemplo, a revelação de segredos que exponham a degradação, a desgraça e o fracasso. Os participantes de pesquisa podem não querer discutir os seus históricos genéticos, suas vidas sexuais, suas situações financeiras, seus problemas no trabalho, seus fracassos pessoais, seus sentimentos ou expectativas e seus sonhos frustrados, mas poderiam estar dispostos a escrever sobre eles anonimamente. Os participantes podem contar tanto quanto desejarem sobre si mesmos. Entretanto, essa abordagem depende da habilidade e da prática de escrita prévia dos participantes. Não são todos os participantes que têm habilidade, conforto e confiança para escrever relatos completos. Murphy e Dingwall (2003) afirmam que os textos extraídos geram dados que se assemelham aos dados de entrevista. De fato, isso acontece quando as questões propostas se parecem com questões de entrevista e os participantes as respondem como tais, e não como formulários burocráticos, levantamentos rápidos, táticas administrativas ou indagações triviais. Dessa forma, os textos extraídos funcionam melhor quando os participantes têm interesse nos tópicos tratados, experiência nas áreas relevantes e quando veem as questões como sendo significativas.

Assim como na construção de um questionário, os pesquisadores que utilizam textos extraídos não podem modificar ou reformular uma questão, uma vez que esta já tenha sido feita. Nem eles têm qualquer possibilidade imediata de acompanhar um enunciado, estimular uma resposta ou levantar uma questão, mesmo quando podem conseguir entrevistar os participantes da pesquisa posteriormente. Os pesquisadores poderiam, adicionalmente, conversar com aqueles participantes que forem identificados sobre as suas respostas escritas, caso isso seja coerente com o material anteriormente coletado e com os acordos de acesso previamente estabelecidos. Embora o fato de ter acesso a múltiplas formas de dados fortaleça um estudo, os pesquisadores qualitativos utilizam cada vez mais os relatos pessoais, as correspondências, as respostas obtidas com questionários abertos e os recursos de mídia, sem outras formas de coleta de dados e sem a possibilidade de dar continuidade a essa coleta de dados.

Textos existentes

Os textos existentes diferenciam-se dos textos extraídos pelo fato de o pesquisador não influenciar em sua produção. Entre os textos que poderíamos utilizar estão os registros públicos, os relatórios governamentais, os documentos organizacionais, os meios de comunicação, a literatura, as autobiografias, a correspondência pessoal, as discussões da internet e os bancos de dados de materiais qualitativos anteriores. No passado, os pesquisadores valorizaram os textos existentes em função de sua relativa disponibilidade, por representarem um método caracteristicamente não intrusivo de coleta de dados e por sua aparente objetividade[5].

Quando os pesquisadores utilizam textos existentes, os seus leitores podem acreditar que esses textos refletem a realidade. Um relatório anual corporativo, dados sobre a distribuição da população sem-teto em sua cidade natal, dados de censo dos Estados Unidos relativos à raça – todos esses elementos podem parecer ser relatórios de "fatos". No entanto, eles refletem definições compartilhadas acerca de cada tópico e o poder para reforçar essas definições. Os redatores dos relatórios podem adotar definições que alteram ou contradizem os significados dos seus leitores acerca de categorias aparentemente concretas, como perdas e ganhos, por exemplo.

Os textos existentes, como prontuários médicos, registros policiais ou relatórios de políticas escolares podem, todos eles, fornecer informações úteis e, ao mesmo tempo, apresentar sérias limitações. Por exemplo, funcionários de empresas de assistência médica que anteveem uma possibilidade de litígio podem restringir suas anotações nos prontuários médicos. Enquanto trabalhava como auxiliar de enfermagem durante o seu estudo etnográfico de uma clínica de repouso, Timothy Diamond (1992) analisou os prontuários médicos dos pacientes. Ele descobriu que os funcionários não apenas omitiam os eventos antecedentes que não eram registrados nos prontuários, como também que o trabalho de cuidado dos auxiliares de enfermagem permanecia invisível. Por meio da sua pesquisa de campo, Diamond descobriu o que os funcionários registravam nos prontuários, o que omitiam e a forma como utilizavam esses prontuários.

Investigar as finalidades e os objetivos dos registros possibilita colocá-los em perspectiva e possivelmente buscar mais dados a partir de outras fontes. Os textos existentes podem complementar os métodos etnográficos e de entrevista. Responder a questões sobre as informações que constam nesses textos pode representar dados valiosos:

- Quais são os parâmetros da informação?
- Essa informação se apoia em que fatos e a quem esses fatos se referem?
- O que a informação significa aos vários participantes ou atores da cena?
- O que a informação omite?
- Quem tem acesso aos fatos, aos registros ou às fontes de informação?
- Quem é o público-alvo da informação?

- Quem se beneficia da elaboração e/ou interpretação dessa informação de forma específica?
- A informação exerce influência sobre as ações? Como?

Suponha que você tenha reunido todos os relatórios de uma organização a qual você estudou. Você poderia encontrar diferenças acentuadas entre os relatórios organizacionais e as observações que tenha feito. Por exemplo, você poderia descobrir que os administradores redefinem os seus projetos malsucedidos e os consideram como exitosos em seus relatórios anuais. Esses dados relevantes poderiam orientar a sua análise de maneira fundamental.

Para alguns projetos, os textos existentes fornecem uma fonte independente de dados a partir dos materiais de primeira mão coletados pelo pesquisador (Reinharz, 1992). Muitos pesquisadores qualitativos utilizam dados demográficos como pano de fundo para os seus tópicos. Alguns exploram a fragilidade desses dados para formular os seus argumentos. Outros procuram materiais antigos que possam instruir as suas questões de pesquisa. Utilizei relatos pessoais escritos, autobiografias originalmente publicadas referentes às experiências de doenças crônicas de seus respectivos autores. Em vez de admitir que esses textos representam fontes objetivas de dados, não contaminados pelo pesquisador, você pode tratá-los analiticamente como outra fonte de dados. Esses textos podem também iluminar as suas ideias e fornecer indícios para as suas intuições. Ocasionalmente, você pode deparar-se com um texto que forneça um forte indício de uma questão analítica bem depois de esboçá-la. Após ter desenvolvido a minha categoria "retomando o passado", li, por acaso, o intenso relato da Kathleen Lewis (1985, p. 45) sobre ser portadora de lupus eritematoso. A afirmação dela deu sustentação à minha categoria:

> Minha família e eu continuamos tirando o "antigo eu" da estante, na esperança de que um dia ela poderia voltar e que poderíamos retomar nossas vidas anteriores. Suspirávamos e a repúnhamos na estante, mas ela seguia nas nossas memórias e esperanças, frustrando qualquer tentativa de aceitar e viver o presente tal como ele se apresentava. Era sempre, "Amanhã nós iremos..." ou "Lembra ontem, quando...?"

Os pesquisadores qualitativos, muitas vezes, utilizam textos como fontes suplementares de dados. Os etnógrafos confiam mais intensamente em suas notas de campo, mas também utilizam boletins, registros e relatórios, quando conseguem obtê-los. Estabelecer comparações entre as notas de campo e os documentos escritos pode levar a *insights* sobre a relativa coerência, ou ausência desta, entre as palavras e as ações. Os etnógrafos observam o que ocorre no ambiente e tomam conhecimento acerca da cultura local. Tanto a retórica organizacional quanto os relatórios podem empalidecer diante dos universos observados. Esses textos podem satisfazer a objetivos organizacionais intrigantes, mas os pesquisadores não podem admitir que eles reflitam os processos organizacionais. Dessa forma, esses textos podem fornecer enunciados úteis sobre imagens declaradas e os objetivos reivindicados de uma organização – a perspectiva do primeiro plano que tem como finalidade formar a sua reputação pública. Quando um público significativo aceita esses enunciados, a organização pode proteger o que na realidade ocorre nos bastidores e, normalmente, defender os seus objetivos fundamentais do escrutínio, como o recrutamento de novos membros ou a sobrevivência ou a dominação organizacional.

O estudo dos textos

Na medida do possível, precisamos situar os textos dentro dos seus contextos. Nos dias de hoje, a pesquisa na internet oferece oportunidades infinitas para a análise textual, além de impor enormes questões metodológicas, sendo a principal delas relacionada aos textos sem contextos. De onde vêm os dados? Quem participou da construção deles? Qual era a intenção dos autores? Será que os participantes forneceram informação suficiente para fazermos uma interpretação plausível? E será que temos conhecimento suficiente das esferas de vida relevantes para lermos as suas palavras com alguma compreensão? Na internet, os participantes podem alterar aquilo que definimos como informação básica (idade, sexo, raça e sua origem étnica e classe social), bem como o conteúdo específico de suas respostas.

Grande parte da análise textual se dá sem contexto, ou pior, fora de contexto. Como você situa os textos dentro de um contexto? Obter a descrição dos períodos, dos atores e dos temas pode dar a você um ponto de partida. Utilizar múltiplos métodos pode ser de grande ajuda, assim como entrevistar participantes-chave e usar diversos tipos de documentos. Os textos que contam a história oculta em outros textos ao menos sugerem o contexto social para a análise, sendo que figuram aqui tanto o detalhe dos próprios textos quanto a completude da análise. Cynthia Bogard (2001) usou matérias do *New York Times* e do *Washington Post* sobre a questão da população sem-teto, bem como dados de arquivos, notícias de televisão e publicações acadêmicas para reconstruir uma perspectiva do contexto que envolve essa questão nas cidades de Nova York e Washington, assim como o tipo de declarações relativas à questão da população sem-teto que ocorria em cada cidade. Em vez de tratar as reportagens dos jornais como registros históricos objetivos, ela os analisou enquanto "vozes dominantes e de elite na conversação pública a respeito de um problema social (...) (e, portanto) posições importantes na construção da realidade" (2001, p. 431). Bogard não apenas destacou as afirmações dos defensores e adversários, mas também desenvolveu uma análise dos contextos emergentes nos quais essas afirmações ocorreram. A profundidade e a abrangência da análise minuciosa de Bogard em relação a esses textos promovem a nossa compreensão acerca da questão da população sem-teto e da forma como as pessoas elaboram as afirmações sobre a realidade.

Um dos principais meios de utilização dos textos é tratar os próprios textos como objetos de análise minuciosa e não com o objetivo de confirmar indícios. Registros de arquivos e narrativas escritas, imagens fotográficas e de vídeo, bem como mensagens e gráficos obtidos da internet podem lhe oferecer *insights* dentro das perspectivas, práticas e eventos que não sejam facilmente obtidos por outros métodos qualitativos. Apesar disso, todos esses textos são produtos. Os processos que os determinam podem ser ambíguos, invisíveis e, possivelmente, irreconhecíveis. Uma investigação rigorosa do texto ajuda o pesquisador a estudá-lo. Entre as diversas maneiras possíveis de se abordar um texto, podem surgir questões como as apresentadas a seguir:

- Como o texto foi produzido? Por quem?
- Qual é o objetivo ostensivo do texto? O texto poderia servir a outros objetivos não determinados ou admitidos? Quais?
- Como o texto representa o que o(s) seu(s) autor(es) admitiu(iram) existir? Quais significados estão embutidos dentro dele? Como esses significados refletem determinado contexto social, histórico e, possivelmente, organizacional?
- Qual é a estrutura do texto?
- Como a sua estrutura determina o que é dito? Quais categorias você consegue perceber em sua estrutura? O que você consegue observar a partir dessas categorias? As categorias modificam-se nos textos sequentes ao longo do tempo? De que maneira?
- Quais significados contextuais o texto sugere?
- Como o seu conteúdo constrói imagens da realidade?
- Quais realidades o texto alega representar? Como ele as representa?
- Quais informações e significados não intencionais (no caso destes existirem) você poderia perceber no texto?
- De que modo a linguagem é utilizada?
- Quais regras determinam a construção do texto? Como você consegue distingui-las na narrativa? De que modo essas regras refletem os pressupostos tácitos e os significados explícitos? De que modo elas poderiam ser relacionadas a outros dados no mesmo tópico?
- Em que momento e de que forma os pontos reveladores aparecem no texto?
- Quais tipos de comparações você pode fazer entre textos? Entre textos distintos sobre o mesmo tópico? Textos semelhantes em épocas distintas, como no caso dos relatórios organizacionais anuais? Entre autores distintos que tratam das mesmas questões?
- Quem se beneficia do texto? Por quê?

A maioria dos pesquisadores que utilizam a teoria fundamentada começaria pelo conteúdo dos textos. Chamo a atenção, também, para a estrutura e para as relações existentes entre a estrutura e o conteúdo. As teorias fundamentadas de material textual podem contemplar tanto a forma quanto o conteúdo, tanto o público quanto os autores, e tanto a produção do texto quanto a apresentação deste.

CONSIDERAÇÕES FINAIS

Em qualquer abordagem de coleta de dados, considere o modo como os participantes invocam as ideias, os costumes e os relatos tanto no que diz respeito à cultura de um modo geral quanto em relação à cultura local da qual eles fazem parte. Tenha em mente que é possível que eles não apenas se apropriem dessas culturas ou as reproduzam, em vez disso, eles podem fazer inovações conforme as adaptam para que sirvam aos seus objetivos imediatos. De modo semelhante, enquanto pesquisadores, adaptamos a linguagem e os significados conforme registramos os dados, os dados nunca são totalmente puros. O registro de dados isolados permite interpretações destes, pois os situamos dentro de uma estrutura conceitual por meio da nossa utilização da linguagem e de nossa interpretação do mundo.

A análise minuciosa de como você reúne os dados e de que dados você obtém ajuda a situá-los. Essa análise minuciosa também o auxilia durante a codificação e categorização, porque você será capaz de situar a sua análise dentro do seu respectivo contexto social. Logo, você pode realizar comparações mais precisas ao codificar os dados. Ao estudar os seus métodos, você aperfeiçoará tanto as suas habilidades metodológicas quanto a qualidade dos dados. Posteriormente, a sua análise minuciosa pode levá-lo a constatar que a coleta de outro tipo de dados com a utilização de um método diferente pode solucionar dúvidas de sua análise emergente. Para projetos grandes como teses, você poderá usar duas ou mais abordagens para a coleta de dados. Para um projeto de pesquisa que conte com um financiamento maior, muitas vezes revelam-se úteis as abordagens que se valem de uma maior variedade de métodos e de ambientes de pesquisa. Se você elaborar uma proposta de pesquisa que esteja baseada na possibilidade de buscar dados em diversos lugares, mais tarde você contará com a flexibilidade de utilizar ou desenvolver métodos que tratem das questões emergentes.

Nesse ínterim, passamos ao início da fase analítica de nossa jornada pela teoria fundamentada por meio da codificação dos nossos primeiros dados.

NOTAS

1 Biernacki (1986) descobriu uma forma sofisticada de amostragem com a utilização da técnica da bola de neve, baseada em cadeias de referência para encontrar a sua amostra de dependentes naturalmente recuperados. Por fim, o seu projeto foi consolidado e ele e sua equipe realizaram 101 longas entrevistas com esses ex-viciados, bem como entrevistas comparativas com viciados recuperados que haviam passado por algum tipo de tratamento.

2 Matthew J. James lembrou-me do fato de que toda pesquisa tem temas emergentes (Comunicação pessoal, 17 de setembro de 2004). É verdade, no entanto existem diferenças quanto ao grau em que as diversas abordagens metodológicas os estimulam ou inibem.

3 Os estudos da teoria fundamentada foram, durante muito tempo, acusados de construir análises com base em dados casuais e restritos (Lofland e Lofland, 1984). Creswell (1998) percebe a teoria fundamentada como sendo baseada essencialmente em um número limitado de entrevistas (20-30), sem, no entanto, objetar a utilização de uma amostra pequena. Dependendo do objetivo e da qualidade dos dados e da análise, uma amostra restrita poderia ser suficiente. Uma tese ou um estudo maior exigem a realização de um número de entrevistas maior nos casos em que estas representem a única fonte de dados. Hoje a tendência de cortar caminho na coleta de dados permeia todos os tipos de métodos, inclusive a etnografia. Como Schneider (1997) argumenta, a precipitação à teorização reflete decisões políticas e relativas à carreira que estão além dos problemas de pesquisa específicos tanto em detrimento da teoria quanto da pesquisa.

4 Essas questões etnográficas foram adaptadas de uma relação mais longa apresentada por Mitchell (1991).

5 Não são todos os textos narrativos que conseguem ser tão diretos. Os textos existentes mais significativos podem estar relativamente indisponíveis e exigirem a utilização de métodos intrusivos para serem encontrados. A obtenção desses textos pode contradizer as regras de consentimento informado e as políticas dos conselhos institucionais de avaliação que servem para proteger os poderosos. O trabalho de Dalton, *Men who manage* (1959), fornece um exemplo clássico. Dalton recebeu de um secretário que acreditou na importância do seu projeto os documentos confidenciais que confirmavam as características da posição ocupada pelos administradores.

3

Codificação na prática da teoria fundamentada

A primeira parte analítica da nossa jornada pela teoria fundamentada nos leva à codificação. A codificação na teoria fundamentada exige uma parada para que possamos questionar de modo analítico os dados que coletamos. Esses questionamentos não apenas favorecem a nossa compreensão da vida estudada, contribuem também para a orientação da coleta de dados subsequente voltada para as questões analíticas que definimos. A codificação na teoria fundamentada compõe-se de, pelo menos, duas fases: a codificação inicial e a codificação focalizada. Durante a codificação inicial, estudamos rigorosamente os fragmentos dos dados (palavras, linhas, segmentos e incidentes) devido à sua importância analítica. Às vezes, podemos reconhecer os termos narrativos dos nossos participantes como códigos *in vivo*. Ao empregarmos a codificação focalizada, selecionamos aquele material que pareça representar os códigos iniciais mais vantajosos e os testamos em contraste com os dados mais amplos. Durante todo o processo, comparamos dados com dados e, a seguir, dados com códigos. Podemos observar procedimentos especiais para elaborarmos os nossos códigos ou passar a utilizar os códigos teóricos existentes, mas apenas se essa for a indicação obtida por meio das nossas análises emergentes. As indicações e as orientações tornam a nossa passagem pela codificação acessível e facilitam o nosso caminho por entre os obstáculos.

Considere o seguinte fragmento da entrevista realizada com a Bonnie Presley, que há muito tempo sabia ter lupus eritematoso sistêmico e, mais recentemente, descobriu ter também lupus eritematoso discoide. Na época dessa entrevista, Bonnie estava com 48 anos e divorciada de seu segundo marido. Após deixar o parceiro com quem vivera durante vários anos, ela morava sozinha com seus três gatos. Durante o ano anterior, ela havia tido diversos episódios imobilizadores da doença; sendo o primeiro deles com risco de vida. Atualmente, ela tentava recuperar as suas forças após ter estado doente durante quase três meses. Sua vizinha e grande amiga, Linda, cuidava dela atenciosamente. Linda levava comida e fazia chá para Bonnie, uma vez que esta se sentia fraca demais para cuidar de si mesma.

Embora Amy, a filha adulta de Bonnie, agora vivesse na mesma região, as suas visitas e as suas ligações telefônicas permaneceram esporádicas. Anos antes, Amy não conseguia entender como a mãe que ela conhecera como uma entusiasta da boa forma podia ter se tornado tão sedentária. A aparência física jovial de Bonnie passava uma falsa ideia de seu estado de saúde, pois os sintomas dela permaneceram invisíveis a olhos leigos. Nos primeiros anos da doença, Bonnie achou complicado contar a Amy sobre seu estado de saúde e a respectiva gravidade[1]. Amy havia se afastado antes da primeira vez em que Bonnie adoecera, e Bonnie também havia atenuado o que estava acontecendo ou simplesmente evitado de contar para Amy. Bonnie relatou em detalhes como contou a Amy a notícia sobre a sua crise recente:

> Ela ficou sabendo, por meio da Linda, que eu estava, estivera de cama durante vários dias e aí ela me ligou, "Você nunca me fala, tenho que descobrir pela Linda", e "Por que você não me diz quem você é e o que, afinal, está acontecendo e (...)" Bom, não sei dizer quanto tempo depois disso, mas houve um sábado em que comecei a sentir uma dor bem aqui e, ao longo do dia, a dor foi piorando cada vez mais. Continuei achando que conseguiria lidar com aquilo, então tomei algum tipo de analgésico, mas nada ajudava. E isso era mais ou menos uma hora da tarde. Bom, a dor piorou ainda mais, de modo que a cada vez que eu respirava, a dor era terrível; então, lá pelas 19 ou 20 horas, fiquei assustada, pois sabia que se piorasse ainda mais eu não conseguiria mais respirar. Então liguei pra ela e aí contei o que estava acontecendo, e falei que seria levada ao médico, pois lá eles iriam tentar me dar injeções de *zylocain* ou algo assim para tentar localizar um ponto em que a medicação pudesse atingir e atenuar a dor para que eu conseguisse respirar. Bom, liguei e disse isso a ela. E eu tenho um telefone no carro. Ela me disse assim: "Bom, mãe, te ligo mais tarde ou você me liga". Bom, eu não liguei pra ela; ela não me ligou. Isso foi no sábado à noite. Ela não me ligou até – ela me ligou lá pelo meio-dia de segunda-feira, e eu finalmente disse, "Olha, é por isso que eu não te falo, porque quando te falei no sábado à noite, você não ligou mais, você não se importou com nada e isso realmente me magoou. Então, é por isso que eu não te conto quando isso acontece". E aí ela disse, "Olha, mãe, você me pareceu muito bem". E eu falei, "Bom, o que você espera que eu faça, que fique emocionalmente destruída ou algo assim?" Eu disse, "Preciso me manter calma e tranquila a fim de me controlar, porque se eu ficasse agitada e nervosa, não teria conseguido respirar", sabe. Foi então que ela começou a realmente tentar entender aquilo, exatamente pelo fato de eu estar morrendo de medo e sentindo uma dor terrível (...), mas que quando liguei pra ela, imagino ter aparentado ser apenas uma mãe normal.

De que forma podemos compreender relatos como o da Bonnie? Como sintetizar centenas de páginas de entrevistas, notas de campo, documentos e outros textos para desenvolver uma teoria fundamentada? Quer tenhamos coletado relatos, cenários ou enunciados por escrito, nós estudamos e definimos esses materiais a fim de analisarmos o que ocorreu e o que eles poderiam significar.

Codificar significa categorizar segmentos de dados com uma denominação concisa que, simultaneamente, resume e representa cada parte dos dados. Os seus códigos revelam a forma como você seleciona, separa e classifica os dados para iniciar uma interpretação analítica sobre eles.

A codificação qualitativa, o processo de definição sobre o conteúdo dos dados, é a nossa primeira etapa analítica. Codificar significa nomear segmentos de dados com uma classificação que, simultaneamente, categoriza, resume e representa cada parte dos dados[2]. A codificação é a primeira etapa para passarmos dos enunciados reais presentes nos dados à elaboração das interpretações analíticas. Visamos a produzir uma versão interpretativa que tem início com a codificação e que elucida a vida estudada.

Os nossos códigos revelam a forma como selecionamos, separamos e classificamos os dados para iniciar uma avaliação analítica destes. Os códigos qualitativos separam os segmentos dos dados, conferem-lhes denominações em termos concisos e propõem um instrumento analítico para desenvolver as noções teóricas para a interpretação de cada segmento dos dados. Conforme codificamos, perguntamos: quais as categorias teóricas que esses enunciados poderiam indicar?

Você poderia ter se perguntado sobre como são, objetivamente, os códigos qualitativos e sobre como os pesquisadores os constroem. Você poderá ter uma ideia disso ao olhar rapidamente os diversos códigos elaborados para o relato da Bonnie Presley (ver Quadro 3.1).

Os códigos do Quadro 3.1 procuram retratar os significados e as ações presentes no relato de Bonnie. Conseguimos ter uma compreensão tanto das preocupações de Bonnie quanto as de Amy, à medida que Bonnie as apresenta. O relato dela demonstra como a ação de contar a notícia pode ser repleta de problemas. Surgem os equívocos e os dilemas. Ocorre a hesitação. Resulta as acusações. As explicações se seguem. Contar notícias é algo que pode abrir o próprio indivíduo à análise, o que implica o risco de danos emocionais e força as questões relativas aos relacionamentos. O fato de não contar ou de protelar este ato também pode fragilizar ou mesmo romper laços. Os fracassos familiares, as desconsiderações éticas e as reivindicações morais acumulam-se na perspectiva de uma ou outra pessoa. Os estilos retóricos podem ser entendidos, ou mal compreendidos, por proferirem juízos fundamentais. Tanto para Bonnie quanto para Amy, a revelação da doença tornou-se uma esfera de disputa na qual se fomentaram questões acusativas em relação a quem cada uma delas era para a outra. Os eventos podem forçar a revelação, como indica o relato de Bonnie. O que as pessoas dizem, quando e como dizem, tudo isso faz diferença. A forma como Bonnie contou para sua filha influenciou o modo como ela entendeu e agiu em relação à notícia que recebeu. Bonnie estava concentrada em não correr o risco de perder o controle emocional, mas, mais tarde, constatou que o seu jeito objetivo de informar Amy pode ter abrandado a gravidade do episódio e ter provocado os equívocos. Por ela manter o controle emocional ao contar a notícia à filha, Amy achou que a mãe "pareceu estar muito bem", pareceu ser "apenas uma mãe normal".

Observe que se dedicar rigorosamente aos dados revela as ações e indica a forma como surgem os dilemas a respeito da descoberta. Determinados códigos, como "ser deixada de fora", "enfrenta questões de personalidade e identidade", "exigência de autorrevelação e informação", são centrais à análise do relato da Bonnie, como também o são aqueles que dizem respeito ao relato, à explicação e ao oferecimento de motivos. Outros códigos mantêm os eventos, sugerem os contextos e retratam os pontos de vista, como "recebendo informações de segunda mão", a "expectativa de conseguir lidar com a dor" e "parecendo uma mãe normal". Muitos dos códigos são curtos. Eles também sugerem relações cruciais entre o relato e o indivíduo, sendo essas determinadas tanto pelo eu quanto pelo outro. Por essa razão, os códigos sugerem a construção de categorias que dizem respeito ao fato de contar, à revelação, à personalidade e à identidade. Coloquei dois códigos entre parênteses porque eles são aqui, com certeza, menos evidentes que os demais e representam ideias a serem buscadas em novos dados. De um modo compatível com uma ênfase da teoria fundamentada na emergência, as questões relativas a esses códigos resultam da minha leitura dos dados e não de esquema anterior aplicado a estes.

A CODIFICAÇÃO DA TEORIA FUNDAMENTADA

A codificação na teoria fundamentada gera os ossos da sua análise. A integração teórica agregará esses ossos para formar um esqueleto de trabalho. Assim, a codificação representa mais do que um começo; ela define a estrutura analítica a partir da qual você constrói a análise. Traço as estratégias de codificação para desenvolver a estrutura. Teste-as, veja como funcionam para o seu caso. A codificação na teoria fundamentada incentiva o estudo da ação e dos processos, como você pôde observar nos códigos do relato da Bonnie Presley.

> A codificação é o elo fundamental entre a coleta dos dados e o desenvolvimento de uma teoria emergente para explicar esses dados. Pela codificação, você *define* o que ocorre nos dados e começa a debater-se com o que isso significa.

Quadro 3.1 Exemplo de codificação da teoria fundamentada

Recebendo informações de segunda mão Ser deixada de fora; Acusa a mãe de, repetidamente, não contar; (questionamento da postura ética?) Ser confrontada	Ela ficou sabendo, por meio da Linda, que eu estava, estivera de cama durante vários dias e aí ela me ligou, "Você nunca me fala, tenho que descobrir pela Linda", e "Por que você não me diz quem você é e o que afinal está acontecendo e (...)"
Enfrenta questões de personalidade e identidade; Exigência de autorrevelação e informação Experiência de dor cada vez mais intensa Expectativa de conseguir lidar com a dor Incapacidade para controlar a dor	Bom, não sei dizer quanto tempo depois disso, mas houve um sábado em que comecei a sentir uma dor bem aqui e, ao longo do dia, a dor foi piorando cada vez mais. Continuei achando que conseguiria lidar com aquilo, então tomei algum tipo de analgésico, mas nada ajudava. E isso era mais ou menos
Piora rápida da dor Sente dor excruciante Fica assustada; Antevê crise respiratória Comunica as notícias; Informa a filha sobre o plano	uma hora da tarde. Bom, a dor piorou ainda mais, de modo que a cada vez que eu respirava, a dor era terrível; então, lá pelas 19 ou 20 horas, fiquei assustada, pois sabia que se piorasse ainda mais eu não conseguiria mais respirar. Então liguei pra ela e aí contei o que estava acontecendo, e falei que seria levada ao
Explicação do tratamento projetado	médico, pois lá eles iriam tentar me dar injeções de *zylocain* ou algo assim para tentar localizar um ponto em que a medicação pudesse atingir e atenuar a dor para que eu conseguisse respirar.
Possibilidade de entrar em contato	Bom, liguei e disse isso a ela. E eu tenho um telefone no carro. Ela me disse assim: "Bom, mãe, te ligo mais tarde ou
Deixa o contato posterior em aberto Não há contato posterior Averiguação do tempo entre os contatos	você me liga". Bom, eu não liguei pra ela; ela não me ligou. Isso foi no sábado à noite. Ela não me ligou até – ela me ligou lá pelo meio-dia de segunda-feira, e eu finalmente disse,
Explicação sobre a não revelação Acusa a filha de não se preocupar Expressão de mágoa; Pressuposição de falta de preocupação; Elaboração de inferências negativas (de um lapso moral?) Esclarecimento sobre não contar Parecia bem Questiona as expectativas da filha Explicação da necessidade de controle emocional Percepção do risco de vida da perda de controle Mostra que a maneira de contar não reflete o estado que a pessoa está	"Olha, é por isso que eu não te falo, porque quando eu te falei no sábado à noite, você não ligou mais, você não se importou com nada e isso realmente me magoou. Então, é por isso que eu não te conto quando isso acontece". E aí ela disse, "Olha, mãe, você me pareceu muito bem". E eu falei, "Bom, o que você espera que eu faça, que fique emocionalmente destruída ou algo assim?" Eu disse, "Preciso me manter calma e tranquila a fim de me controlar, porque se eu ficasse agitada e nervosa, não teria conseguido respirar", sabe. Foi então que ela começou a realmente tentar entender aquilo, exatamente pelo fato de eu estar morrendo de medo e sentindo uma dor terrível (...), mas que
Parecendo uma mãe "normal"	quando liguei pra ela, eu imagino ter aparentado ser apenas uma mãe normal.

A codificação é o elo fundamental entre a coleta dos dados e o desenvolvimento de uma teoria emergente para explicar esses dados. Pela codificação, você *define* o que ocorre nos dados e começa a debater-se com o que isso significa. Os códigos manifestam-se em conjunto, como elementos da teoria nascente que explica esses dados e orienta a nova coleta de dados. Pela realização cautelosa da codificação, você começa a tecer dois dos principais fios do tecido da teoria fundamentada: os enunciados teóricos passíveis de generalização que transcendem épocas e lugares específicos e as análises contextuais das ações e dos eventos.

A codificação na teoria fundamentada compreende pelo menos duas fases principais: 1) uma fase inicial que envolve a denominação de cada palavra, linha ou segmento de dado, seguida por 2) uma fase focalizada e seletiva que utiliza os códigos iniciais mais significativos ou frequentes para classificar, sintetizar, integrar e organizar grandes quantidades de dados. Enquanto estiver empenhado na codificação inicial, você desdobra os primeiros dados em busca de ideias analíticas para prosseguir com a nova coleta e análise de dados. A codificação inicial requer uma leitura atenta dos dados conforme indicado pelos meus códigos do relato de Bonnie Presley. Durante a codificação inicial, o objetivo é que você permaneça aberto a todas as direções teóricas possíveis indicadas pelas suas leituras dos dados. Depois, você utiliza a codificação focalizada para detectar e desenvolver as categorias que mais se destacam em grandes quantidades de dados. A integração teórica tem início com a codificação focalizada e prossegue por todas as etapas analíticas subsequentes.

A pesquisa real que você realiza por meio da análise dos seus dados provavelmente se diferencia, ao menos até certo ponto, daquilo que você possa ter planejado anteriormente no seu projeto ou proposta de pesquisa. Aprendemos ao estudar os nossos dados. A codificação qualitativa orienta o nosso aprendizado. Por meio dela, começamos a compreender os nossos dados. A forma como os compreendemos é que vai determinar a análise resultante. A atenção cuidadosa com a codificação contribuirá para as nossas tentativas de entender as atitudes e os relatos, os cenários e as emoções, as histórias e os silêncios a partir da perspectiva dos nossos participantes de pesquisa. Queremos saber o que ocorre no ambiente, na vida das pessoas e nas linhas dos dados que registramos. Por isso, tentamos entender os pontos de vista e as situações dos nossos participantes, bem como as suas ações dentro daquele cenário.

A lógica da codificação da teoria fundamentada diferencia-se da lógica quantitativa que aplica categorias ou códigos *preconcebidos* aos dados. Nós *criamos* os nossos códigos ao definirmos aquilo que observamos nos dados. Os códigos surgem à medida que você faz uma análise minuciosa dos seus dados e define significados dentro dele. Por meio dessa codificação ativa, você interage com os seus dados repetidamente, questionando-os de diferentes maneiras. Consequentemente, a codificação pode levá-lo a áreas imprevistas e a novas questões de pesquisa.

A linguagem desempenha um papel crucial em relação ao que e a como codificamos. Na verdade, o mundo empírico não aparece para nós em um estado natural e isolado da experiência humana. Pelo contrário, nós conhecemos o mundo empírico por meio da linguagem e das atitudes que tomamos diante dele. Nesse sentido, nenhum pesquisador é neutro, pois a linguagem confere forma e significado às realidades observadas. O uso específico da linguagem reflete as opiniões e os valores. Compartilhamos uma linguagem com colegas e, possivelmente, outra com amigos; atribuímos significados a termos específicos e defendemos perspectivas. Os nossos códigos procedem das linguagens, dos significados e das perspectivas pelas quais tomamos conhecimento do mundo empírico, o que inclui os mundos empíricos dos nossos participantes e também os nossos. A codificação nos estimula a problematizar a linguagem dos nossos participantes para que possamos apresentar uma análise desta. A codificação deve nos inspirar a examinar os pressupostos ocultos em nossa própria utilização da linguagem, bem como o uso que os nossos participantes fazem dela.

Construímos os nossos códigos, pois estamos denominando ativamente os dados, mesmo quando acreditamos que os nossos códigos constituem um encaixe perfeito com as ações e os eventos do mundo estudado. Podemos pensar que os nossos códigos capturam a realidade empírica. Ainda assim, eles refletem a *nossa* perspectiva: escolhemos as palavras que constituem os nossos códigos. Assim, definimos aquilo que observamos como significativo nos dados e descrevemos o que pensamos que esteja ocorrendo. A codificação consiste dessa definição e classificação inicial abreviada; ela resulta das ações e das compreensões de um pesquisador adepto à teoria fundamentada. Contudo, o processo é interativo. Interagimos com os nossos participantes e, posteriormente, interagimos com eles novamente por muitas vezes ao estudarmos os seus enunciados e as atitudes observadas, bem como ao reimaginarmos os cenários nos quais os conhecemos. Conforme definimos os nossos códigos e os aprimoramos posteriormente, tentamos compreender as opiniões e as atitudes dos participantes a partir de suas perspectivas. Essas perspectivas normalmente supõem muito mais que do aquilo que esteja imediatamente evidente. Devemos trabalhar arduamente nos nossos dados a fim de interpretar os significados tácitos dos participantes. A atenção rigorosa à codificação contribui para a realização disso.

A atenção rigorosa à codificação segue o primeiro mandamento da teoria fundamentada: *Estude os seus dados emergentes* (Glaser, 1978).

Desde o início, você pode perceber que o processo de codificação produz certa tensão, entre os *insights* analíticos e os eventos descritos, tanto no caso dos relatos orais quanto nas observações feitas por escrito, entre os tópicos estáticos e os processos dinâmicos, e entre as esferas de vida dos participantes e os significados dos profissionais.

A CODIFICAÇÃO INICIAL

A lógica da codificação inicial

Como pesquisadores adeptos da teoria fundamentada, ao conduzirmos a codificação inicial, permanecemos abertos à exploração de quaisquer possibilidades teóricas em que possamos reconhecer nos dados. Esse passo inicial da codificação orienta-nos para as decisões posteriores relativas à definição das nossas principais categorias conceituais. Ao compararmos dados com dados, tomamos ciência sobre o que os nossos participantes de pesquisa veem como sendo problemático e começamos a tratar disso de modo analítico. Durante a codificação inicial, perguntamos:

- "Esses dados representam o estudo de quê"? (Glaser, 1978, p. 57; Glaser e Strauss, 1967)
- O que os dados sugerem ou afirmam?
- Do ponto de vista de quem?
- Qual categoria teórica esse dado específico indica? (Glaser, 1978)

A codificação inicial deve se fixar rigorosamente aos dados. Experimente observar as ações em cada segmento de dados em vez de aplicar categorias preexistentes aos dados. Tente codificar com palavras que reflitam a ação. Em um primeiro momento, pode parecer estranho invocar uma linguagem relativa à ação e não relativa aos tópicos. Observe atentamente as ações e, na medida do possível, codifique os dados *como* ações. Esse método de codificar refreia as nossas tendências de fazer saltos conceituais e adotar teorias existentes *antes* que tenhamos realizado o trabalho analítico necessário.

Os estudantes normalmente acreditam que devem confiar em conceitos mais antigos e invocá-los antes de darem início à codificação para, dessa forma, conferir legitimidade às suas pesquisas qualitativas. Eles fazem afirmações como: "Vou utilizar o conceito de rotinização de Max Weber", ou "Meu orientador quer que eu use o conceito de 'negociações' de Anselm Strauss". Essas abordagens impedem o surgimento de ideias à medida que você codifica eventos. A abertura da codificação inicial deve despertar o seu pensamento, permitindo o surgimento de ideias novas. As regras mais antigas da teoria fundamentada prescrevem a realização da codificação inicial sem que se tenha em mente conceitos preconcebidos (Glaser, 1978 e 1992). Concordo com a abordagem de Glaser da manutenção da codificação inicial aberta, embora reconheça que os pesquisadores conservem as ideias e as experiências anteriores. Como afirma Dey (1999, p. 251), "há uma diferença entre uma mente aberta e uma cabeça vazia". Tente permanecer aberto para ver o que você consegue aprender enquanto codifica e onde isso pode levá-lo. No caso da pesquisa de equipe, vários indivíduos podem codificar os dados separadamente e então comparar e combinar as suas diferentes codificações.

Os códigos iniciais são provisórios, comparativos e fundamentados nos dados. São provisórios porque você procura se manter aberto a outras possibilidades analíticas e elabora códigos que melhor se adaptam aos dados de que dispõe. Você segue progressivamente com aqueles códigos que indicam que se ajustam aos dados. Então você reúne dados para investigar e satisfazer a esses códigos.

A codificação inicial na teoria fundamentada pode induzi-lo a perceber as áreas nas quais faltam dados indispensáveis. A constatação de que os seus dados apresentam lacunas, ou furos, é algo que faz parte do processo analítico. Isso é inevitável quando se adota um método emergente para conduzir uma pesquisa[3]. Afinal, a teoria fundamentada diz respeito de fazer "descobertas" sobre as esferas de vida as quais você estuda e a seguir essas descobertas para construir uma análise. Essas descobertas refletem aquilo que você estuda e o modo como você o conceitua. A vantagem das estratégias da teoria fundamentada é que você pode tomar conhecimento das lacunas e dos furos presentes nos seus dados já nas primeiras etapas da pesquisa. Logo, você pode localizar as fontes dos dados necessários e coletá-los. Por isso, a coleta e a análise simultâneas dos dados podem auxiliá-lo a seguir adiante e aprofundar-se no problema de pesquisa, bem como a empenhar-se no desenvolvimento das categorias.

Os códigos também são provisórios no sentido de que você pode reformulá-los para aprimorar o seu ajuste. Parte desse ajuste diz respeito ao grau em que os códigos capturam ou condensam os significados e as ações. Códigos atrativos capturam o fenômeno e prendem o leitor.

Práticas da codificação inicial

A velocidade e a espontaneidade contribuem para a codificação inicial. Trabalhar rapidamente pode despertar o seu raciocínio e gerar uma nova percepção dos dados. Alguns códigos ajustam-se aos dados e prendem o leitor imediatamente. Você pode revisar os demais para aprimorar o ajuste. O meu código original da primeira linha do relato de Bonnie Presley apresentado anteriormente era "recepção indireta das informações". Ele condensou a informação, mas esse estilo neutro de expressão esgotou o incidente, privando-o de sua intensidade e relevância. A alteração do código para "recebendo informações de segunda mão" sugeriu a redução do valor das informações, sugeriu a posição diminuída do receptor e aludiu à sua resposta indignada.

Comparar incidentes de mesma ordem entre os dados incentiva você a refletir sobre eles de forma analítica. Bonnie Presley revelou a sua relutância para contar à filha, protelou o ato de contar e comunicou as notícias difíceis de um modo bem prático. Porém, de tempos em tempos, ela e Amy conversavam sobre os seus problemas para fornecer e receber informações sobre a doença de Bonnie. Como Bonnie não teve muito contato com a sua própria mãe, com esta não surgiram os problemas ligados à revelação. Não ocorreram revelações. A avó de Bonnie, a quem esta tinha muito afeto, foi também por quem ela, em parte, foi criada. Bonnie protegeu a avó da preocupação ao tratar da sua própria situação de forma leve e buscou minimizar as implicações dos seus sintomas. Os meus dados incluíram outros casos de tensão intergeracional. Várias outras mulheres solteiras que estudei, as quais não tinham filhos e tinham muito poucos laços familiares íntimos, apresentavam relacionamentos conflituosos com as suas mães idosas. Com o aumento da distância geográfica e emocional, essas mulheres, correspondentemente, reduziram o compartilhamento de informações sobre si mesmas. Com base nos dados e nas breves descrições acima, podemos dizer que evitar a revelação, adiar a revelação e controlar as informações, tudo isso surgiu como códigos evidentes.

Glaser (1978) demonstra como a codificação com a utilização de gerúndios o auxilia a detectar processos e a fixar-se aos dados. Pense na diferença de imagem entre os seguintes gerúndios e as suas formas nominais: descrevendo *versus* descrição, afirmando *versus* afirmação e orientando *versus* orientador. Conseguimos transmitir uma forte sensação de ação e sequência com o uso dos gerúndios. Os substantivos convertem essas ações em tópicos. Permanecer próximo aos dados e, quando for possível, tomar as palavras e as ações dos seus respondentes como ponto de partida, preserva a fluidez daquela experiência e fornece ao pesquisador novas maneiras de observá-lo. Essas etapas podem incentivá-lo a começar a análise a partir da perspectiva dos respondentes. Este é o ponto. Se você ignorar, evitar abordar ou pular essa parte dos significados e das ações dos participantes, a sua teoria fundamentada provavelmente refletirá uma perspectiva de alguém de fora daquele campo, em vez de uma perspectiva interna. As pessoas de fora do campo muitas vezes introduzem nele uma linguagem profissional estranha para descrever determinado fenômeno. Se os seus dados forem escassos e se você de fato não se esforçar muito na codificação, você pode acabar confundindo análises lógicas de rotina com *insights* analíticos. Dessa forma, aceitar as impressões orquestradas do participante pelos seus significados aparentes pode levar a análises que mantenham uma perspectiva externa ao campo.

Apanhar termos gerais extraídos de uma entrevista tais como "experiência" ou "evento" e denominá-los códigos é algo que diz pouco sobre o significado ou a ação do participante. Se os termos gerais parecem significativos, qualifique-os. Faça com que os seus códigos ajustem-se aos seus dados, em vez de forçar os dados para que estes se ajustem a eles.

Um código para a codificação:

- Permaneça aberto.
- Fique próximo aos dados.

- Mantenha os seus códigos simples e precisos.
- Construa códigos curtos.
- Conserve as ações.
- Compare dados com dados.
- Desloque-se rapidamente pelos dados.

Em resumo, permaneça aberto ao que o material sugere e fique atento a isso. Mantenha os seus códigos curtos, simples, ativos e analíticos. As duas primeiras diretrizes acima refletem a sua postura em relação à codificação. As diretrizes restantes sugerem como realizar a codificação.

A codificação palavra por palavra

O tamanho do conjunto dos dados a ser codificado faz diferença. Alguns adeptos da teoria fundamentada realizam uma codificação gradual e deslocam-se pelos seus dados palavra por palavra. Essa abordagem pode ser especialmente útil ao trabalhar com documentos ou determinados tipos de dados efêmeros, como os dados obtidos na internet. A análise palavra por palavra força o pesquisador a acompanhar as imagens e os significados. Você pode observar a estrutura e o fluxo das palavras, e a forma como ambos afetam a sua compreensão destes e os seus conteúdos específicos.

A codificação linha a linha

Para muitos pesquisadores que utilizam a teoria fundamentada, a codificação linha a linha consiste na primeira etapa da codificação (veja o Quadro 3.2). A codificação linha a linha significa denominar cada uma das linhas dos seus dados escritos (Glaser, 1978). Codificar cada linha pode parecer um exercício arbitrário porque não são todas as linhas que contêm uma frase completa e nem são todas as frases que podem parecer ser importantes[4]. Entretanto, ela pode ser uma ferramenta consideravelmente vantajosa, pois, por meio dela, surgirão ideias que tenham escapado à sua atenção quando da leitura dos dados para uma análise temática geral[5].

A codificação linha a linha funciona particularmente bem com dados detalhados sobre problemas ou processos empíricos fundamentais, sejam esses dados compostos de entrevistas, observações, documentos ou etnografias e autobiografias. Por exemplo, se você planeja estudar como as mulheres mais velhas que são donas de casa em tempo integral lidam com o divórcio, você identificou uma determinada área para explorar, sobre a qual você pode ouvir relatos feitos em entrevistas, em grupos de apoio e em programas de treinamento para empregos que adquirem significados expressivos quando estudados linha a linha.

Observações detalhadas das pessoas, ações e ambientes que revelam cenas e atividades visivelmente *significativas* e *consequentes* prestam-se bem à codificação linha a linha. Observações gerais como "a reunião se arrastou" fornecem-lhe pouco material para codificar.

Os dados novos e a codificação linha a linha incentivam você a permanecer aberto aos dados e a perceber as nuances destes. Quando você codifica os dados iniciais da entrevista detalhada, você obtém uma perspectiva precisa daquilo que os participantes dizem e, provavelmente, daquilo com o que eles se debatem. Esse tipo de codificação pode ajudá-lo a identificar as preocupações implícitas e as afirmações explícitas. O emprego da codificação linha a linha auxilia você a refocar as entrevistas posteriores. As estratégias flexíveis apresentadas a seguir ajudam você a codificar:

- Dissolução dos dados em suas partes constituintes ou em suas propriedades.
- Definição das ações nas quais eles se baseiam.
- Busca por suposições tácitas.
- Explicação das ações e dos significados implícitos.
- Cristalização da significação dos pontos essenciais.
- Comparação de dados com dados.
- Identificação de lacunas nos dados.

Ao utilizar essas estratégias de forma flexível e seguir as indicações dos seus dados, a codificação leva ao desenvolvimento de categorias teóricas, sendo que algumas das quais podem ser definidas nos seus códigos iniciais. Fixe-se no que você define em seus dados. Construa a sua análise de forma gradual a partir da base sem partir para voos teóricos extravagantes. Ter uma quantidade confiável de dados que sejam do interesse do seu tópico de pesquisa representa um reforço adicional no fundamento de seu estudo.

As ações e os enunciados de seus participantes de pesquisa o orientam acerca de suas esferas de vida, embora, muitas vezes, de forma que eles não possam antecipar. O estudo dos seus dados pela codificação linha a linha desperta novas ideias a serem investigadas. Por essa razão, o próprio método da teoria fundamentada contém corretivos que reduzem a probabilidade de que os pesquisadores simplesmente possam impor em demasia as suas ideias preconcebidas aos dados. A codificação linha a linha proporciona um corretivo antecipado desse tipo.

Nos exemplos de codificação linha a linha do Quadro 3.2, o meu interesse no tempo e no autoconceito aparece nos dois primeiros códigos do Excerto 1. Observe como mantive os códigos ativos e próximos aos dados. Os códigos iniciais normalmente variam bastante ao longo de uma diversidade de tópicos. Como até mesmo um enunciado ou excerto curto pode tratar de vários pontos importantes, ele pode ilustrar diversas categorias distintas. Posso usar o excerto do Quadro 3.2 para mostrar como o fato de evitar a revelação serve para controlar a identidade. Posso usar esse mesmo fragmento também para demonstrar como um respondente toma conhecimento do fato de que as outras pessoas veem a sua doença como algo inexplicável pelo fato de cada dia ser imprevisível. Ter muitas entrevistas dos mesmos indivíduos permite que eu veja como inicia e como progride o isolamento social e emocional.

A lógica da "descoberta" fica evidente quando se começa a codificar os dados. Codificar linha a linha força você a ver os dados de uma nova maneira. Compare o que você observa quando lê um conjunto de notas de campo ou uma entrevista, enquanto narrativas completas, com o que você obtém quando realiza a codificação palavra por palavra, linha a linha ou incidente por incidente no mesmo documento. As narrativas completas podem cobrir vários dos temas principais. A codificação palavra por palavra, linha a linha, segmento por segmento ou incidente por incidente pode gerar uma variedade de ideias e informações. Portanto, você "descobre" as ideias nas quais poderá se basear.

Os códigos iniciais ajudam o pesquisador a separar os dados em categorias e a perceber os processos. A codificação linha a linha o desobriga de ficar tão imerso nas visões de mundo dos seus respondentes que acabe, assim, por aceitar sem questioná-las. Pois, desse modo, você não consegue ver os seus dados de uma forma crítica e analítica. Ser crítico em relação aos seus dados não significa necessariamente ser crítico em relação aos seus participantes de pesquisa. Em vez disso, o fato de ser crítico força o *seu próprio* questionamento quanto aos seus dados. Esses questionamentos o ajudam a observar as ações e a identificar os processos significativos. Essas questões compreendem:

- Qual(is) processo(s) está(ão) em questão aqui? Como posso defini-lo(s)?
- Como este processo se desenvolve?
- Como age(agem) o(s) participante(s) de pesquisa quando envolvido(s) neste processo?
- O que o(s) participante(s) de pesquisa declara(declaram) pensar e sentir quando envolvido(s) neste processo? O que poderia indicar o(s) seu(s) comportamento(s)?
- Quando, por que e como o processo se modifica?
- Quais são as consequências do processo?

Por meio da codificação de cada linha dos dados, você consegue obter *insights* sobre qual o tipo de dados deve coletar a seguir. Dessa forma, você refina os dados e direciona a investigação posterior no início da coleta de dados. A codificação linha a linha fornece indicações a serem buscadas. Se, por exemplo, você identificar um processo importante na sua décima quinta entrevista, então você pode voltar aos respondentes anteriores e verificar se aquele processo explica os eventos e as experiências das suas vidas. Se não, você pode buscar novos respondentes que possam esclarecer esse processo.

Consequentemente, a sua coleta de dados se torna mais focada, assim como a sua codificação.

A codificação incidente por incidente

Realizar ou não a codificação linha a linha é algo que depende do tipo de dados que você coletou, do nível de abstração desses dados, da etapa do processo de pesquisa e do seu objetivo para a coleta desses dados. Os pesquisadores da teoria fundamentada muitas vezes realizam algo próximo da codificação linha a linha por meio de um estudo comparativo dos incidentes. Aqui, você compara incidente com incidente e, então, conforme as suas ideias se afirmam, compara os incidentes com a sua conceitualização dos incidentes codificados anteriormente. Dessa maneira, você consegue identificar as propriedades do seu conceito emergente.

Uma lógica semelhante se aplica aos dados de observação. É provável que realizar comparações entre incidentes funcione melhor do que a codificação palavra por palavra ou linha a linha, em parte porque as notas de campo já se compõem das suas próprias palavras (para um exemplo, ver Charmaz e Mitchell, 2001). Compare incidente com incidente. Descrições objetivas e behavioristas das atividades cotidianas das pessoas podem não ser sensíveis à codificação linha a linha, em especial se você observou um determinado cenário, mas não tem uma compreensão do seu contexto, dos seus participantes, e se não interagiu com eles.

Os estudantes muitas vezes imaginam que a observação de comportamentos em lugares públicos é a tipo de pesquisa qualitativa mais fácil de se realizar. Nem tanto. Tanto os dados do pesquisador quanto a abordagem analítica fazem a diferença. Poucos novatos possuem o olho e o ouvido necessários ao registro das nuances da ação e da interação. É mais provável que registrem comportamentos objetivos de um modo geral e gradualmente aprendam a fazer observações mais perspicazes.

Entretanto, as observações detalhadas isoladas não garantem a criação de uma análise teórica perspicaz embora estas possam gerar excelentes descrições. O método de análise faz diferença. Os métodos comparativos ajudam o pesquisador a perceber e a compreender as observações de maneiras novas, analíticas. Realizar a codificação linha a linha de uma observação após a outra das ações das pessoas em um lugar público pode não despertar ideias novas. Em vez disso, fazer comparações entre observações pode fornecer pistas a serem seguidas, se não ideias imediatas. Se as pessoas que você estuda o levarem para os seus mundos, você pode, por exemplo, registrar todos os tipos de incidentes (em anedotas, conversas e observações nas suas notas de campo), os quais estejam repletos de significado. Você pode ver diretamente como os seus participantes administram a vida cotidiana sem que eles lhe contem – e você pode descobrir muito mais.

Quadro 3.2 Codificação inicial linha a linha

	Excerto 1 *Christine Danforth, 37 anos, lupus eritematoso, síndrome de Sjörgren, lesões na espinha dorsal.*
	O lupus eritematoso é uma doença sistêmica, autoimune e inflamatória do tecido conectivo que afeta órgãos vitais bem como articulações, músculos e nervos. A síndrome de Sjörgren é uma doença associada ao lupus (autoimune e inflamatória), caracterizada pelo ressecamento das membranas mucosas dos olhos e da boca.
Variação dos sintomas, ter dias contraditórios Interpretando as imagens de si próprio fornecidas por outras pessoas Evitando a revelação Prevendo a rejeição Mantendo as outras pessoas sem saber Percebendo os sintomas como sendo relacionados Admitindo que as outras pessoas não saibam Antecipando a descrença Controlando as opiniões das outras pessoas Evitando o estigma Avaliando os riscos e prejuízos potenciais da revelação	Se você tem lupus, quer dizer, um dia é o meu fígado; outro dia são as minhas articulações; outro dia é a minha cabeça, parece que as pessoas de fato pensam que você é hipocondríaco se você fica se queixando de diversas doenças (...) É como se você não quisesse dizer nada porque as pessoas vão começar a pensar, sabe, "Nossa, nem chegue perto dela, tudo o que ela sabe fazer é, é queixar-se disso". E acho que é por isso que eu nunca digo nada, pois sinto como se todas as coisas que eu tenho estão, de um jeito ou de outro, associadas ao lupus, mas a maior parte das pessoas não sabe que eu tenho lupus, e mesmo aquelas pessoas que sabem não acreditariam que 10 doenças distintas referem-se à mesma coisa. E não quero que as pessoas falem, sabe, (que) elas não querem estar perto de mim porque eu me queixo.
	Excerto 2 *Joyce Marshall, 60 anos, pequenos problemas cardíacos, pequeno AVC recente (derrame)*
	No caso dela, o derrame a deixou com fraqueza, fadiga e diminuiu a velocidade das suas respostas quando está cansada.
Significado do AVC Sentindo-se forçada a viver um dia de cada vez	Preciso ver isso (o AVC) como um aviso. Preciso me cuidar para não ficar muito ansiosa. Preciso viver um dia de cada vez.
Tendo um passado de preocupações Perdas anteriores Dificuldade para viver um dia de cada vez; concentrando-se no hoje Abandonando uma orientação para o futuro Controlando as emoções ao viver um dia de cada vez Reduzindo do risco de ameaça à vida	Tenho andado tão preocupada com o John (seu marido que teve ataques cardíacos com risco de vida e perdeu o emprego três anos antes da aposentadoria) e me preparando para conseguir um emprego (o primeiro em 38 anos) (...) É realmente tão difícil com todo esse estresse (...) me concentrar naquilo que eu posso fazer hoje. Eu costumava sempre olhar na direção do futuro. Agora eu não posso; isso me perturba muito. Preciso vi-ver um dia de cada vez agora ou pode ser que não haja mais dia algum para mim.

Quanto menos problemáticos os eventos observados lhe pareçam, isto é, eventos de rotina, familiares e comuns, mais problemática poderá ser a produção de uma análise conceitual original. Abrir caminho por esse caráter ordinário dos eventos de rotina exige esforço. Para obter *insights* analíticos a partir da observação de atividades de rotina em ambientes cotidianos, primeiro compare e codifique eventos semelhantes. Logo, você pode definir os padrões sutis e os processos significativos. Depois disso, a comparação de eventos *dissimilares* pode fornecer *insights* adicionais.

O uso dos métodos comparativos

Qualquer que seja o conjunto de dados com que você começa a codificar na teoria fundamentada, você utiliza os *métodos comparativos constantes* (Glaser e Strauss, 1967) para estabelecer distinções analíticas, e, assim, realizar comparações a cada nível do processo analítico. Em um primeiro momento, você compara dados com dados para identificar as semelhanças e as diferenças. Por exemplo, compare os enunciados e os incidentes dentro de uma mesma entrevista, e compare os enunciados e os incidentes de entrevistas distintas. Realizar comparações sequenciais é de grande auxílio. Compare os dados das primeiras e das últimas entrevistas dos mesmos indivíduos ou compare as observações dos eventos em períodos e lugares distintos. Quando você realizar observações de uma atividade de rotina, compare o que acontece em um dia com a mesma atividade nos dias subsequentes.

Se os seus códigos definirem outra perspectiva de um processo, ação ou crença, distinta daquela sustentada pelo(s) seu(s) participante, observe isso. As suas ideias e observações fazem toda a diferença. Não as deixe de lado, mesmo que elas não reflitam os dados. Elas podem estar baseadas em ações e significados ocultos que ainda não tenham vindo à tona completamente. Essas intuições constituem outro conjunto de ideias a ser verificado. O nosso trabalho é elaborar uma compreensão analítica do material, a qual pode contrapor entendimentos aos quais já estamos plenamente acostumados.

O que você observa em seus dados depende, em parte, das suas perspectivas anteriores. Antes de admitir as suas perspectivas como uma verdade, tente vê-las como a representação de uma perspectiva entre muitas. Agindo dessa forma, você adquire mais consciência dos conceitos que emprega e que poderia impor aos seus dados. Para ilustrar, você pode ter um repertório de conceitos psicológicos que você ordinariamente invoca para entender o comportamento. Invocar esses conceitos nos seus códigos pode levá-lo a prejulgar o que ali ocorre. Tente evitar presumir que os respondentes, por exemplo, reprimem ou negam "fatos" significativos sobre as suas vidas. Em vez disso, procure observar como eles compreendem as próprias situações antes que você julgue as suas atitudes e ações de acordo com as suas próprias suposições. Ver o mundo por meio dos olhos dos participantes e compreender a lógica das suas experiências proporciona novos *insights*. Posteriormente, se você ainda registrar termos disciplinares como códigos, você os utilizará de uma forma mais consciente e menos automática. Desse modo, você pode decidir usar apenas aqueles termos que se ajustam aos seus dados.

As vantagens da codificação inicial

Desde o início, a codificação cuidadosa palavra por palavra, linha a linha ou incidente por incidente orienta o pesquisador para a realização de dois critérios para a condução de uma análise de teoria fundamentada: ajuste e relevância. O seu estudo se ajusta ao mundo empírico quando você tiver construído códigos e desenvolvido esses códigos em categorias que cristalizam a experiência dos participantes. E tem relevância quando você apresenta um esquema analítico incisivo que interpreta o que acontece e estabelece relações entre os processos implícitos e as estruturas visíveis.

A codificação cuidadosa também auxilia o pesquisador a abster-se de imputar os seus motivos, os seus medos e as suas questões pessoais não resolvidas aos seus respondentes e aos seus dados coletados. Há alguns anos, um jovem que fazia parte do meu grupo de pesquisas realizou um estudo sobre a adaptação à deficiência. Ele mesmo havia ficado paraplégico quando foi atingido por um carro enquanto andava de bicicleta. As suas 10 entrevistas detalhadas estavam repletas de relatos sobre coragem, esperança e inovação. A análise que o jovem fez dessas entrevistas era permeada por narrativas de pesar, raiva e perda. Depois que observei o fato de que a análise dele não refletia o material coletado, ele constatou o modo como as emoções haviam alterado a sua percepção das deficiências das outras pessoas. Essa foi uma constatação relevante. No entanto, ele poderia ter chegado a ela antes de entregar o seu artigo, caso tivesse realizado uma codificação mais constante. A codificação linha a linha poderia ter alterado as ideias do pesquisador em relação aos seus dados na fase inicial da análise.

A codificação obriga o pesquisador a refletir sobre o material e maneiras que podem ser distintas das interpretações dos seus participantes de pesquisa. O seu olhar analítico e o seu pano de fundo disciplinar o conduzem a ver os enunciados e as atitudes dos participantes de determinadas formas que podem não ter lhe ocorrido. Pela análise dos dados, você pode tornar explícitos os processos fundamentais, tornar visíveis as suposições ocultas e proporcionar novos *insights* aos participantes. Thomas (1993) afirma que o pesquisador deve transformar tudo aquilo que for considerado conhecido, rotineiro e mundano em algo desconhecido e novo. Imagine ver uma paisagem outrora conhecida com um novo olhar após uma longa ausência. Você percebe pontos de referência que lhe são familiares com um discernimento distinto daquele de uma época anterior quando esses pontos se confundiam uns com os outros. A codificação palavra por palavra e a codificação linha a linha ajudam você a ver aquilo que lhe é conhecido sob uma nova perspectiva. A codificação de incidentes auxilia no descobrimento de padrões e contrastes. Você pode conseguir *insights* surpreendentes a respeito de como as ações das pessoas se adaptam em conjunto ou entram em conflito. Você também consegue ganhar distância das suas preconcepções e das suposições consagradas dos seus participantes em relação ao material para que você *possa* vê-lo sob uma nova perspectiva.

Códigos in vivo

Os pesquisadores que utilizam a teoria fundamentada geralmente referem-se aos códigos dos termos específicos usados pelos participantes como códigos *in vivo*. Os seus termos especializados fornecem um vantajoso ponto de partida analítico. Os códigos *in vivo* ajudam-nos a conservar os significados dos participantes, relativos às suas opiniões e atitudes na própria codificação. *Preste atenção à linguagem quando estiver codificando*. Os códigos *in vivo* servem como marcadores do discurso e dos significados dos participantes. O fato de eles fornecerem ou não códigos úteis para uma análise mais integrada posterior dependerá de como você os considerar analiticamente. Como qualquer outro código, os códigos *in vivo* precisam ser submetidos ao tratamento comparativo e analítico. Embora os termos possam ser atrativos, os códigos *in vivo* não se sustentam sozinhos em uma teoria fundamentada sólida; esses códigos têm de estar integrados na teoria. Quando analisados minuciosa e rigorosamente, pode-se comprovar a utilidade de três tipos de códigos *in vivo*:

- Aqueles termos gerais que todos "conhecem" que sinalizam significados condensados, porém expressivos.
- Um termo inovador de um participante que apreende os significados ou as experiências.
- Termos abreviados característicos do campo e específicos de um grupo em particular que reflitam a perspectiva deste.

Os códigos *in vivo* que condensam os significados compõem-se de termos amplamente utilizados que os participantes presumem ser compartilhados por todos. Ao contrário, considere essa utilização por parte dos participantes como sendo problemática em vez de reproduzi-la. Por essa razão, buscamos os seus significados implícitos e observamos o modo como eles constroem e influenciam esses significados. Ao fazer isso, podemos perguntar: que categoria(s) analítica(s) esse código sugere? Deslindar esses termos não só lhe oferece uma ótima oportunidade para compreender as ações e os significados implícitos, mas também para fazer comparações entre os dados e as suas categorias emergentes.

Hoje em dia, qualquer pessoa sabe o que a expressão "mulher vítima de violência doméstica" significa; no entanto, determinados grupos pressupõem significados específicos ao utilizarem a expressão. Donileen Loseke (1992) descobriu que o uso da expressão por parte dos formuladores de políticas públicas retratava um determinado conjunto de características que não se ajustavam a todas as mulheres vítimas de abuso físico. Para os formuladores de políticas públicas, uma mulher vítima de violência doméstica significava uma mãe econômica e emocionalmente dependente, que sofreu abuso físico repetida e intensamente, apresentando baixa autoestima e escassa capacidade de enfrentamento, e que não podia contar com apoio informal ou institucional e não tinha para onde ir. Esses formuladores de políticas públicas agiram sob a influência sobre esses significados ao determinarem quem receberia os benefícios e o que esses benefícios deveriam incluir. Uma mulher mais velha, sem filhos e que tivesse melhores condições econômicas não se encaixaria nessa definição, mesmo tendo sofrido agressão.

Alguns códigos *in vivo* simultaneamente refletem significados condensados de uma expressão conhecida e revelam uma perspectiva nova de um indivíduo. Após sofrer um ataque súbito de um grave problema de saúde, um homem disse que pretendia "preparar um retorno" (Charmaz, 1973). Ao apropriar-se de um termo de celebridades bem-sucedidas, ele definiu a sua postura quanto à forma de lidar com a doença crônica. As atitudes e as afirmações de outros participantes indicaram que eles compartilhavam essa postura, embora não tivessem invocado essa expressão.

Os códigos *in vivo* são característicos de mundos sociais e ambientes organizacionais. Por exemplo, o glossário de termos usados pelos executivos de uma empresa, elaborado por Calvin Morrill (1995, p. 263-268), incluiu tanto termos gerais quanto rótulos específicos que, sem dúvida, promoveram a compreensão dele quanto à forma como eles lidavam com o conflito. Os executivos imbuíram alguns termos como "tolo", "bloqueio" ou "abandonar o navio" com significados que ecoaram a conversação cotidiana, embora muitos termos assumissem significados específicos dentro da organização e evocassem metáforas de combate, violência e violação. Entre esses, Morrill incluiu:

> CAVALEIRO NEGRO – Um executivo que muitas vezes se envolve em ações ocultas contra os seus oponentes, não apoia os seus colegas de departamento nas discussões (...); (no imaginário relativo à tomada do controle, o *cavaleiro negro* refere-se a um comprador pouco amigável na perspectiva de uma empresa que foi comprada). (p. 263)
>
> EXPLOSÕEZINHAS DE FUROR – Breves críticas públicas de um colega proferidas rapidamente uma após a outra. (p. 267)
>
> VAPORIZAÇÃO – Eliminar um executivo da empresa ou criar as condições sob as quais um executivo renuncia ao seu cargo na corporação. (p. 267)

VIOLENTAÇÃO – Um executivo que se permite ser publicamente criticado por outro sem *desafiar* o provocador. (p. 266)

VOAR BAIXO – Não confrontar um ofensor com queixas que existem há muito tempo contra o comportamento deste. (p. 265)

Nos níveis organizacionais ou coletivos da análise, os códigos *in vivo* refletem as suposições, as atitudes e os imperativos que determinam a ação. Estudar esses códigos e explorar as indicações fornecidas por eles permite que você desenvolva uma compreensão mais profunda do que está acontecendo e do que isso significa. Esses códigos ancoram a sua análise nas esferas de vida dos seus participantes. Eles oferecem pistas sobre a coerência relativa entre a sua interpretação das ações e dos significados dos participantes e as ações e os significados manifestos destes. Os códigos *in vivo* podem proporcionar uma checagem essencial em relação a você ter ou não conseguido atingir aquilo que é de fato significativo. Elijah Anderson (2003) trata dessa questão na memória etnográfica do seu estudo (1976) sobre homens afro-americanos que costumavam passar o tempo em uma esquina da cidade de Chicago. Anderson identificou três grupos: "respeitáveis", "não respeitáveis" e "quase respeitáveis". Ele relatou essas categorias ao seu professor, Howard Becker, que o questionou quanto ao modo como os homens se autodesignavam. Anderson reviu os dados e constatou que se destacavam os seguintes termos utilizados pelos homens: "normal", "valentão" e "bêbado". Após insistir com eles sobre esses termos e esclarecer o que os homens queriam dizer ao utilizá-los, Anderson afirmou ter percebido um progresso excessivo em sua compreensão do mundo deles. Do ponto de vista da teoria fundamentada, por exemplo, seria fascinante explicar o processo de como os homens se definem como pertencendo a uma ou outra categoria, quem designa ou impõe as categorias e como essas categorias tornam as ações predizíveis.

Em cada estudo que você conduzir, os participantes falarão ou escreverão coisas de tal forma que cristalizam ou condensam significados. Ouvir e ler as suas palavras sob uma nova perspectiva permite a você explorar os significados deles e a compreender as suas atitudes por meio da codificação e coleta de dados posterior. Procure expressões significativas. Um jovem médico com diabete grave definiu-se como sendo "acima da média" (Charmaz, 1973, 1987). Conforme o desdobramento da nossa conversa, o significado dele de "acima da média" ficou claro. Ele não apenas teve a intenção de lidar com o fato de ser um médico sem que o seu estado de saúde o impedisse disso, mas também visava a sobressair-se em relação aos seus pares. Os seus planos e as suas expectativas simbolizaram os objetivos de identidade na vida social que transcendiam as preferências psicológicas. Uma vez compreendida a ideia da busca de objetivos de uma identidade acima da média, percebi esse processo refletido em outras ações e intenções declaradas dos participantes. De modo semelhante, surgiram outros códigos *in vivo* quando ouvi muitas pessoas defenderem a noção de “viver um dia de cada vez” e ao escutar os seus relatos quanto a ter “dias bons” e “dias ruins”. Posteriormente, busquei as ações e os significados condensados compreendidos nesses termos e os codifiquei de acordo com isso.

A CODIFICAÇÃO FOCALIZADA

A codificação focalizada é a segunda fase principal da codificação. Esses códigos são mais direcionados, seletivos e conceituais que os gerados pela codificação palavra por palavra, linha a linha e incidente por incidente (Glaser, 1978). Após ter estabelecido alguns objetivos analíticos rigorosos por meio da sua codificação inicial linha a linha, você pode dar início à codificação focalizada para sintetizar e explicar segmentos maiores de dados. A codificação focalizada significa utilizar os códigos anteriores mais significativos e/ou frequentes para analisar minuciosamente grandes montantes de dados. Uma das metas é determinar a adequação daqueles códigos. A codificação focalizada exige a tomada de decisão sobre quais os códigos iniciais permitem uma compreensão analítica melhor para categorizar os seus dados de forma incisiva e completa.

A codificação focalizada significa utilizar os códigos anteriores mais significativos e/ou frequentes para analisar minuciosamente grandes montantes de dados. A codificação focalizada exige a tomada de decisão sobre quais os códigos iniciais permitem uma compreensão analítica melhor para categorizar os seus dados de forma incisiva e completa.

No entanto, a mudança para a codificação focalizada não é um processo totalmente linear. Alguns participantes ou incidentes poderão tornar explícito aquilo que estava implícito nos enunciados ou incidentes anteriores. Um “Ah! Agora sim eu entendo” pode induzi-lo a estudar novamente os seus dados anteriores. Você deve então voltar aos seus respondentes anteriores e analisar os tópicos que tenham sido evitados ou que possam ter ficado demasiadamente implícitos para serem percebidos de início ou que tenham sido omitidos.

O ponto forte da codificação na teoria fundamentada deriva desse envolvimento concentrado e ativo no processo. Você influencia de fato os seus dados, em vez de analisá-los passivamente. Os novos eixos da análise ganham visibilidade por meio das suas ações. Os eventos, as interações e as perspectivas entram em um campo de ação analítico que você não havia imaginado antes. A codificação focalizada constata as suas preconcepções sobre o tópico.

No primeiro excerto do Quadro 3.3, selecionei os códigos "evitando a revelação" e "avaliando as perdas potenciais e os riscos da revelação" para apreender, sintetizar e compreender os principais temas do enunciado. No segundo, os seguintes códigos revelaram-se mais úteis: "sentindo-se obrigado a viver um dia de cada vez", "concentrando-se no hoje", "desistindo de uma orientação para o futuro", "controlando as emoções" e "reduzindo o risco de ameaça à vida". Novamente, tentei manter os códigos ativos e próximos aos dados. Por meio da codificação focalizada, você pode alternar entre as entrevistas e as observações e comparar as experiências, ações e interpretações das pessoas. Observe como os códigos condensam os dados e proporcionam uma compreensão clara a respeito destes.

Coerente com a lógica da teoria fundamentada, a codificação é um processo emergente. Ideias inesperadas emergem e continuam emergindo. Após codificar um corpo de dados, compare os seus códigos e dados uns com os outros. Um código revelador elaborado para encaixar em um incidente ou enunciado pode esclarecer outro. Um incidente anterior pode alertá-lo para observar outro posterior com maior incisividade. Testemunhei diversos momentos de tensão com casais durante os quais os cônjuges declararam que as deficiências do parceiro os haviam privado de suas antigas capacidades.

Considere as seguintes notas de campo extraídas de uma entrevista inicial realizada com Andrei, um professor de escola aposentado, e sua esposa, Natasha, sendo ambos portadores de doenças crônicas:

> Perguntei (ao Andrei), "Você prosseguiu com o seu trabalho profissional após ter se aposentado?" Ele disse: "Eu costumava lecionar em cursos de extensão, mas devido a questões orçamentárias e governamentais, não há mais dinheiro para cursos de extensão". Ela (Natasha) (me) interrompeu, "Andrei sempre foi um orador extremamente bem-sucedido; em parte por seu entusiasmo, em parte por sua expressividade, mas com esses problemas de fala, ele não consegue mais..." (Ele disse, lenta e dolorosamente) "As escolas não têm dinheiro (...) Eu não consigo falar muito bem".
>
> Tive uma imensa pena dele nesse momento. Estivessem ou não em jogo esses dois fatores naquela altura – quando eles deixaram de convidá-lo para os cursos de extensão –, quando ela falou isso foi um momento terrível para ele. Independentemente do motivo verdadeiro, naquele exato momento, tomar conhecimento *do que* ela pensava sobre a deterioração da sua capacidade foi um ponto crítico para ele. Participar dessa breve sequência foi como assistir alguém que estivesse observando a desintegração da sua própria identidade, foi complicado tanto para ele quanto para mim, embora eu tenha tido a impressão de que ela estivesse tão empenhada na exatidão das suas percepções que nem percebeu de fato a forma como isso o desfigurou (...) Esse reconhecimento do fato de que ele não pode falar muito bem foi como uma admissão de culpa ou de inferioridade que anteriormente era imperceptível. (Charmaz, 1983, p. 119-120)

Quadro 3.3 Codificação Focal

	Excerto 1 *Christine Danforth, 37 anos, lupus eritematoso, síndrome de Sjörgren, lesões na espinha dorsal.*
Evitando a revelação Avaliando as perdas potenciais e os riscos da revelação	Se você tem lupus, quer dizer, um dia é o meu fígado; outro dia são as minhas articulações; outro dia é a minha cabeça, parece que as pessoas de fato pensam que você é hipocondríaco se você fica se queixando de diversas doenças (...) É como se você não quisesse dizer nada porque as pessoas vão começar a pensar, sabe, "Nossa, nem chegue perto dela, tudo o que ela sabe fazer é, é queixar-se disso". E acho que é por isso que eu nunca digo nada, pois sinto como se todas as coisas que eu tenho estão, de um jeito ou de outro, associadas ao lupus, mas a maior parte das pessoas não sabe que eu tenho lupus, e mesmo aquelas pessoas que sabem não acreditariam que dez doenças distintas referem-se à mesma coisa. E não quero que as pessoas falem, sabe, (que) elas não querem estar perto de mim porque eu me queixo.
	Excerto 2 *Joyce Marshall, 60 anos, pequenos problemas cardíacos, pequeno AVC* recente (derrame)*
Sentindo-se obrigado a viver um dia de cada vez	Preciso ver isso (o AVC) como um aviso. Preciso me cuidar para não ficar muito ansiosa. Preciso viver um dia de cada vez.
Concentrando-se no hoje Desistindo de uma orientação para o futuro Controlando as emoções Reduzindo o risco de ameaça à vida	Tenho andado tão preocupada com o John (seu marido que teve ataques cardíacos com risco de vida e perdeu o emprego três anos antes da aposentadoria) e me preparando para conseguir um emprego (o primeiro em 38 anos) (...) É realmente tão difícil com todo esse estresse (...) me concentrar naquilo que eu posso fazer hoje. Eu costumava sempre olhar em direção ao futuro. Agora eu não posso; isso me perturba muito. Preciso viver um dia de cada vez agora ou pode ser que não haja mais dia algum para mim.

Com base nessas primeiras observações, desenvolvi o código "momento de identificação". Em cada caso, a avaliação transmitiu uma imagem chocante de quem o doente havia se tornado. Essas opiniões inquietantes manifestavam as modificações negativas e ressaltavam a permanência destas. O código "momento de identificação" alertou-me para outras breves interações nas quais alguém conferia uma identidade significativa a um portador de doença crônica. Um exemplo ocorreu alguns anos depois quando entrei em um lar assistencial que atendia basicamente pessoas idosas empobrecidas. A assistente sentada a uma escrivaninha disse que o seu supervisor não a havia informado de que eu iria até lá para falar com os moradores (conforme havia sido combinado). Seis pessoas idosas em cadeiras de rodas estavam enfileiradas contra a parede e uma mulher de meia-idade andou até a escrivaninha. As pessoas das cadeiras de rodas se animaram e me observaram com interesse, como é comum em instituições onde poucos moradores recebem visitas. Sem levantar os olhos, a assistente acenou com a cabeça em direção à mulher de meia-idade e falou, "Você pode falar ali com a Mary. Ela é uma das inteligentes e não há muitos destes". Após essa afirmação, seis das pessoas das cadeiras de rodas inclinaram-se de acordo. Mary pareceu orgulhosa de ter sido escolhida. Eu constatei ter acabado de testemunhar outro momento de identificação – positivo para Mary, embora negativo para os demais moradores.

Ao comparar dados com dados, desenvolvemos o código focal. Logo comparamos os dados a esses códigos, o que nos ajuda a aperfeiçoá-los. No primeiro exemplo, comparei situações nas quais os participantes haviam antes discutido livremente sobre a deficiência em questão com aqueles nos quais isso não ocorrera. Antes do incidente no qual Andrei reconheceu as suas dificuldades com a fala, o médico dele havia me dito que a fala debilitada de Andrei nunca havia sido abertamente discutida. Comparei também esses incidentes por seu impacto e sua intensidade. No início, o código representou apenas momentos de identificação negativos. Conforme obtive mais dados, descobri e determinei momentos de identificação positivos. "Momentos de identificação" começou como um código, o qual posteriormente elaborei como uma categoria (Charmaz, 1991a). Como a noção de momentos de identificação encontra eco em muitas outras experiências, Will van den Hoonaard (1997) a trata como um conceito sensibilizador a ser utilizado por outros pesquisadores como ponto de partida.

A CODIFICAÇÃO AXIAL

Strauss e Corbin (1990 e 1998; Strauss, 1987) apresentam um terceiro tipo de codificação, a codificação axial, para relacionar as categorias às subcategorias. A codificação axial especifica as propriedades e as dimensões de uma categoria.

Strauss (1987, p. 64) vê a codificação axial como geradora de "uma estrutura densa de relações em torno do 'eixo' de uma categoria". Assim, a codificação axial segue o desenvolvimento de uma categoria principal, embora isso possa acontecer em uma primeira etapa do desenvolvimento. Os objetivos da codificação axial são classificar, sintetizar e organizar grandes montantes de dados e reagrupá-los de novas formas após a codificação aberta (Creswell, 1998).

A codificação axial relaciona as categorias às subcategorias, especifica as propriedades e as dimensões de uma categoria, e reagrupa os dados que você fragmentou durante a codificação inicial para dar a coerência à análise emergente.

A codificação inicial fragmenta os dados em valores separados e códigos distintos. A codificação axial é a estratégia de Strauss e Corbin (1998) para recompor novamente os dados em um todo coerente. Segundo Strauss e Corbin (p. 125), a codificação axial resolve questões como "quando, onde, por que, quem, como e com que consequências". Com essas questões, um pesquisador pode descrever a experiência estudada de um modo mais completo, embora Corbin e Strauss argumentem que a vinculação das relações entre as categorias ocorra em um nível conceitual e não descritivo. Para eles, analisar os dados significa converter o texto em conceitos, o que parece ser o objetivo do uso que Strauss e Corbin fazem da codificação axial. Esses conceitos especificam as dimensões de uma categoria mais ampla. A codificação axial visa a associar as categorias às subcategorias e questiona o modo como elas estão relacionadas. Clarke vê a codificação axial como a elaboração de uma categoria e utiliza a diagramação para integrar as categorias relevantes[6]. Para ela, um diagrama integrativo visa a vincular categorias com categorias para formar uma teoria substantiva da ação.

Ao empenharem-se na codificação axial, Strauss e Corbin aplicam um conjunto de termos científicos para tornar visíveis as conexões entre as categorias. Eles agrupam os enunciados dos participantes como elementos componentes de um esquema de organização para responder às suas questões mencionadas acima. Nesse esquema de organização, Strauss e Corbin incluem: 1) *condições*, as circunstâncias ou situações as quais determinam a estrutura dos fenômenos estudados; 2) *ações/interações*, a rotina dos participantes ou suas respostas estratégicas a questões, eventos ou problemas; e, 3) *consequências*, efeitos das ações/interações. Strauss e Corbin utilizam as condições para responder às questões do tipo por que, onde, como e quando (p. 128). As ações/interações solucionam perguntas do tipo por quem e como. Por sua vez, as consequências respondem às perguntas que questionam "o que ocorre" por causa dessas ações/interações.

A codificação axial fornece uma estrutura a ser aplicada por pesquisadores. A estrutura pode ampliar ou restringir a sua visão, dependendo da questão do seu tema e da sua capacidade para tolerar a ambiguidade. Os estudantes que preferem trabalhar com uma estrutura pré-fixada acolherão bem a ideia de ter um esquema de organização. Aqueles que preferem diretrizes simples e flexíveis, e conseguem tolerar bem a ambiguidade, não precisam realizar a codificação axial. Estes podem seguir as indicações que definem com base em seus dados empíricos.

Embora eu não tenha utilizado a codificação axial conforme os procedimentos formais de Strauss e Corbin, desenvolvi as subcategorias de uma categoria e demonstrei as conexões existentes entre elas quando estudei as experiências que as categorias representam. As categorias, as subcategorias e as conexões subsequentes refletem o modo como compreendi os dados.

Os exemplos de codificação anteriores extraídos das entrevistas de Bonnie Presley e de Christine Danforth indicam que contar a outras pessoas sobre o fato de ter uma doença crônica impõe dilemas emocionais e interacionais. Esses dilemas surgiram em muitas entrevistas; eu não havia planejado estudá-los. Como esperado, as duas primeiras categorias que percebi nas primeiras entrevistas revelavam a doença e evitavam a revelação. Delineei as respectivas propriedades por meio da comparação entre dados da mesma espécie, relativos ao mesmo tipo de experiência ou evento. A dor evidente nos relatos dos participantes me levou a perceber a "revelação" como algo esclarecedor e, muitas vezes, arriscado. Os riscos de Bonnie Presley incluíam a exacerbação da sua crise da doença. Muitas outras pessoas correram o risco de ficar emocionalmente vulneráveis e de terem emoções incontroláveis. A revelação não foi em forma neutra de conversa.

A seguir, reexaminei os dados que eu havia codificado durante a codificação inicial. Os participantes lidaram com as informações sobre eles mesmos, tanto relativas a evitarem a revelação da doença quanto a contarem sobre o assunto às pessoas; contudo, algumas formas de contar apresentavam uma perda de controle e, algumas vezes, o não contar ocorria quando os participantes se sentiam subjugados. Quando os participantes perdiam o controle durante o relato, eles se expunham ao deixarem escapar as suas preocupações em vez de controlarem e medirem as autorrevelações.

Posteriormente, codifiquei de acordo com a variação entre os enunciados os espontâneos e as declarações encenadas. Associei explicitamente as formas de contar à ausência ou à presença relativa de controle dos participantes na retransmissão das informações e o grau em que eles recorreram ao uso de estratégias explícitas. Após descobrir que as pessoas recorriam a diversas formas de contar, observei então mais atentamente o que se segue:

- os contextos biográficos e interacionais dos seus relatos;
- as condições sociais e vivenciais que influenciavam aquelas pessoas a quem os participantes contaram;

- os propósitos manifestos pelos participantes para contar;
- o que os participantes contaram a esses indivíduos;
- como os participantes contaram.

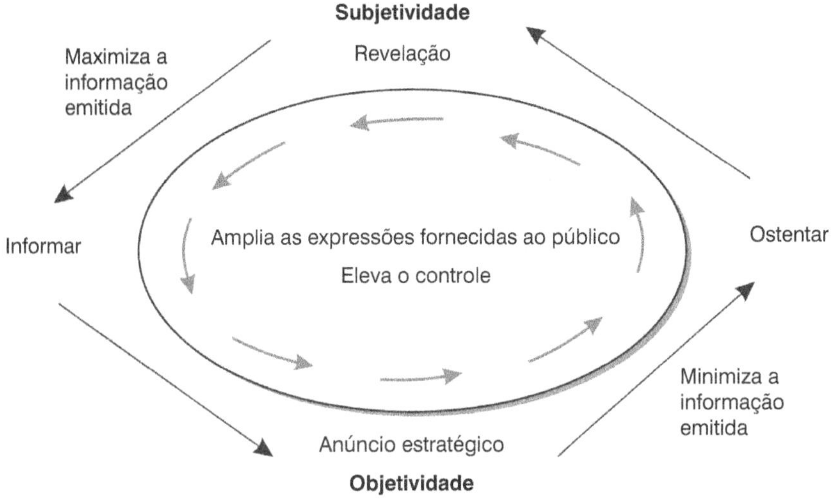

Figura 3.1 Formas de contar.

Codifiquei de acordo com se, quando, como e por que os participantes modificaram as suas formas anteriores de contar. Essas estratégias podem nos levar à demonstração das causas e das condições do fenômeno observado. Na minha análise das formas de contar (ver Figura 3.1), o estudo desses dados levou à observação de que o risco subjetivo do participante ao contar superava aquilo que um pesquisador poderia representar graficamente ao longo de um simples fluxo contínuo. Mais precisamente, a subjetividade e a objetividade aparecem lado a lado quando os participantes ostentam a doença. Ficou evidente que alguns indivíduos ostentam a doença quando esta lhes tenha causado problemas não resolvidos de autoaceitação e de aceitação por parte das outras pessoas.

Nenhuma estrutura explícita orientou as minhas construções analíticas dos relatos e experiências dos participantes ou induziram a minha ênfase. Embora a codificação axial possa ajudar os pesquisadores a explorarem os seus dados, ela os incentiva a *aplicar* uma estrutura analítica aos dados. Nesse sentido, a dependência da codificação axial pode limitar o que e como os pesquisadores descobrem sobre os mundos que estudam e, assim, restringir os códigos que constroem.

A dúvida sobre se a codificação axial auxilia ou atrapalha ainda permanece (ver Kelle, 2005). Se e até que ponto ela oferece uma técnica mais eficaz do que as comparações é uma questão que continua sendo discutida. Na melhor das hipóteses, a codificação axial auxilia a esclarecer e a ampliar a capacidade analítica das suas ideias emergentes. Na pior das hipóteses, ela lança uma cobertura tecnológica nos dados, e possivelmente sua análise final. Embora de início seja destinada à obtenção de uma compreensão mais completa dos fenômenos estudados, a codificação axial pode se tornar uma teoria fundamentada desajeitada (Robrecht, 1995).

A CODIFICAÇÃO TEÓRICA

A codificação teórica é um nível sofisticado de codificação que segue os códigos selecionados por você durante a codificação focalizada. Glaser (1978, p. 72) introduziu os códigos teóricos para conceituar "a forma como os códigos substanciais podem ser relacionados uns com os outros enquanto hipóteses a serem integradas em uma teoria". Em resumo, os códigos teóricos especificam as relações possíveis entre as categorias que você desenvolveu na sua codificação focalizada. Glaser (1992) argumenta que esses códigos evitam a necessidade da codificação axial, porém eles "entrelaçam novamente a história fragmentada" (Glaser, 1978, p. 72). Os códigos teóricos são integrativos; eles dão um contorno aos códigos focais que você reuniu. Esses códigos podem ajudá-lo a contar uma história analítica de forma coerente. Por isso, esses códigos não apenas conceituam o modo como os seus códigos essenciais estão relacionados, mas também alteram a sua história analítica para uma orientação teórica.

Glaser (1978, p. 74) apresenta uma série de 18 famílias de codificação teórica que incluem categorias analíticas como os "Seis Cs: Causas, Contextos, Contingências, Consequências, Covariâncias e Condições" e as famílias de codificação "grau", "dimensão", "interativa", "teórica" e "tipo", bem como outras que derivam de conceitos principais como as famílias "autoidentidade", "meios-objetivos", "cultural" e "de consenso". Várias das famílias de codificação desenvolvidas por Glaser indicam uma categoria analítica específica, mas misturam distinções conceituais. Por exemplo, a família da "unidade" inclui as seguintes unidades estruturais: grupo, família organizacional, agregada, territorial, social, de função e de posição social. Glaser inclui também situações, mundos e contextos sociais que certamente podem servir de unidades de análise, mas que envolvem propriedades emergentes e não estruturais. Em *Doing grounded theory* (1998), Glaser entra em detalhes sobre as primeiras famílias de codificação e amplia a lista para incluir outras famílias de codificação como "opostos reunidos", "representação", "escala", "caminho aleatório", "estrutural-funcional" e "unidade de identidade".

Ao utilizá-los habilmente, os códigos teóricos podem intensificar o seu trabalho com uma margem analítica bem definida. Eles podem acrescentar precisão e clareza – contanto que eles se ajustem aos seus dados e à sua análise substancial. Podem contribuir para tornar a sua análise coerente e compreensível. Dependendo dos dados de que você dispõe e do que você descobre sobre eles, você pode constatar que a sua análise considera várias famílias de codificação. Você pode, por exemplo, esclarecer o contexto geral e as condições específicas nas quais um determinado fenômeno esteja evidente. Você pode conseguir especificar as condições nas quais ele se modifica e delinear as suas consequências. Você poderia estudar as suas ordenações temporais e estruturais e descobrir as estratégias dos participantes para lidar com elas. Se você entender a ordenação temporal, provavelmente incluirá uma análise do processo. Dessa forma, apesar de não investigar a parte substancial, esse breve exemplo isolado apresenta as seguintes famílias de codificação analítica: os "Seis Cs", "ordenação temporal", "ordenação" (Glaser inclui aqui a ordenação estrutural, ver p. 78), "estratégia" e "processo". As conexões fornecidas pelos códigos podem também apontar aquelas áreas que você pode reforçar.

O trabalho de Strauss (1978a e 1993) sobre os mundos e as renas sociais influenciou Adele E. Clarke (1998) que, posteriormente, desenvolveu os conceitos. No trecho abaixo (p. 265), ela fornece uma base lógica explícita para os conceitos teóricos que emergiram no início da sua pesquisa como uma família de codificação da integração:

> A análise das arenas e mundos sociais oferece um grande número de vantagens analíticas nos estudos de formação disciplinar. Em primeiro lugar e de particular relevância na pesquisa histórica, a análise dos mundos sociais estende-se sobre assuntos internos e externos por cercar o envolvimento e as contribuições de todos os mundos sociais evidentes. Tanto os tópicos internos quanto os externos podem ser relevantes. Os mundos sociais são verdadeiras unidades sociais de análise, flexíveis e maleáveis o suficiente para permitir aplicações bastante diversas. Pode-se evitar a deturpação dos atores sociais coletivos como sendo monolíticos por intermédio da análise da diversidade existente dentro dos mundos sociais ainda durante a descoberta e a determinação das suas perspectivas coletivas globais, suas ideologias, inspirações e objetivos. Podemos analisar com segurança o trabalho de determinados indivíduos como sendo importante para a arena, sem nos limitarmos a uma abordagem individual. É possível que o mais importante no momento do enquadramento de uma arena seja o fato de que se é analiticamente levado a examinar as negociações dentro dos e entre os mundos sociais que tenham maior relevância para o desenvolvimento da arena ao longo do tempo.

A sua primeira análise substancial deve indicar o tipo de códigos teóricos a que você recorre. Em resumo, como qualquer outro conceito existente, os códigos teóricos devem buscar obter um espaço na sua teoria fundamentada

(Glaser, 1978). Quando observamos o modo como os estilos analíticos e os conjuntos de ferramentas conceituais são absorvidos em uma disciplina, descobrimos, entre eles, modas e tendências. Essas modas e tendências limitam as maneiras de ver e, possivelmente, constrangem os dados a esquemas antigos. Glaser (p. 76) indica que a demasiada confiança na família de codificação leva os estudantes a atribuir aos participantes intenções conscientes que podem não ser verdadeiras. Problemas semelhantes surgem com outros códigos teóricos. Glaser (p. 78) propõe que "Talvez a rubrica implícita mais frequente nos estudos seja um problema de ordem social (em geral, desordem)". Ainda que os contra-argumentos evidenciem que o registro do conceito de "desordem" impeça os pesquisadores de perceberem formas estruturais sociais alternativas. Os marxistas por muito tempo argumentaram que o modelo de consenso impede a percepção do conflito e da dominação. Alguns interacionistas simbólicos aplicaram indiscriminadamente aos seus estudos conceitos como "carreira", "trabalho", "negociação" e "estratégia" (Charmaz, 2005).

Por exemplo, as análises de Goffman (1959, 1967, 1969) pressupõem um modelo estratégico de interação e um ator social que recorre a estratégias sobre como controlar os conflitos:

> Independentemente do objetivo específico (interacional) que o indivíduo tem em mente e do seu motivo para ter esse objetivo, será do seu interesse controlar a conduta dos outros, especialmente no que diz respeito ao tratamento responsivo que dispensam a ele. Esse controle é alcançado basicamente ao influenciar na definição da situação que os outros vêm a formular, e ele pode influenciar essa definição ao expressar-se de tal forma a passar aos outros o tipo de impressão que os levará a atuar voluntariamente de acordo com o seu próprio plano. Dessa forma, quando um indivíduo aparece na presença de outros, haverá normalmente algumas razões para que ele mobilize a sua atividade de modo que isso transmita aos outros uma impressão que seja do seu interesse transmitir. (1959, p. 3-4)

Na passagem acima, você percebe a preocupação explícita de Goffman com a estratégia e o controle.

Muitas vezes, a integração teórica estabelecida pelos códigos teóricos permanece implícita na análise. Por exemplo, o interacionismo simbólico informa o meu estudo sobre portadores de doença crônica, *Good days, bad days: the self in chronic illness and time* (1991a), mas permanece como pano de fundo. A análise substancial de como as pessoas vivenciam a doença compreende o primeiro plano do livro e, portanto, aparece mais vigorosamente. Os códigos que resultaram da sensibilidade do interacionismo simbólico fornecem uma base teórica ou uma infraestrutura conceitual que integra a narrativa. Os leitores de outras disciplinas podem seguir sem ter consciência da estrutura teórica que organiza uma determinada parte do trabalho. Por exemplo, as conexões entre o tempo e o indivíduo são evidentes no exemplo a seguir, embora nem todos os leitores percebam as suas conexões com o interacionismo simbólico.

> Um desejo de retomar o passado reflete o anseio por uma identidade perdida. Esses anseios resultam da angústia pelas perdas acumuladas em função da doença. Neste momento, a pessoa define as perdas e reconhece a doença. Embora escreva que aprendeu a viver cada momento após o derrame, a poeta May Sarton simultaneamente deseja a sua identidade do passado: "Agora eu sou terrivelmente solitária, pois *não* sou eu mesma. Não posso estar com um amigo ou amiga por mais de meia hora sem sentir como se a minha mente se desgastasse como o ar que escapa de um balão". (1988, p. 18)
>
> O sofrimento em relação ao passado aumenta quando as pessoas acreditam que não poderão recuperá-lo. Mesmo após tentar esperar pelo final da doença ou do tratamento, recuperar a identidade anterior e retomar o passado pode permanecer sendo algo ilusório. Sarton sugere esse caráter ilusório ao escrever que "para lidar com essa vida *de espera* durante tantos meses, tive que enterrar a minha verdadeira identidade, e agora constato que trazer de volta o meu verdadeiro eu vai ser ainda mais difícil do que o foi para enterrá-lo". (1988, p. 78) (Charmaz, 1991a, p. 194)

O lamento de Sarton reflete o pensamento de que o autoconceito de uma pessoa tem limites e conteúdo, como argumentaria um interacionista simbólico. Os nossos autoconceitos oferecem uma forma de nos conhecermos, um modo de separar aquilo que é nosso e aquilo que é diferente do que somos. Sarton demonstra que o seu autoconceito permanece no passado e está agora em desacordo com as imagens de si mesma determinadas na sua difícil situação atual.

O que vale como família de codificação teórica? Glaser (1978, p. 76-81) não oferece nenhum critério para estabelecer o que devemos aceitar como uma família de codificação ou razões pelas quais devemos aceitar a descrição que ele faz delas. Ele afirma que a sua lista de famílias de codificação contém categorias sobrepostas e indica que uma nova família de codificação pode resultar de outra preexistente. Os cientistas sociais, muitas vezes, as extraem ao mesmo tempo de diversas famílias de codificação. Como Glaser reconhece, as famílias de codificação não são nem exaustivas nem mutuamente exclusivas. Além de não refletirem um mesmo nível ou tipo de abstração. Algumas famílias de codificação referem-se a termos analíticos reconhecíveis e algumas valem-se de conceitos sociológicos. Os nomes de diversas famílias de codificação, como "interativa", "leitura" e "linha principal", parecem ser arbitrários e confusos. Os seus significados, assim como de muitos outros, permanecem atrelados à narrativa. "Interativa" refere-se a "efeitos mútuos", "reciprocidade", "dependência mútua", e assim por diante, e não à interação *per se*. A "família da leitura" inclui "conceitos", "problemas" e "hipóteses". A "família da linha principal" inclui um conjunto de conceitos e temas estruturais como "instituições sociais" e "ordem social", junto com "socialização", "interação social" e "mundos sociais", os quais Glaser também enumera na unidade da família.

Diversas famílias conceituais estão visivelmente ausentes da lista de Glaser, o que inclui aquelas que se concentram na atividade e na ação, no poder, nas redes sociais, bem como na narrativa e na biografia. Outras como as que dizem respeito à desigualdade permanecem ocultas em uma unidade mais ampla. O conflito é relegado à família mais abrangente do consenso, o que indica uma subordinação que os teóricos do conflito contestariam legítima e vigorosamente[7]. Recentemente, correntes teóricas como a teoria feminista e os conceitos pós-modernos constituem outras famílias. Glaser reconhece que as novas famílias de codificação podem surgir de outras anteriores. Muitas das suas contribuições recentes (1998) orientam-se por conceitos positivistas.

Como a codificação usual da teoria fundamentada poderia ser comparada à codificação axial e à utilização de códigos teóricos? Reflita sobre a discussão anterior e na representação das chamadas "Formas de contar" (Figura 3.1). As formas de contar por si próprias devem ser vistas como dimensões de uma ampla categoria referente ao contar. Cada tipo tem as suas propriedades específicas e reflete visões da personalidade e da identidade, bem como das circunstâncias interacionais imediatas. De certo modo, os tipos refletem uma variação da subjetividade à objetividade ao longo de um *continuum*. Os tipos diferenciaram-se gradualmente nas seguintes áreas: intensidade emocional sentida, dificuldade em contar, controle emocional e informacional ao contar, importância e tipo de planejamento, e efeito pretendido no público-alvo. Diversos participantes acharam que as suas formas de contar diferenciavam-se em vários momentos da doença. Ao sentirem-se chocadas com um diagnóstico ou com um primeiro episódio da doença, as pessoas falavam disso sem pensar, sem qualquer tipo de controle. Se elas se sentiam humilhadas ou desvalorizadas por terem contado a sua notícia, logo elas passavam a ser mais cautelosas nos seus relatos e podiam passar de uma revelação espontânea para uma narração estratégica. Quando os episódios se acumulam e as pessoas descobrem os custos do fato de contar a respeito deles, elas podem recorrer ao anúncio estratégico ocasional. Embora muitas pessoas possam se tornar estratégicas em relação a como, quando, onde e a quem revelam, relativamente poucas delas aderem à ostentação. Com base nessa breve discussão, você pode perceber como o estudo dos processos pode determinar uma análise. Observe que uma consequência de uma forma de contar pode definir as condições para que uma pessoa se comprometa com outra.

Os tipos de conexões do exemplo anterior surgiram enquanto estudava os meus dados sobre a comunicação da notícia da doença. É bem possível que dados detalhados posteriores ou dados abrangentes adicionais sobre as formas de contar levem a mais conexões. Agora uma palavra de advertência. Esses códigos teóricos podem conferir uma aura de objetividade a uma análise, mas os códigos em si mesmos não valem como critérios objetivos sobre os quais os estudiosos concordariam ou que utilizariam sem crítica. Quando a sua análise indicar, utilize os códigos teóricos para ajudar a esclarecer e estimular a sua análise, mas evite que, com isso, acabe por impor uma estrutura forçada à análise. Isso o auxiliará a questionar a si mesmo sobre se esses códigos teóricos explicam todos os dados.

REDUZINDO OS PROBLEMAS DA CODIFICAÇÃO

A luta com as preconcepções

Em toda a literatura da teoria fundamentada, os pesquisadores são orientados a evitar forçar os seus dados em códigos e categorias preconcebidos, sendo que, entre esses estão, em primeiro lugar, as teorias existentes. Devemos também nos prevenir contra o forçamento das nossas preconcepções nos dados que codificamos. O estudante mencionado anteriormente, o qual forçou a própria percepção da deficiência aos seus dados de entrevista, apresentou o que os sociólogos chamam de "teorização do senso comum" em sua análise (Schutz, 1967). O seu raciocínio resultou de suas noções de como o mundo funciona e de sua própria vivência como portador de deficiência. Os pesquisadores que utilizam a teoria fundamentada, bem como outros pesquisadores, podem inconscientemente partir das suas próprias preconcepções a respeito do que uma determinada experiência significa e acarreta.

As preconcepções que procedem de pontos de vista como classe, raça, gênero, idade, incorporação e período histórico podem permear uma análise sem que o pesquisador esteja consciente disso. Nesse caso, esses pontos de vista imperceptíveis estendem-se fora da estrutura para a discussão da análise e permanecem não problemáticos para os pesquisadores que os mantêm. Esses pesquisadores podem negar a existência destes[8].

Todo pesquisador conserva preconcepções que influenciam, mas que não podem determinar o que observamos e o modo como compreendemos aquilo que observamos. As sombras do capitalismo, da competição e do individualismo podem introduzir-se nas análises dos cientistas sociais ocidentais sem que as constatemos, pois elas determinam o nosso conhecimento de mundo. O trabalho de campo detalhado, a observação sutil e as categorias irrefutáveis de Erving Goffman fizeram dele um dos cientistas sociais mais perspicazes do século XX. Entretanto, em particular nos seus primeiros trabalhos, Goffman recorreu a um modelo individualista, competitivo, estratégico e hierárquico da natureza humana que se ajusta às concepções culturais dos homens norte-americanos brancos de classe média e com uma mobilidade ascendente da década de 1950 (Charmaz, 2004). Essas suposições presumidas influenciam aquilo que observamos e a forma como compreendemos o que observamos. No enunciado a seguir, Goffman oferece um conselho veemente para a condução de um excelente trabalho etnográfico. De forma tão incisiva quanto o conselho oferecido por ele, conseguimos também ter um vislumbre das suas preconcepções.

> Como alunos de pós-graduação, estamos interessados apenas em ser inteligentes, erguer nossas mãos e ser defensivos, como as pessoas normalmente são, e fazer as associações adequadas, essas coisas. E se você fizer um trabalho de campo correto, parece-me que isso precisa passar por um conselho (...)
> Você tem de abrir-se de maneiras que você não faz na vida cotidiana. Você precisa estar aberto até mesmo para ser desprezado. Você precisa parar de fazer considerações que demonstram o quanto você é "metido a sabe-tudo". E isso é extremamente complicado para os estudantes de pós-graduação (especialmente na Costa Leste dos Estados Unidos). Então você tem de estar disposto a fazer papel de bobo. (Goffman, 2004, p. 127-128)

As nossas preconcepções apenas podem se tornar aparentes quando os nossos pontos de vista presumidos são questionados. Rosanna Hertz (2003) enfrentou esses questionamentos após o estudo etnográfico dela sobre *kibbutz**, conduzido 20 anos antes. Recentemente, o filho de um casal do *kibbutz* pediu para morar com ela. Por meio da presença dele, ela descobriu que aquela família havia definido o relacionamento dela com eles como tendo sido algo "familiar", enquanto ela havia visto o relacionamento como uma "transação" limitada à temporada dela no *kibbutz* ocorrida há tantos anos. Hertz afirma ter constatado "o quanto a percepção é enganadora e o quanto as suposições profundamente arraigadas e as preferências ideológicas podem desafiar até mesmo os esforços mais veementes de abertura" (p. 474).

Variadas estratégias incentivam a revelação dessas preconcepções. Alcançar uma familiaridade íntima com o *fenômeno estudado* é um prerequisito. Essa familiaridade não inclui apenas um conhecimento detalhado das pessoas que lutam com o fenômeno, mas também um nível de compreensão que atravessa a experiência dessas pessoas. Esse nível faz com que você vá além de pressupor as mesmas coisas que os seus respondentes pressupõem. A codificação inicial pode movê-lo nessa direção ao induzi-lo a lutar com as estruturas interpretativas de referência dos seus participantes, que podem não ser as mesmas que as suas. Adotar uma postura reflexiva em relação a esses questionamentos, como Hertz faz anteriormente, pode resultar na contestação das práticas e das perspectivas da pessoa.

---

* N. de T. *Kibbutz*: colônia agrícola em Israel.

Do ponto de vista da teoria fundamentada, cada ideia preconcebida precisará *merecer* o próprio espaço na análise, inclusive as suas próprias ideias a respeito de estudos anteriores (Glaser, 1978). Isso significa que você faz o novo e mais intenso trabalho analítico primeiro. Demonstrei que os conceitos teóricos preconcebidos podem fornecer pontos de partida para você olhar *para* os seus dados, mas eles não oferecem códigos automáticos *para* a análise desses dados. Questione, por exemplo, se surgiram questões referentes a classe, raça, gênero ou idade que exijam uma atenção analítica. Se você aplicar quaisquer conceitos teóricos da sua disciplina, você deve assegurar-se de que esses conceitos funcionam. O uso de diversas proteções contra a imposição desses conceitos pode ajudar. Considere as seguintes questões:

- Esses conceitos ajudam você a compreender o que os dados indicam?
- Nesse caso, de que maneira eles ajudam?
- Você consegue explicar o que ocorre em uma linha ou em um segmento dos dados com a utilização desses conceitos?
- Você consegue interpretar adequadamente este segmento dos dados sem esses conceitos? O que eles acrescentam?

Se os conceitos existentes não forem plenos para a compreensão dos seus dados, eles não terão lugar nos seus códigos ou na sua análise posterior. A melhor abordagem é que você primeiro defina o que ocorre em seus dados.

As preconcepções se impõem a partir da forma como pensamos e escrevemos. Os pesquisadores que acreditam ser cientistas sociais objetivos normalmente supõem que os seus julgamentos em relação aos participantes estejam corretos. Essa postura pode levar a tratar como fato as suposições não analisadas de alguém. Tenha cautela ao aplicar uma linguagem de intenção, motivação ou de estratégias, *a menos que os dados sustentem as suas afirmações*. Você não pode pressupor o que está na mente de alguém, particularmente se ele ou ela não lhe disserem[9]. Se as pessoas contarem a você o que elas "pensam", lembre-se de que elas fornecem relatos ordenados que refletem um determinado contexto social, um período, um lugar, uma biografia e um determinado público. Os objetivos não declarados dos participantes para relatar a você aquilo que eles "pensam" podem ser mais significativos do que as opiniões manifestadas por eles. Se você reenquadrar os enunciados dos participantes para ajustá-los a uma linguagem de intenção, você estará forçando os dados em categorias preconcebidas, as suas, não as deles. Estabelecer comparações entre os dados em relação ao que as pessoas dizem e fazem, no entanto, fortalece as suas afirmações sobre os significados implícitos.

Existe uma linha tênue entre interpretar os dados e impor uma estrutura preexistente a eles.

Durante a codificação, podem surgir problemas por:

- Codificar em um nível geral demais.

- Identificar tópicos em vez de ações e processos.
- Omitir a forma como as pessoas constroem as ações e os processos.
- Tratar de assuntos pessoais ou disciplinares e não dos assuntos dos participantes.
- Codificar sem contexto.
- Utilizar códigos para resumir, mas não para analisar.

Durante um seminário de teoria fundamentada, os participantes empenharam-se em um exercício de codificação com os mesmos dados relativos aos profissionais de um ambiente clínico. Uma participante codificou praticamente todos os enunciados e descreveu um incidente nos dados como "estresse", estresse não diferenciado, não analisado, nada além disso. As razões dela para perceber o estresse como sendo significativo eram compreensíveis; no entanto, ela codificou em um nível geral demais com um tópico que a esgotou, mas que não considerou as ações e os processos nas notas de campo. Outros participantes do seminário, cujos códigos fixaram-se mais estreitamente aos dados, criaram um conjunto matizado de códigos que sintetizava aquilo que eles constataram ocorrer nos dados.

Adote uma postura ponderada a respeito do ponto de vista de quem os seus códigos refletem, sobre quais categorias eles indicam e sobre o momento em que você introduz as ideias teóricas. Uma postura como essa, em relação à codificação, incentiva o tratamento das suas ideias como sendo problemáticas, bem como as ideias dos seus participantes de pesquisa. Considere a utilização das seguintes perguntas para verificação da maneira como você codifica:

- De que forma a minha codificação reflete o incidente ou a experiência descrita?
- As minhas construções analíticas começam a partir deste ponto?
- Elaborei conexões claras e evidentes entre os dados e os meus códigos?
- Consegui evitar reescrever, e, portanto, remodelar, a experiência estudada em uma linguagem sem vida que se ajusta melhor ao *nosso* mundo acadêmico e burocrático em vez de usar a linguagem dos participantes?

Sem dúvida, levamos perspectivas diferentes aos dados que testemunhamos. Percebemos coisas que os nossos participantes podem não ver. À medida que os nossos códigos se tornam mais abstratos, nós os expressamos em termos analíticos que os nossos participantes não compartilham, mas com os quais podem ressoar como no caso da noção de um "momento de identificação" discutida anteriormente. Por meio da elucidação da experiência, os códigos forjam uma ponte entre os dados descritos e a nossa análise emergente.

Transformação dos dados em códigos

A codificação depende de que se tenham dados sólidos. Como e o que você registra tem influência sobre o que você precisa codificar. Cada vez mais, a pesquisa qualitativa se aproxima da entrevista detalhada e da entrevista com grupos focais. Alguns pesquisadores qualitativos defendem a codificação com base em notas e não em entrevistas transcritas. Presumivelmente, você extrai os pontos importantes e elimina a parte confusa. Essa abordagem pressupõe uma transparência objetiva do que os participantes dizem e fazem. Pressupõe também que qualquer entrevistador perspicaz registrará, e bem, a maior parte do material expressivo. Essa abordagem pode ainda presumir que as notas e os códigos dos pesquisadores "apreenderam" as opiniões e as ações dos seus participantes. Pode ser que nenhuma dessas suposições seja verdadeira, até mesmo para pesquisadores experientes.

A codificação de transcrições de entrevistas completas proporciona ideias e compreensões que, de outra maneira, você acaba perdendo. Assim, o método de coleta de dados não apenas determina os seus dados, mas também estrutura os seus códigos. A codificação de transcrições inteiras pode levá-lo a um nível mais profundo de compreensão. Ao contrário disso, a codificação feita a partir e por meio das notas pode fornecer uma visão mais ampla. Ela pode também, no entanto, contribuir para que os pesquisadores que utilizam a teoria fundamentada fiquem em torno do fenômeno estudado e não dentro dele. Uma ênfase na plausibilidade e não na eficácia e no estudo sistemático corre o risco de construir análises superficiais.

A transcrição de entrevistas e notas de campo inteiras tem também alguns benefícios ocultos. A sua primeira leitura e a primeira codificação dos dados não têm de ser as finais. Dados relevantes e completos podem gerar muitas questões de pesquisa. Esses dados contêm as potencialidades de diversas análises, quer você constate isso ou não no início da sua pesquisa. Guarde um conjunto de códigos relacionados para desenvolver posteriormente. Você pode voltar e recodificar um conjunto de dados antigos. Em ambos os casos, os seus códigos despertam ideias novas. Nesse meio tempo, os registros completos conservam detalhes dessas ideias para que sejam elaborados depois. Você pode ficar surpreso com a diversidade de ideias que pode obter a partir dos dados de um único projeto. Dessa forma, a codificação e o registro não apenas o conduzem a novas direções, levando-o também diretamente à amostragem teórica das suas categorias novas. A primeira amostragem teórica oferece o bônus adicional de deslocar-se por meio de campos substantivos com maior facilidade.[10]

Qualquer método de coleta de dados determina o que você pode codificar. Os etnógrafos confiam mais no que ouvem do que no que veem, e os entrevistadores muitas vezes confiam apenas no que ouvem. Registre tanto o que você vê quanto o que você ouve. Um entrevistador vê uma cena e ao menos uma pessoa. As notas sobre essas observações são dados a serem codificados. Em uma das entrevistas feitas por Abdi Kusow (2003), com imigrantes somalis, as observações dele constituíram a maior parte dos dados. Kusow já havia percebido que muitos dos possíveis participantes recusaram-se a ser entrevistados em função do clima político instável da Somália. Um participante o encaminhou a uma mulher jovem que concordara com a entrevista. Quando Kusow chegou, a televisão "gritava" enquanto ela e várias crianças pequenas assistiam. Ela não sugeriu que saíssem da sala, manteve a televisão ligada e respondeu às suas perguntas com monossílabos. Kusow compreendeu as respostas dela como sendo "basicamente o jeito dela de não me dar nenhuma informação" (p. 596). A anedota de Kusow sugere uma máxima dos entrevistadores: Codifique as suas observações do ambiente, da cena e do participante tal como o faz com as suas entrevistas. A revelação dos dados reside nessas observações.

CONSIDERAÇÕES FINAIS

A codificação encaminha o seu trabalho para uma direção analítica enquanto você está nas etapas iniciais da pesquisa. Você pode se familiarizar com a codificação da teoria fundamentada por meio da prática, e então avaliar como ela funciona para você. Ao conservar-se receptivo aos dados da mesma forma como você esteve aberto aos enunciados e eventos no ambiente de pesquisa, descobrirá significados sutis e terá novos *insights*. Recomendei a realização de uma codificação inicial atenta ao nível que melhor se adapte aos seus dados e ao seu trabalho.

A codificação em parte é trabalho, mas é também em parte diversão. Brincamos com as ideias que obtemos a partir dos dados. Acabamos nos envolvendo com os nossos dados e aprendemos com eles. A codificação nos dá uma maneira focada de observar os dados. Por meio da codificação, descobrimos e adquirimos uma compreensão mais profunda do mundo empírico.

A brincadeira teórica nos possibilita experimentar ideias e ver para onde elas podem nos levar. A codificação nos oferece um conjunto preliminar de sugestões as quais podemos explorar e examinar analiticamente ao escrevermos sobre essas ideias. A codificação da teoria fundamentada é flexível; se desejarmos, podemos voltar aos dados e fazer uma nova codificação. Podemos seguir adiante para escrever sobre os nossos códigos e avaliar a significação deles.

A codificação consiste daquela primeira parte da aventura que permite que você faça o salto dos eventos concretos e das descrições destes para o *insight* teórico e as possibilidades teóricas. A codificação da teoria fundamentada é mais que um modo de selecionar, classificar e sintetizar os dados, tal como é o objetivo usual da codificação qualitativa. Em vez disso, a codificação da teoria fundamentada começa a unificar as ideias de um modo analítico, porque você levou em consideração quais poderiam ser os possíveis significados teóricos dos seus dados e códigos. Agora que você já tem alguns códigos, é hora de passar à redação do memorando para, então, desenvolvê-los. O capítulo seguinte apresenta sugestões para a redação de seus memorandos.

NOTAS

1 Para ler as histórias anteriores sobre os dilemas de Bonnie Presley para contar à sua filha, veja Charmaz (1991a, p. 132-133).
2 Para uma discussão inovadora sobre a categorização, ver Bowker e Star (1999).
3 Descobrir que os dados apresentam lacunas não é algo restrito à pesquisa qualitativa. Os pesquisadores quantitativos que realizam entrevistas padronizadas muitas vezes descobrem, em conversas posteriores com os seus respondentes, que as questões que utilizaram não atingem áreas significativas. Os pesquisadores quantitativos devem seguir com a utilização do mesmo instrumento, mas os pesquisadores qualitativos podem corrigir esses problemas durante a coleta dos dados.
4 Antes de 1992, Glaser parece rejeitar a codificação linha a linha uma vez que ele desaconselha a fragmentação de um incidente isolado. Ele afirma que a codificação linha a linha produz uma confusão na conceituação excessiva do incidente e gera uma quantidade demasiada de categorias e propriedades (p. 40), sem de fato produzir uma análise. Contudo, um pesquisador pode selecionar os códigos mais significativos obtidos por meio da codificação linha a linha de um incidente e estabelecer comparações entre os incidentes.
5 Selecione um conjunto de dados e avalie a importância da codificação linha a linha comparando o tipo geral de análise temática que a maior parte dos pesquisadores qualitativos conduz com a codificação da teoria fundamentada. Primeiro leia os dados e então identifique e registre os temas neles presentes. A seguir, realize a codificação linha a linha. Faça uma lista dos códigos mais significativos e compare-os com a sua lista de temas.
6 Comunicação pessoal, 20 de setembro de 2004.
7 Esse ponto diz respeito à década de 1970, quando Glaser escreveu *Theoretical sensitivity*, e também aos dias de hoje. Durante quase 40 anos, a maior parte dos teóricos da sociologia trataram o conflito como um conceito de oposição ao consenso, e não como uma subcategoria dele.
8 Os teóricos que sustentam pontos de vista feministas, como Dorothy Smith (1987), Nancy Hartsock (1998) e Patricia Hill Collins (1990) fizeram vigorosas argumentações sobre pressupostos ocultos.
9 A verdade relativa de um relato é estabelecida e construída. As nossas versões desses relatos são construções novas.
10 Cada vez mais os conselhos institucionais de revisão causam obstruções equivocadas e perdas de tempo. A lógica em deslocar-se pelos círculos acadêmicos, e de obter permissões para acessar cada um desses círculos, pode frustrar o plano de um pesquisador de realizar a amostragem teórica. Assim, começar com um conjunto reunido de dados recodificados e propor o comprometimento com um estudo posterior em outro ambiente acadêmico é um meio eficiente de limitar e compassar as propostas para passar por esses conselhos.

4

Redação do memorando

A nossa jornada pelo processo de pesquisa faz uma pausa analítica neste momento em que paramos para escrever anotações analíticas informais, comumente denominadas memorandos. Os memorandos projetam, registram e detalham a principal fase analítica de nossa jornada. Começamos escrevendo sobre os nossos códigos e dados e ascendemos para as categorias teóricas e prosseguimos escrevendo memorandos durante todo o processo de pesquisa. A redação do memorando desembaraça o seu trabalho analítico e acelera a sua produtividade. Ofereço sugestões a respeito de como elaborar a redação dos memorandos e acrescento duas estratégias utilizadas por escritores que podem facilitar esse trabalho de redação. Apresento, então, as formas de utilização dos memorandos para elevar os códigos focais a categorias conceituais.

A redação do memorando é a etapa intermediária fundamental entre a coleta de dados e a redação dos relatos de pesquisa. Quando você escreve os memorandos, você para e analisa as suas ideias sobre os códigos de todas e quaisquer formas que lhe ocorram naquele momento (ver também Glaser, 1998). A redação dos memorandos constitui um método crucial da teoria fundamentada, porque ela o incentiva a analisar os seus dados e códigos no início do processo de pesquisa. Redigir memorandos sucessivos em todas as partes do processo de pesquisa o mantém envolvido na análise, bem como o ajuda a elevar o nível de abstração de suas ideias. Determinados códigos destacam-se e assumem a forma de categorias teóricas à medida que você escreve sucessivos memorandos.

Os memorandos captam os seus pensamentos, apreendem as comparações e conexões que você faz, e cristalizam as questões e as direções a serem buscadas. Ao conversar consigo mesmo durante a redação do memorando, surgem ideias novas e novos *insights* durante o ato da escrita. O fato de anotar as coisas torna o trabalho real e controlável, além de estimulante. Uma vez que você tenha escrito um memorando, poderá utilizá-lo agora ou armazená-lo para uma recuperação posterior. Em resumo, a redação do memorando cria um espaço para o pesquisador tornar-se ativamente empenhado no material de que dispõe para elaborar as suas ideias e realizar pequenos ajustes na coleta de dados posterior.

Ao escrever memorandos, você elabora anotações analíticas para explicar e preencher as categorias. Comece pela elaboração de códigos focais. Os memorandos proporcionam a você um espaço e um lugar para comparar dados e dados, dados e códigos, códigos de dados e outros códigos, códigos e categorias e categorias e conceitos, assim como para articular conjecturas sobre essas comparações. Utilize os memorandos para ajudá-lo a refletir sobre os dados e descobrir as suas ideias relativas a eles.

A redação do memorando é a etapa intermediária fundamental entre a coleta de dados e a redação dos relatos de pesquisa. (...) A redação dos memorandos constitui um método crucial da teoria fundamentada, porque ela o incentiva a analisar os seus dados e códigos no início do processo de pesquisa.

O breve memorando a seguir explora as relações entre o sofrimento e o *status* moral. De tempos em tempos, fiz considerações relativas à análise vigorosa feita por Erving Goffman (1963) sobre o estigma. O conceito dele inundou a literatura científica dos campos das ciências sociais e da enfermagem sobre a doença crônica e a deficiência. Os meus participantes de pesquisa falaram sobre as situações nas quais eles se sentiram estigmatizados, mas, de alguma forma, o conceito de estigma não representa exatamente tudo aquilo que vi e ouvi. A dor e a tristeza presentes nos rostos e nas vozes dos participantes lançam sombras profundas às histórias deles. Poucas pessoas mencionaram o termo "sofrimento" com referência a eles mesmos, mas os relatos deles estavam repletos disso. Nem os participantes usaram o termo "*status* moral", embora este tenha abarcado profundamente a experiência deles.

As minhas primeiras entrevistas continham códigos como "sendo estigmatizado", "perda da identidade", "perdendo a credibilidade" e "sentindo-se desvalorizado", embora eu não os tenha ancorado na análise da injustiça, da legitimidade e do sofrimento. Isso veio depois, quando determinados incidentes revelaram-se diretamente significativos a esses assuntos. Eu havia identificado bem mais cedo as relações entre o estigma, a perda da identidade e o sofrimento (Charmaz, 1983) e constatara que muito do sofrimento derivava do modo como as outras pessoas tratavam os portadores de doenças crônicas, mas me concentrei na questão da perda da identidade mais do que na elaboração de uma análise específica do sofrimento. Também não trabalhei com noções relativas ao "*status* moral", embora uma leitura atenta posterior dos dados tenha revelado numerosas indicações disso. O fato de ter um estoque de entrevistas anteriores já transcritas ou em fitas ajudou enormemente. Se eu não tivesse mantido esse material, teria perdido dicas quase imperceptíveis e enunciados matizados. Ao tratar o "sofrimento como *status* moral" como uma categoria, elevei um código a um nível conceitual para tratá-lo analiticamente. Trato-o como sendo distintivo e constituído de propriedades que identifico nos dados e sintetizo ao analisar minuciosamente e compilar os códigos iniciais. Portanto, elaborei essa categoria e desenvolvi uma análise teórica dessa categoria que permanece próxima aos meus dados.

O memorando do Quadro 4.1 esboça ideias e inicia a uma discussão entre elas. Tentei anotar rapidamente tudo o que me veio à mente sobre a categoria, os códigos e os dados. As ideias sobre a categoria vieram-me no momento em que eu codificava os dados enquanto atravessava o continente de avião, então parei para anotá-las. À medida que eu rabiscava, mais claras ficavam as conexões entre o sofrimento e o *status* moral. Eu pensei, "É claro, era isso o que eu estava tentando pegar; por que não pensei nisso antes?". Tomei nota do breve memorando e o digitei ao voltar para casa. Copiei o espaçamento e as letras que havia escrito em maiúsculas, e usei negrito em lugar do meu marcador hidrográfico amarelo (uso estratégias visuais para enfatizar as ideias desde o início). Dessa forma, deixei esses lembretes e orientações para mim mesma. Alguns poucos acréscimos esclareceram os pontos essenciais.

No memorando, primeiro estabeleci "o sofrimento como *status* moral" como uma categoria a qual me propunha a analisar. Aleguei que precisamos pensar além da dor e do sofrimento físico e investigar a vida moral e o significado moral. Por isso, elaborei uma definição provisória do sofrimento para problematizar o *status* moral de uma pessoa. Os participantes da pesquisa deram ênfase às narrativas morais da perda e às suas respectivas consequências estigmatizantes. A entonação e a linguagem corporal nos seus relatos expressaram o sofrimento e o significado, às vezes de forma mais intensa que as suas palavras. Entretanto, as narrativas dos participantes continham também reivindicações tácitas por direitos morais e por um *status* moral legítimo.

Quais são os códigos incluídos na categoria "sofrimento como *status* moral"? Como esses códigos se ajustaram em conjunto dentro dessa categoria? Percebi que a categoria agrupou uma quantidade de códigos iniciais que sugeriam a desvalorização e a resposta dos participantes a experiências nas quais eles se sentiram humilhados, desacreditados ou discriminados. Comecei a estabelecer relações entre os conceitos de direitos, proposições e injustiça tanto com o sofrimento quanto com o *status* moral. A redação do memorando me ajudou a esclarecer o modo como o *status* moral se altera com o sofrimento. Ela me incentivou a observar ainda mais as condições nas quais o *status* moral se eleva, bem como aquelas em que decai. Comecei a traçar uma hierarquia moral do sofrimento e a deslindar a forma como as regras implícitas afetam o *status* de alguém dentro dessa hierarquia moral. O memorando me incentivou a circular de um lado a outro entre os dados e a minha análise emergente, e a relacioná-la a outras categorias.

Quadro 4.1 Exemplo de um memorando – O sofrimento

O sofrimento como *status* moral
O sofrimento é uma condição profundamente moral, assim como a experiência física. Os relatos sobre o sofrimento refletem e redefinem essa condição moral.

Com o sofrimento, vêm **os direitos** e **as prerrogativas morais**, bem como as **definições morais, quando o sofrimento é considerado legítimo**. Desse modo, a pessoa pode fazer certas proposições morais e ter determinados julgamentos morais atribuídos a ela.

Merecedor
Dependente
Necessitado

O sofrimento pode colocar uma pessoa em um *status* moral elevado. Aqui, o sofrimento assume um *status* sagrado. Essa é uma pessoa que esteve em lugares sagrados, que viu e conheceu aquilo que as pessoas normais desconhecem. Os seus relatos são saudados com reverência e admiração. A personalidade tem também um *status* elevado. Essa pessoa é especial, a história incontestável lança uma aura de qualidades igualmente incontestáveis ao seu narrador.
Ex.: Bessie e sua filha. Bessie sentou-se curvada na sua cadeira de rodas à mesa da cozinha e me conta sobre o seu rápido processo de decadência quando acometida por uma doença que a colocou em risco de vida. Quando ela iniciou o relato sobre a sua cirurgia de risco, a sua filha de meia-idade, Thelma, que estava arrumando os balcões da cozinha na sala contígua, parou e juntou-se a nós. Bessie contou sobre sua experiência de estar próxima da morte quando o seu coração parou. Thelma escutou com arrebatada atenção e reverência. Embora ela já tivesse ouvido o relato antes por diversas vezes, isso transformou aquele momento mais uma vez. Bessie contou sobre estar em um túnel longo e escuro, e então ver uma luz bela e brilhante. Bessie acreditava que aquela luz viesse da face de Deus. Thelma, ao ouvir novamente o relato de sua mãe, fitou-a com reverência. Posteriormente, Thelma destacou como esse acontecimento havia estimulado a vivacidade de Bessie e melhorado a sua atitude em relação à doença.
O sofrimento pode também apresentar oportunidades de exaurir o mito do herói que se sai vitorioso apesar de tudo. Assim, mais uma vez, o sofrimento eleva o *status* e isola a pessoa a partir do momento em que ela é vista como um herói que emergiu de uma batalha. Essa pessoa desafiou a morte, e, possivelmente, os médicos, ao optar pela ação apesar de correr riscos. O *status* heroico muitas vezes resulta do fato de a pessoa enfrentar a doença e a morte antes dos seus pares. Esses relatos tornam-se então histórias que instigam e proclamam. Atraem um público e proclamam uma identidade modificada. Tanto a pessoa como a circunstância são transformadas pela luta heroica.
Embora o sofrimento possa conferir primeiro um *status* moral elevado, as opiniões se alteram. As proposições morais do sofrimento caracteristicamente reduzem-se quanto aos seus aspectos de alcance e vigor. Os círculos de significação contraem-se. As histórias dos indivíduos dentro dessas proposições morais podem fascinar e entreter durante algum tempo, mas diluem-se ao longo do tempo – a menos que a pessoa tenha influência ou poder consideráveis. Os círculos limitam-se às pessoas mais próximas.
As proposições morais do sofrimento apenas podem suplantar as da saúde e da integralidade durante a crise e na sua consequência imediata. De outra maneira, a pessoa significa menos. VALE MENOS. E, conforme a doença e o envelhecimento se acentuam, a pessoa acaba se tornando alguém "sem valor"*.

continua

* N. de T. Aqui, a autora faz um jogo de palavras com "worth", "less" e "worthless" para indicar uma trajetória de deterioração do *status* moral do doente. Isoladamente, "worth" significa, literalmente, "valor", e "less" significa "menos". No entanto, quando unidas, essas palavras formam a expressão "worthless" que significa "sem valor".

O *status* moral do sofrimento carrega padrões de decoro e de dignidade. A pessoa tem de cumprir esses padrões ou sofrer as consequências. No entanto, os padrões são normalmente pressupostos e relativos ao grupo e à experiência prévia. Invocar os padrões de um grupo pode alienar outro. Christine foi do silêncio à explosão. O silêncio não funciona em alguns contextos; em outros, ele é a única estratégia. Uma explosão atrai atenção, mas pode alienar.

O doente pode também presumir padrões que sejam ou não compartilhados. O *status* moral de uma pessoa pode aparecer em particular com o cônjuge, com os pais ou com os filhos adultos. Em público, isso pode ocorrer como degradação. Um funcionário trabalhou como parte de uma equipe de manutenção durante muito tempo com os mesmos homens. Eles haviam compartilhado de um espírito de corpo militar. Porém, agora os seus colegas de trabalho recusavam-se a ajudá-lo nos trabalhos que sempre haviam sido definidos por eles mesmos como tarefas para dois, ou três, homens. Um professor de um departamento com falta de funcionários passou por uma rápida deterioração que acabou resultando nos seus colegas assumindo as suas aulas. Embora eles dissessem que o faziam de tão boa vontade, o professor percebeu o quanto eles estavam sobrecarregados e sentiu que os abandonara. Enquanto isso, os seus colegas bateram na porta do Reitor, dizendo "O que precisamos fazer para tirá-lo daqui?".

Christine faz alegações morais, não apenas condizendo às alegações de sofrimento, mas de PERSONALIDADE. Ela é a pessoa que tem o direito de ser ouvida e o direito a tratamento justo e legítimo tanto na área médica como no local de trabalho (memorando 1-04-98).

O memorando contém ideias e várias histórias, mas o seu propósito precisou de um maior esclarecimento. Eu havia feito comparações entre as situações de vários participantes de pesquisa durante alguns anos. Relembre a história da Christine Danforth apresentada no Capítulo 3. A codificação linha a linha do Quadro 3.2 (p. 81) gerou diversas categorias possíveis, "sofrimento como *status* moral", "fazendo uma proposição moral" e "tendo um *status* moral desvalorizado" (Charmaz, 1999 e 2001). Ao longo dos anos, Christine havia feito relatos rigorosos sobre as suas lutas para permanecer independente, para controlar a doença e para ter o seu lugar no mundo. Vários incidentes maiores exaltaram a compreensão de Christine sobre a ofensa moral em relação ao seu tratamento e fomentaram uma preocupação crescente sobre os seus direitos morais. Esses incidentes não apenas despertaram a percepção dela da injustiça, mas também minaram a percepção dela sobre a própria identidade.

Usei o memorando para começar a definir as relações entre o sofrimento e o *status* moral. Por essa razão, sustento primeiramente uma definição ampliada do sofrimento que inclui as respostas sociais, e defendo a relação dessa definição com a questão da identidade. Muitas das pessoas com as quais conversei constataram que outras pessoas, inclusive profissionais e membros da família, negavam ou duvidavam da presença e/ou da extensão dos seus sintomas. Esses participantes contaram histórias das suas tentativas de serem tratadas como pessoas com preocupações legítimas. Como você pôde observar no relato de Bonnie Presley sobre o adiamento da revelação apresentado no Capítulo 3, o fato de uma pessoa revelar ou não, ou o momento em que ela revela a doença afetam o modo como as outras pessoas a veem e a tratam. O sofrimento pode ter ainda outro aspecto. Receber notícias de segunda mão pode magoar as pessoas queridas e fazê-las sofrer. Dessa forma, a legitimidade, a revelação, a integridade e o sofrimento ficam entrelaçados.

A que tipo de análise teórica pertence a categoria do "sofrimento como *status* moral"? Quais tipos de conexões conceituais o memorando sugere? Ele certamente se refere à estrutura, ao processo e à experiência. A noção de *status* pressupõe a estrutura. Nesse caso, ela pressupõe uma estratificação hierárquica do valor social. A estrutura permanece implícita no memorando, mas confirmo a sua presença, assim como as suas implicações. Observe como a manutenção de um *status* moral elevado compara-se com o caso de um *status* moral baixo. Chamo atenção para a tenuidade do *status* moral elevado e deduzo o modo como este se deteriora. Esse processo encerra profundas implicações para a personalidade e a identidade. Ele mexe com as emoções das pessoas, afeta as suas identidades, redefine as suas circunstâncias e altera as relações. A categoria integra tanto experiências distintas quanto semelhantes, envolve ordenação temporal e momentos críticos, promove um determinado comportamento, adapta-se a determinadas condições e emerge sob essas condições, e tem consequências.

O memorando sugere como os conceitos sensibilizantes, mantidos silenciosos por algum tempo, podem murmurar durante a codificação e a análise. Os ecos tímidos de Talcott Parsons (1953), Erving Goffman (1959, 1961, 1963, 1967) e Emile Durkheim (1893/1964,1912/1965, 1925/1961), que inspirou Goffman, reverberam por meio do memorando. O conceito de Parsons do papel do doente prolonga-se no pano de fundo, mas afeta a posição moral a partir da qual procedem as expectativas e as ordens morais. Não restam dúvidas de que o modo como Goffman trata da vida moral e dos significados morais em toda a sua obra instruíram e favoreceram as minhas conexões entre as hierarquias morais, o *status* moral dentro dessas e o sofrimento. Eu não havia revisto nenhum teórico antes da redação do memorando, nem pensei neles enquanto escrevia. Podemos, porém, perceber como o memorando complementa as diversas ideias desses autores. Tanto Goffman como Durkheim lutam com as regras morais, os direitos morais e as responsabilidades morais. Goffman tratou extensivamente de como as pessoas apresentavam-se aos outros, de como elas controlavam as impressões que os outros poderiam ter, e de como desempenhavam papéis durante as interações. Para Goffman, as circunstâncias têm as suas próprias regras morais e as pessoas visam a estabelecer a si mesmas como seres morais dentro dessas regras. A análise de Durkheim da força moral das regras e dos significados do sagrado e do profano esclarece o poder oculto dos laços sociais e dos valores compartilhados.

Com alguns acréscimos, esse memorando serviu como núcleo analítico de uma exposição sobre a ideia básica que seria publicada após a conferência. Vários meses se passaram até que eu pudesse retornar ao material e revisar aquela exposição. Como muitos escritores, eu havia feito uma avaliação equivocada da exatidão da categoria. O seu caráter superficial de esboço me deixou perplexa. Ela precisava ser complementada. Esclareci um pouco a categoria para o artigo e depois voltei ao campo para obter mais sugestões. Observe que a versão publicada apresentada a seguir suaviza e ajusta o memorando, mas emprega boa parte da minha linguagem original. Como escolhi esse memorando para uma exposição oral em uma conferência, queria que o público ouvisse as conexões entre as minhas ideias e as histórias que as originaram. Quis também que eles avaliassem o sofrimento que se segue à perda do *status* moral. Quando apresentei o material, cinco semanas depois de esboçar o memorando, eu havia articulado uma hierarquia moral explícita. O diagrama representa essa hierarquia moral como uma estrutura e mostra um movimento descendente. Conforme o *status* moral entra em declínio, essa destituição de valor atinge muitas pessoas com doenças crônicas debilitantes.

Quadro 4.2 Versão publicada do memorando sobre o sofrimento

O sofrimento como* Status *Moral

A Hierarquia do *Status* Moral

O sofrimento é um *status* profundamente moral, bem como uma experiência física. Um *status* moral confere valor humano relativo e, dessa forma, mede o valor merecido ou a sua desvalorização. As histórias sobre o sofrimento refletem, redefinem e repelem esse *status* moral. Os relatos determinam parábolas morais de certo e errado, de virtude moral e de falha moral, de razão e de racionalização. Kleinman, Brodwin, Good e Good (1991) argumentam que a linguagem coletiva e profissional corrente usada para a descrição do sofrimento assume uma forma racionalizada e rotinizada em vez de expressar uma significação moral e religiosa. Os significados morais atribuídos do sofrimento podem não estar nem claramente evidentes nem expressos; no entanto, eles ainda determinam o raciocínio e a ação.

Com o sofrimento, vêm os direitos e prerrogativas morais, bem como as definições morais, se o sofrimento for considerado legítimo. Assim, um doente pode fazer determinadas proposições morais e ter determinados juízos morais a elas atribuídos como:

- Merecedor
- Dependente
- Necessitado

O sofrimento pode conceder a um indivíduo um *status* moral elevado, ou até mesmo sagrado. Ele é alguém que esteve em lugares sagrados, que viu e conheceu aquilo que os mortais comuns desconhecem. Os relatos desse indivíduo são aclamados com reverência e admiração. A identidade tem também um *status* elevado. Essa pessoa é especial; a história incontestável lança uma aura de qualidades igualmente incontestáveis ao seu narrador.

A experiência de Bessie Harris transformou o seu *status* moral, bem como a percepção dela a respeito do próprio sofrimento. Anteriormente ela havia caído ao ponto de chegar à incapacidade absoluta provocada por enfisema e doença cardíaca. Quando a visitei, encontrei Bessie curvada em sua cadeira de rodas elétrica à mesa da cozinha. Ela seguiu me contando da sua rápida deterioração quando acometida por uma doença a qual a colocou em risco de vida. Assim que ela iniciou o relato sobre a sua cirurgia de risco, a sua filha de meia-idade, Thelma, que estava arrumando os balcões da cozinha na sala contígua, parou e juntou-se a nós. Bessie conta da sua experiência de estar próxima da morte

continua

quando o seu coração parou. Thelma escutou com arrebatada atenção e reverência. Embora ela já tivesse ouvido o relato por diversas vezes antes, isso transformou aquele momento mais uma vez. Bessie contou sobre estar em um túnel longo e escuro, e então ver uma luz bela e brilhante. Bessie acreditava que aquela luz viesse da face de Deus. Thelma, ao ouvir novamente o relato de sua mãe, fitou-a com reverência. Posteriormente, Thelma manifestou o quanto essa experiência havia estimulado a vivacidade de Bessie e melhorado a sua atitude em relação à doença.

O sofrimento também pode apresentar oportunidades de exaurir o mito do herói que se sai vitorioso apesar de tudo. Assim, mais uma vez, o sofrimento eleva o *status* e isola o indivíduo a partir do momento em que este é visto como um herói que emergiu de uma batalha. Essa pessoa desafiou a morte, e, possivelmente, os médicos, ao optar pela ação apesar de correr riscos. O *status* heroico muitas vezes resulta do fato de a pessoa enfrentar a doença e a morte antes dos seus pares. Esses relatos tornam-se então histórias que atraem um público e proclamam uma identidade modificada. Tanto a pessoa como a sua circunstância são transformadas pela luta heroica. Uma mulher de 50 anos passou por um procedimento cirúrgico complicado em função de um problema de saúde raramente encontrado em pessoas da sua idade. Ela disse, "Você entra na batalha e sai ferido". A companheira dela, maravilhada de admiração, complementou, "Nossa, eu jamais conseguiria passar por tudo o que ela passou".

Um *status* moral elevado pode se alterar. O tempo, o trabalho e as dificuldades desgastam o *status* moral elevado. As proposições morais do sofrimento reduzem-se quanto aos seus aspectos de alcance e vigor. As histórias dos indivíduos dentro dessas proposições morais podem fascinar e entreter durante algum tempo, mas diluem-se ao longo do tempo, a menos que a pessoa tenha influência ou poder consideráveis. Os círculos sociais restringem-se às pessoas mais próximas do indivíduo. O amor, o poder, o dinheiro ou algum conhecimento específico sustentam o *status* moral. A perda do elemento crucial reduz o *status* moral de uma pessoa.

Existe uma hierarquia implícita do *status* moral do sofrimento (ver a Figura 1).

Status moral elevado – Proposições morais aprovadas

Emergência médica
Acesso involuntário
Sem culpa pelo estado de saúde

Status moral tolerado – Proposições morais aceitas

Doença crônica
Demandas negociadas
Poder presente ou passado e reciprocidades

Status moral diminuído – Proposições morais duvidosas

Valor pessoal
sem valor
sem valor
Menos Valor
SEM VALOR

Figura 1 A hierarquia do *status* moral do sofrimento.

continua

Uma crise e as suas consequências imediatas permitem que as proposições morais do sofrimento suplantem as da saúde e da integralidade. De outro modo, a pessoa significa menos, vale menos. E, conforme a doença e o envelhecimento se acentuam, a pessoa acaba se tornando alguém "sem valor" .

O *status* moral do sofrimento carrega padrões de decoro e dignidade que refletem uma posição hierárquica. A pessoa tem de cumprir esses padrões ou sofrer as consequências. No entanto, os padrões são normalmente pressupostos e relativos a grupos específicos e a compreensões prévias. Invocar os padrões de um grupo pode alienar outro. Christine foi do silêncio à explosão. O silêncio não funciona em alguns contextos; em outros, ele é a única estratégia. Uma explosão atrai atenção, mas pode alienar.

Uma pessoa doente pode também pressupor padrões que sejam ou não compartilhados. O *status* moral de uma pessoa pode aparecer em particular, com o cônjuge, com os pais ou com os filhos adultos. Isso pode ocorrer em lugares públicos ou no trabalho. Uma pessoa pode sentir gradualmente uma desvalorização sutil ou vivenciar a deterioração evidente. Um funcionário trabalhou como parte de uma equipe de manutenção durante muito tempo com os mesmos homens. Eles haviam compartilhado um espírito de corpo militar. Mas agora os seus colegas de trabalho recusavam-se a ajudá-lo naqueles trabalhos que anteriormente todos concordavam como sendo tarefas para dois, ou três homens. Um professor de um departamento com falta de funcionários passou por uma rápida deterioração que acabou resultando nos seus colegas assumirem as suas aulas. Embora dissessem que o faziam de tão boa vontade, o professor percebeu o quanto eles estavam sobrecarregados e sentiu que teria de decepcioná-los. Entretanto, os seus colegas bateram na porta do Reitor, dizendo "O que precisamos fazer para tirá-lo daqui?". As proposições morais do sofrimento raramente preservam o *status* público de uma pessoa por muito tempo.

As proposições morais e o *status* moral passam a ser questionados. Quase todos os aspectos da vida de Christine Danforth são problemáticos – a organização do seu modo de vida, a família, a assistência médica, o nível de rendimentos, as relações de trabalho. Após passar por um período de licença por incapacidade, ela voltou ao trabalho. Ela disse,

> E aí, voltei ao trabalho em primeiro de março, mesmo que eu não precisasse. Então quando cheguei lá, eles tiveram uma longa reunião e disseram que eu não poderia mais descansar durante o dia. A única vez em que eu descansei foi no período de almoço, no meu horário de almoço; estávamos fechados. E ela, a minha supervisora, ela disse que eu não poderia fazer mais isso, e aí eu falei, "É o meu tempo livre, você não pode me dizer que eu não posso me deitar". Aí eles disseram "Bom, mas você não está se deitando no sofá lá de dentro, isso incomoda os outros funcionários". Então eu saí por aí e falei com os outros funcionários e todos eles disseram "Não, nós não dissemos isso; isso nunca foi falado". Então voltei e falei, "Sabe, eu falei agora mesmo com o resto do pessoal e parece que ninguém mais tem problemas com isso além de vocês", e aí eu disse, "Vocês nem mesmo ficam aqui durante o período de almoço". Ainda assim eles fizeram constar que eu não poderia mais fazer isso. E então, alguns meses depois, um dos outros funcionários começou a deitar-se durante o horário de almoço, e eu falei, sabe, "Isso não é justo, ela nem ao menos tem uma deficiência e está se deitando", então simplesmente passei a fazer isso.

Christine faz proposições morais, não apenas condizendo às proposições de sofrimento, mas de personalidade. Ela reivindicou o direito de ser ouvida, o direito ao tratamento justo e legítimo tanto na arena médica como no local de trabalho.

O paradoxo? Christine trabalhava em um escritório sem fins lucrativos que oferecia serviços de advocacia para pessoas com deficiências. (Charmaz, 1999, p. 367-370)

A existência de um memorando inicial pode sobreviver à sua publicação. A nova análise e a nova elaboração de ideias podem gerar trabalhos adicionais. Um memorando pode despertar numerosas sugestões e servir a objetivos variados. Os artigos dos periódicos nos quais os memorandos aparecem podem pressagiar livros. Desde a publicação da exposição, aprimorei algumas das minhas anotações sobre o sofrimento para refletir o modo como as definições da diferença nos meus dados aceleraram o declínio dos indivíduos na hierarquia. Ao comparar os incidentes nos meus dados, pude aprender mais sobre a forma como as diferenças de classe e de idade se exauriam na interação e apareciam na hierarquia (ver Charmaz, 2005).

OS MÉTODOS PARA A REDAÇÃO DO MEMORANDO

Os métodos para a produção de memorandos dependem de que a sua elaboração seja espontânea, e não mecânica. Antes de tomar conhecimento da teoria fundamentada, você pode ter imaginado os memorandos como comunicações formais institucionais que determinam políticas, procedimentos e propostas em termos oficiais, frequentemente opacos e burocráticos. Ao contrário disso, os pesquisadores que utilizam a teoria fundamentada escrevem memorandos para que sirvam a propósitos analíticos, como você pode observar no exemplo citado. Escrevemos os nossos memorandos com uma linguagem informal e não oficial para uso pessoal. Escrevi esse memorando para conter as minhas ideias fugazes com relação aos códigos e para sondar os dados, e não com o propósito de compartilhá-lo com você. São poucos os métodos para a redação do memorando; use aqueles que funcionam para você. Os memorandos podem ser livres e fluidos; eles podem ser curtos e empolados, sobretudo se você entrar em um terreno analítico novo. O importante é você anotar tudo e armazenar em arquivos no seu computador. Continue escrevendo memorandos, seja como for que você escreva e qualquer que seja o modo como isso desenvolva o seu raciocínio[1].

Escrever o memorando obriga o pesquisador a interromper outras atividades; dedique-se a uma categoria, deixe a sua mente divagar livremente em relação a todas as perspectivas dessa categoria, e então escreva tudo o que lhe ocorrer. É por isso que a redação do memorando define um lugar e um espaço para a exploração e para a descoberta. Você leva tempo para descobrir as suas ideias sobre aquilo que você viu, ouviu, percebeu e codificou.

A redação do memorando estabelece a próxima etapa lógica depois de você definir as categorias; no entanto, escreva memorandos desde o início da sua pesquisa. Os memorandos o estimularão a desenvolver as suas ideias de uma forma narrativa e com uma integridade narrativa desde o início do processo analítico. Os seus memorandos irão ajudá-lo a esclarecer e a direcionar a sua codificação subsequente. Escrever memorandos inspira o pesquisador a elaborar os processos, as suposições e as ações ocultos pelos seus códigos ou categorias. Eles o incentivam a isolar as suas categorias emergentes e fragmentá-las nos seus componentes. Os memorandos também o ajudam a identificar quais códigos devem ser tratados como categorias analíticas, caso você ainda não os tenha definido. (Então você pode desenvolver ainda mais essas categorias por meio da redação de mais memorandos.)

Nenhum procedimento mecânico isolado define o que seja um memorando útil. Faça o que for possível com o material que você tem. Os memorandos variam, mas você pode utilizar qualquer um destes procedimentos em um memorando:

- Definir cada código ou categoria pelas suas propriedades analíticas.
- Explicar minuciosamente e detalhar os processos agrupados pelos códigos ou categorias.
- Comparar dados com dados, dados com códigos, códigos com códigos, códigos com categorias e categorias com categorias.
- Levar para o memorando os dados crus.
- Apresentar evidências empíricas suficientes para sustentar as suas definições da categoria e das afirmações analíticas a ela relacionadas.
- Propor conjeturas a serem checadas no(s) ambiente(s) de campo.
- Identificar lacunas na análise.
- Analisar um código ou uma categoria questionando-os.

Os pesquisadores adeptos à teoria fundamentada procuram padrões, mesmo quando se concentram em um caso único (ver Strauss e Glaser, 1970). Pelo fato de destacarem a identificação de padrões, os pesquisadores adeptos à teoria fundamentada tipicamente invocam os relatos dos respondentes para ilustrar os pontos essenciais, e não para fornecerem retratos acabados das suas vidas ou mesmo uma narrativa completa de uma experiência[2]. Quando você leva os dados brutos diretamente para o seu memorando, você conserva indícios expressivos para as suas ideias analíticas desde o início. Conseguir um amplo material textual "fundamenta" a sua análise teórica e estabelece uma base para fazer afirmações sobre ela. A inclusão de material textual de fontes distintas permite que você estabeleça comparações precisas diretamente no memorando. Essas comparações possibilitam que você determine padrões no mundo empírico. Assim, a redação do memorando desloca o seu trabalho para além dos casos individuais.

Comece o seu memorando intitulando-o. Isso é fácil porque os seus códigos fornecem-lhe tendências para serem analisadas; por isso, você já tem a direção e o foco. Defina a categoria sobre a qual pretende tratar.

Quadro 4.3 Como escrever memorandos

Pré-requisito: Estude os seus dados emergentes!

Identifique aquilo sobre o que você está falando, denomine o seu memorando da forma mais *específica* possível. Você pode ter a impressão de que as palavras que você escolhe não apreendem completamente o significado. Brinque com elas. Reflita sobre elas. Refine-as depois. Escreva agora!

Memorandos iniciais

Registre aquilo que você observa que ocorre nos dados. Use os memorandos iniciais para explorar e preencher os seus códigos qualitativos. Use-os para direcionar e enfocar a nova coleta de dados. Algumas perguntas básicas podem ajudar:

- *O que está acontecendo no ambiente de campo ou dentro dos relatos das entrevistas?* Você consegue transformar isso em uma categoria expressiva? Exemplos: "evitando a revelação"/ "vivendo um dia de cada vez"/ "resignando-se à doença".
- O que as pessoas estão fazendo?
- O que a pessoa está dizendo?
- O que as atitudes e as afirmações dos participantes da pesquisa pressupõem?
- De que maneira a estrutura e o contexto servem para sustentar, manter, impedir ou modificar as suas atitudes e afirmações?
- Quais conexões você consegue fazer? Quais delas você precisa verificar?

Um estudo de teoria fundamentada possibilita que você busque os processos. As questões a seguir podem ajudá-lo a manter um foco no processo:

- Quais processo está em questão aqui?
- Em que condições esse processo se desenvolve?
- Como os participantes da pesquisa pensam, sentem-se e agem quando envolvidos nesse processo?
- Quando, por que e como o processo se modifica?
- Quais são as consequências do processo?

Estruture os memorandos para traçar as relações observadas e prognosticadas nos seus dados e entre as suas categorias emergentes.

Memorandos avançados

- Determinam e categorizam os dados classificados pelo seu tópico.
- Descrevem como a sua categoria emerge e se altera.
- Identificam as crenças e as suposições que sustentam isso.
- Dizem o que os dados parecem ser e a que se propõem a partir de várias perspectivas.
- Situam os dados dentro da argumentação.
- Fazem comparações:
- Comparam pessoas distintas (em suas crenças, circunstâncias, ações, relatos ou experiências).
- Comparam os dados dos mesmos indivíduos com eles mesmos em momentos distintos.
- Comparam as categorias dos dados com outras categorias – exemplo: Como se comparam "aceitando a doença" com "reconciliando-se com a doença"? Quais categorias deveriam se tornar seções principais? Quais delas poderiam ser relegadas a uma posição inferior?

continua

- Comparam as subcategorias com as categorias gerais para fazer o ajuste, por exemplo: Onde deve ficar "aceitando a doença"? Em que momento isso se torna um ponto a ser discutido? Em que ponto isso se encaixa no curso da doença?
- Comparam as subcategorias dentro de uma categoria geral, por exemplo: Qual é a diferença entre um "momento de identificação" e um "evento significativo"?
- Comparam os conceitos ou categorias conceituais, por exemplo: Demonstram as diferenças existentes entre "o eu do passado" e "o eu do presente", comparam a experiência da "doença intrusiva" com a "imersão na doença".
- Comparam a análise total com as bibliografias existentes ou com as ideias predominantes em um campo.
- Refinam as consequências da sua análise.

Adaptado de Kathy Charmaz (1995). *Grounded theory*, p. 27-49, In Jonathan A. Smith, Rom Harré, & Luk van Langenhove (eds), *Rethinking methods in psychology*. London: Sage.

Observe o modo como tentei definir por que e como o sofrimento é um *status* moral. Amplie a sua definição tanto quanto você conseguir. A elaboração da definição a partir dos seus códigos e dados obriga você a romper a superfície. Embora você possa estabelecer uma definição preliminar para obter uma compreensão clara dos fenômenos, o fato de lutar com o seu material leva a definição para além da descrição, ou seja, para a análise. Portanto, a sua definição da categoria tem início com a explicação das suas propriedades ou características.

A elaboração da definição a partir dos seus códigos e dados o obriga a romper a superfície (...) A sua definição da categoria tem início com a explicação das suas propriedades ou características.

A seguir, reflita sobre as indicações fornecidas tanto pela categoria quanto pelos dados que ela agrupa. Siga essas indicações, quaisquer que sejam. Procuro pelas suposições subjacentes e, normalmente, não declaradas integradas à categoria. Além disso, tento mostrar como e em qual momento a categoria se desenvolve e se modifica, e por que e para quem ela tem relevância no ambiente de campo. Constatei que as pessoas frequentemente referiam-se a viver um dia de cada vez quando passavam por uma crise de saúde ou ao enfrentarem a incerteza continuada. Posteriormente, comecei a fazer perguntas sobre o que significava para eles esse viver um dia de cada vez. Comecei a definir a categoria e as suas características a partir das respostas deles e dos relatos autobiográficos publicados. A expressão "viver um dia de cada vez" condensa uma série de significados e pressupostos implícitos. Isso passa a ser uma estratégia para lidar com sentimentos incontroláveis, para exercer algum controle sobre uma vida agora incontrolável, para enfrentar a incerteza e para lidar de modo concebível com um futuro restrito.

A redação do memorando estimula você a trabalhar arduamente nos significados implícitos, não declarados e condensados. Busque códigos que agrupem significados condensados. Esses códigos fornecem uma milhagem analítica e sustentam o peso conceitual. Veja como tentei alcançar esses significados no fragmento de um memorando mais extenso que é apresentado no Quadro 4.4.

Comece a escrever memorandos tão logo você tenha ideias e categorias a seguir. Se estiver perdido quanto ao que escrever, aperfeiçoe os seus códigos mais frequentes. Continue reunindo dados, continue codificando e continue refinando as suas ideias ao escrever mais memorandos e memorandos mais bem elaborados. Alguns pesquisadores que utilizam os métodos da teoria fundamentada fazem descobertas interessantes no início da coletas de dados e então truncam as suas pesquisas. O trabalho desses pesquisadores apresenta uma deficiência de "familiaridade íntima" com o ambiente ou com a experiência, o que Lofland e Lofland (1995) admitem satisfazer os padrões para uma pesquisa qualitativa de boa qualidade. Barney G. Glaser (2001) acertadamente aplaude o conceito elaborado por Martin Jankowski (1991), do "individualismo desafiante" entre membros de gangues, pois Jankowski comparou centenas de incidentes[3]. Compreenda o seu tópico a fundo com a investigação de casos suficientes e com a elaboração completa das suas categorias.

A redação do memorando o desobriga de investigar as suas ideias sobre as suas categorias. Trate os memorandos como sendo parciais, preliminares e provisórios. Eles são iminentemente retificáveis. Apenas observe onde você pisa em terra firme e onde você faz conjeturas. Então volte ao campo e verifique as suas conjeturas.

A redação do memorando o desobriga de investigar as suas ideias sobre as suas categorias. Trate os memorandos como sendo parciais, preliminares e provisórios. Eles são iminentemente retificáveis. Apenas observe quando você pisa em terra firme e quando você faz conjeturas. Então volte ao campo e verifique as suas conjeturas.

Os memorandos podem permanecer privados e não partilhados. Nesse momento, apenas anote as suas ideias da forma mais rápida e clara que você puder. Não se preocupe com os tempos verbais, com o uso excessivo de frases preposicionais ou com orações muito longas nesse ponto. Você escreve memorandos para interpretar os dados, não para comunicá-los a um público. Use a redação dos memorandos para descobrir e explorar ideias. Você pode revisar o memorando posteriormente.

Quadro 4.4 Exemplo de redação do memorando

Viver um dia de cada vez

Viver um dia de cada vez significa lidar cotidianamente com a doença, mantendo planos futuros e até mesmo as atividades habituais, suspensas enquanto a pessoa e, muitas vezes, também as outras pessoas lidam com a doença. Ao viver um dia de cada vez, a pessoa sente que o seu futuro permanece duvidoso, que ele ou ela não consegue antever o futuro ou mesmo se haverá um futuro. Viver um dia de cada vez possibilita que a pessoa se concentre na doença, no tratamento e naquela vida metódica sem ficar totalmente paralisada pelo medo ou pelas implicações futuras. Ao concentrar-se no presente a pessoa consegue evitar ou reduzir os seus pensamentos sobre a morte ou sobre a possibilidade de morrer.

A relação com a perspectiva de tempo

A necessidade sentida de viver um dia de cada vez normalmente altera drasticamente a perspectiva de tempo de uma pessoa. Viver um dia de cada vez puxa a pessoa para o presente e empurra de volta os futuros passados (os futuros que a pessoa projetou antes da doença ou antes daquele ciclo da doença) de modo que eles renunciem sem lamentar (as suas perdas). Esses futuros passados podem escapulir, possivelmente quase despercebidos. (Então eu vou e comparo as circunstâncias, os enunciados e as perspectivas de tempo de três respondentes.)

Escrever memorandos rapidamente sem editá-los favorece o desenvolvimento e conserva a sua linguagem natural. Logo, o seu memorando é interpretado como tendo sido escrito por um ser humano que vive, pensa e sente, e não por um cientista social pedante. Você pode escrever memorandos em diversos níveis de abstração, do concreto ao altamente teórico. Alguns dos seus memorandos encaixarão diretamente no primeiro esboço da sua análise. Deixe de lado os outros que tenham um foco distinto e desenvolva-os depois.

De acordo com os constantes métodos comparativos de Glaser e Strauss, a maior parte da sua redação de memorandos tratará de fazer comparações. Em seus memorandos sucessivos, você pode comparar os incidentes indicados por cada categoria, integrar categorias ao compará-las e delinear as suas relações, delimitar o alcance e a variação da teoria emergente ao comparar as categorias com os conceitos, e redigir a teoria, a qual você pode comparar com outras teorias da mesma área de estudo. A partir disso, você pode começar pela elaboração dos códigos nos quais você comparou as crenças, posturas e ações de um respondente, ou uma experiência com outra. Se você tiver dados longitudinais, você pode comparar a resposta, a experiência ou a circunstância de um participante em um determinado momento com outra, de outro período. Então, à medida que você se torna mais analítico e dispõe de algumas categorias analíticas provisórias, compare os novos dados com elas. Essa etapa irá ajudá-lo a delimitar as suas categorias e a definir as suas propriedades.

Enquanto você desenvolve as categorias, escreva outros memorandos para detalhar as comparações entre eles. Esses memorandos o ajudam a provocar distinções que intensificam o modo como você trata os dados. Esses memorandos também o ajudam a avaliar e a situar as suas categorias em relação umas às outras. Por meio da redação de memorandos, você conseguirá distinguir as categorias principais das categorias menores, bem como delinear o modo como estas estão relacionadas. Assim, você começa a enquadrá-los em um enunciado teórico. Você controla a forma e o contorno da sua análise emergente por meio dos seus memorandos.

A cada nível mais analítico e teórico da redação de memorandos, leve os seus dados diretamente para a sua análise. Demonstre o modo como você elabora a análise sobre os seus dados em cada memorando. O fato de levar os dados para os níveis sucessivos da redação de memorandos, no final das contas, economiza tempo; você não tem de transpor pilhas de material para ilustrar os seus pontos principais. No fragmento de um memorando apresentado acima, observe que primeiro defini a categoria "viver um dia de cada vez" e esbocei as suas propriedades principais. A seguir, desenvolvi os aspectos do viver um dia de cada vez como a sua relação com a perspectiva de tempo, demonstrada no fragmento, e com o controle das emoções. O memorando compreendeu também o modo *como* as pessoas viviam um dia de cada vez, os problemas os quais isso apresentou e os quais solucionou, bem como as consequências disso.

A redação de memorandos ajuda você a[4]:

- parar e refletir sobre os seus dados;
- tratar os códigos qualitativos como categorias para a análise;
- desenvolver a sua voz de escritor e o seu ritmo de escrita (deixe que os seus memorandos pareçam-se com cartas escritas a uma amigo íntimo; não há a necessidade de usar a enfadonha prosa acadêmica);
- despertar ideias a serem checadas no ambiente de campo;
- evitar forçar os seus dados dentro de conceitos e teorias existentes;
- desenvolver ideias novas, criar novos conceitos e identificar novas relações;
- demonstrar as conexões entre as categorias (p. ex., entre os eventos empíricos e as estruturas sociais, o indivíduo e os grupos maiores, as crenças sustentadas e as atitudes);
- descobrir as lacunas da sua coleta de dados;
- vincular a coleta dos dados com a análise destes e com a redação do relatório;
- produzir seções inteiras de artigos e capítulos;
- manter-se envolvido com a pesquisa e a redação;
- ampliar a sua confiança e a sua habilidade.

A ADOÇÃO DE ESTRATÉGIAS USADAS POR ESCRITORES: EXERCÍCIOS DE PRÉ-REDAÇÃO

Aprofundar-se na redação de memorandos pode ser libertador. Escrever memorandos pode livrá-lo das limitações da escrita acadêmica, das restrições dos procedimentos de pesquisa tradicionais e dos controles dos professores e dos supervisores. Mas isso acontece? Nem sempre. Alguns problemas surgem do próprio pesquisador, outros vêm de fora. Alguns pesquisadores consideram que a liberdade da redação do memorando propõe um inquietante salto em relação às crenças e às práticas. A redação do memorando exige de nós uma *tolerância com a ambiguidade*. Os pesquisadores que escrevem a partir de um esboço com um começo, um meio e um fim previsíveis podem passar diretamente para o relatório e, dessa forma, deixar escapar a descoberta, a fase exploratória da escrita. A redação do memorando exemplifica essa fase da descoberta. Consequentemente, esses pesquisadores não conseguem escrever até que eles tenham em mente uma imagem acabada do estudo completo. Eles protelam, e apenas protelam. Outras pessoas veem a escrita como uma chateação tediosa. Estas enrolam e temem a escrita[5].

Se enrolar e temer a escrita é algo que lhe parece familiar, tente incorporar exercícios de pré-redação às suas práticas analíticas para ajudá-lo a aprender a tolerar a ambiguidade, e a gostar de escrever. Os exercícios de pré-redação consistem de estratégias utilizadas pelos escritores, esses exercícios não são elementos componentes dos métodos associados com a teoria fundamentada. Esses exercícios podem, porém, ajudá-lo a aprofundar-se na redação dos seus memorandos de teoria fundamentada. *Você* pode usá-los como exercícios de aquecimento não diretamente relacionados ou como ferramentas para ajudá-lo a iniciar a redação dos seus memorandos.

Professores e orientadores de pesquisa, muitas vezes, tratam os memorandos da teoria fundamentada como relatórios provisórios, passíveis de serem compartilhados e não como explorações analíticas privadas. Dessa forma, outra conjuntura poderia reprimir os seus esforços para escrever memorandos; isto é, no caso desses memorandos serem avaliados quanto à qualidade. Como você pode escrever memorandos espontâneos se eles forem submetidos a uma análise minuciosa uma vez que o objetivo deles é a produção de blocos analíticos pessoais? É provável que seus memorandos percam a espontaneidade e a criatividade. Quando há um olhar vigilante fitando, ou ofuscando, por cima do seu ombro, isso pode fazer com que você leve uma eternidade para esboçar um memorando.

Das suas perspectivas, os professores e os orientadores têm boas razões para avaliar os seus memorandos. Muitos estudantes conseguem lidar com um projeto amplo e volumoso, enquanto seus professores o teriam dividido em etapas. Essa estratégia pedagógica é apropriada para um plano tradicional de pesquisa quantitativa e para boa parte da pesquisa qualitativa, mas não para a redação dos memorandos.

O problema agora se estende para o campo profissional. Cada vez mais, as equipes de pesquisa de grandes projetos financiados optam pelos métodos da teoria fundamentada. Os projetos de pesquisa colaborativos dependem do compartilhamento de tarefas e de ideias. Os principais pesquisadores têm uma expectativa de que os membros da equipe comprovem os seus méritos. Qual caminho poderia ser melhor para observar como os membros da equipe demonstram esse mérito do que por meio dos seus memorandos? Como os membros da equipe podem colaborar se eles não compartilharem as suas análises emergentes? Além disso, esse tipo de situação apresenta ainda outras questões imprescindíveis. De que maneira você consegue evitar ser reprimido, concluir as tarefas a tempo e preservar a sua autonomia analítica?

Mais uma vez, considere começar pelos exercícios de pré-redação. Estes podem iniciá-lo e facilitar a redação dos memorandos. Você pode revisar os seus memorandos para conferir-lhes clareza e organização. Durante a década passada, introduzi dois exercícios de pré-redação, *agrupamento* e *escrita livre,* na oficina de teoria fundamentada[6]. Tanto os participantes bloqueados quanto aqueles mais fluentes consideraram os exercícios como caminhos proveitosos para iniciarem-se e para repensarem as suas ideias e os seus modos de organização. As diretrizes da escrita livre apontadas por Peter Elbow (1981) parecem-se com as características da redação do memorando, sem limitá-lo aos dados. Tanto o agrupamento quanto a escrita livre são não lineares e, assim, liberam você da lógica e da organização linear.

Agrupamento

O agrupamento é uma técnica abreviada de pré-redação para a iniciação. Conforme explica Rico (1983), o agrupamento proporciona a você uma técnica não linear, visual e flexível para compreender e organizar o seu material. Adote essa técnica para produzir um quadro esquemático ou um mapa experimental e alterável do seu trabalho. Como na escrita livre, o objetivo principal do agrupamento é liberar a sua criatividade. Você escreve a sua ideia central, categoria ou processo, feito isso a circule e trace linhas a partir deste círculo até os círculos menores para demonstrar as suas propriedades definidoras, e as relações e significações relativas destas.

Por oferecer um diagrama das relações, o agrupamento tem algumas semelhanças com o mapeamento conceitual ou situacional da teoria fundamentada (ver Clarke, 2003 e 2005; Soulliere, Britt e Maines, 2003). As configurações dos agrupamentos fornecem uma imagem de como o seu tópico se ajusta a outro fenômeno e do modo como está relacionado a este. O agrupamento é ativo, rápido e variável. Você pode seguir sem estar comprometido com um agrupamento.

Experimente diversos agrupamentos para ver como as peças do seu quebra-cabeça se ajustam de maneiras variadas. Essa forma de pré-redação possibilita a você um meio de autocorreção rápida para trabalhar com as ideias. O agrupamento torna a redação menos onerosa para aqueles que a temem e acelera o processo para aqueles que a apreciam. Os novatos consideram que o agrupamento apressa a exposição da forma e do conteúdo dos seus memorandos.

Com o agrupamento, você obtém controle por criar uma imagem de um fragmento antes de se aprofundar na redação sobre este. Reunir um agrupamento criterioso pode dar confiança a um novato para que este comece a elaborar várias seções a partir dele. O agrupamento pode lhe fornecer um esboço preliminar do memorando, o qual você tem de escrever. Depois, você pode usar o agrupamento para determinar como as partes do seu trabalho se encaixam em conjunto.

Você pode utilizar o agrupamento para todos os tipos de tarefas de redação em níveis variados do trabalho analítico. A abordagem geral do agrupamento inclui as orientações abaixo. Você pode seguir algumas dessas orientações no momento em que for iniciar a exploração dos seus códigos.

- Comece com a ideia ou o tópico principal ao centro.
- Trabalhe rapidamente.
- Desloque-se a partir do núcleo em direção aos subgrupos menores.
- Mantenha todo o material relacionado no mesmo subgrupo.
- Esclareça as conexões entre cada ideia, código e/ou categoria.
- Continue fazendo ramificações até que você tenha esgotado o seu conhecimento.
- Experimente vários agrupamentos diferentes no mesmo tópico.
- Use o agrupamento para jogar com o seu material.

Uma palavra-chave, como um código, determina o agrupamento mais básico. Tente construir um agrupamento e veja onde ele consegue levá-lo. Formar agrupamentos relativos aos processos faz com que você avance para o estudo das ações e não apenas das estruturas. Tente esboçar conexões entre as partes do seu padrão emergente. Ao concluir, você terá um plano para dar continuidade. Seguindo ou não o seu planejamento, você terá desenvolvido uma maneira de tomar conta e explorar o material. Para praticar, tente agrupar tópicos não relacionados com a sua pesquisa ou a sua redação. Explore as suas ideias a respeito de um evento, um filme ou um livro.

Trate o agrupamento como algo sem muita importância para reduzir a gravidade da escrita. Se brincar com o seu material for algo produtivo para você, melhor ainda. Os escritores utilizam o agrupamento para combater os bloqueios da escrita. O agrupamento pode ajudá-lo a começar e a continuar em ação. A espontaneidade e a imagem do agrupamento conseguem criar uma sensação de desenvolvimento, imaginação e ritmo no momento em que você começa a escrever.

O agrupamento pode permitir-lhe definir os elementos essenciais. Ele considera o caos e o inspira a criar caminhos por meio dele. Você obtém um caminho para separar e classificar o seu material enquanto elabora um padrão sobre, em torno e por meio da(s) sua(s) categoria(s). O agrupamento permite que você faça com que aquilo que espreita no pano de fundo salte para o primeiro plano. Utilize o agrupamento para tornar as coisas explícitas e para ordenar o seu tópico. Um agrupamento oferece um visual objetivo, contrastando com uma imagem exclusivamente mental. Por essa razão, você consegue avaliar a importância relativa dos pontos principais dentro do seu agrupamento e as relações entre eles.

As técnicas de agrupamento são rápidas, fluidas, produtivas e divertidas. Se elas o ajudarem, adote-as. Adaptei essas técnicas para utilizá-las com os métodos da teoria fundamentada. Você pode desejar começar o agrupamento com um código para depois passar ao agrupamento das relações entre os códigos e, então, entre os códigos e as categorias. Seja como for, experimente a abordagem geral do agrupamento conforme foi esboçado anteriormente ou a minha adaptação apresentada a seguir. Após trabalhar em um agrupamento durante 8 ou 10 minutos, você perceberá como começar a escrever sobre a categoria. Em seguida, você pode iniciar a produzir uma escrita livre focalizada ou um memorando.

A seguir estão as *diretrizes para o agrupamento* e, a seguir, a Figura 4.1 fornece um exemplo.

- Trace um círculo ao redor do código principal suficientemente amplo para incluir aquilo que esse código designa;
- Faça do código que você circulou o centro *deste* agrupamento;
- Divida a parte interna do círculo para mostrar as propriedades definidoras do código;
- Trace linhas a partir do seu código na direção de quaisquer códigos que ele agrupe para representar as relações;
- Utilize as configurações dos agrupamentos para construir uma imagem de como os seus códigos principais encaixam-se juntos e relacionam-se às outras categorias;
- Faça com que o tamanho dos códigos que você circulou reflita a força empírica relativa destes;
- Indique a força relativa das relações entre os códigos pela largura das suas linhas;
- Permita que os seus agrupamentos sejam não lineares;
- Trabalhe rapidamente e mantenha-se envolvido no processo;
- Utilize um agrupamento o máximo que você puder;
- Trate o agrupamento como sendo flexível, variável e aberto;
- Continue agrupando. Experimente vários agrupamentos para os mesmos códigos. Compare-os.

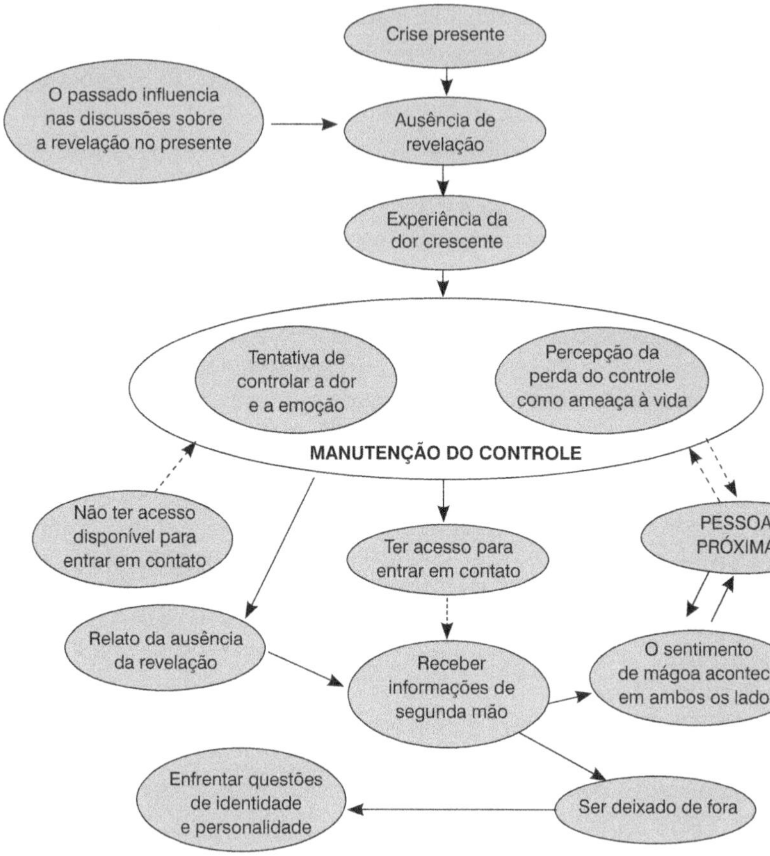

Figura 4.1 Exemplo de Agrupamento.

Escrita livre

A técnica da escrita livre consiste de colocar a caneta no papel ou os dedos no teclado e escrever durante 8 minutos no início, podendo-se estender essa duração posteriormente com a prática. A escrita livre incentiva você a: 1) constituir um material novo; 2) desaprender velhos hábitos paralisantes; e 3) escrever com uma voz natural. A escrita livre libera os seus pensamentos e sentimentos. Ela estabelece um exercício de aquecimento e produz resultados, um texto livre. Um rápido exercício de 10 minutos de escrita livre pode impedir que você perca muitas horas olhando para uma tela em branco.

Os professores de redação normalmente estimulam os estudantes a usarem a escrita livre por associação livre, ou seja, escrever tudo o que vier em mente. Esse tipo de escrita livre abre as nossas mentes e libera as nossas imaginações.

Essa escrita livre pode aumentar a nossa receptividade ao mundo e o nosso bem-estar ao escrever. Ela libera aqueles constrangimentos paralisantes que os outros colocam em você e que você possivelmente possa ter incorporado. As sessões regulares dessa escrita livre podem ajudar a sua escrita a fluir e a aumentar a sua consciência da percepção e da imaginação.

Como realizar a escrita livre? Tente seguir essas diretrizes:

- anote as suas ideias no papel da forma mais rápida e completa que você conseguir;
- escreva para e por você mesmo;
- permita-se escrever de forma livre e ruim;
- não se preocupe com gramática, organização, lógica, dados ou leitores;
- escreva como se você estivesse falando.

Esteja receptivo ao praticar a escrita livre. Aceite qualquer coisa que venha à sua mente. Continue escrevendo, anotar uma coisa leva a outra. Deixe que o processo surja. Siga aqueles vislumbres de ideias e explosões de pensamentos incompletos, agora mesmo. Você pode avaliá-los depois. Concentre-se apenas no que você descobre e percebe agora.

A gramática correta não é importante. Nem interessam a ortografia perfeita, a organização lógica ou a clareza dos argumentos. O que realmente importa é que você se acostume a colocar as suas ideias no papel, seja qual for o modo como elas surjam. Um texto livre é feito para ser lido apenas por você, como se fosse um diário secreto o qual você elabora para compartilhar apenas consigo mesmo.

Uma vez que você se sinta à vontade com a escrita livre, tente produzir um texto livre focalizado que trate dos seus dados e suas categorias. Para ajudá-lo a permanecer aberto, siga as diretrizes apresentadas anteriormente. A elaboração de escritos livres pode impedir que você fique imobilizado, podendo servir como precursor direto para a redação dos memorandos. Estude esses escritos livres, pois eles podem conter as sementes de um excelente memorando. Ao acrescentar um passo ou dois ao processo da escrita, você logo poderá estar escrevendo memorandos fluentes para o seu projeto de pesquisa.

Trabalhe da maneira que melhor se ajustar ao seu estilo, com lápis e papel, ou com o seu computador. Comecei uma atividade de escrita livre focal para um trabalho de revisão bibliográfica com o meu programa ativado por voz (já devidamente configurado). Qual meio poderia ser mais rápido e mais espontâneo? O fato de ter uma torrente contínua de erros de gravação me confundiu mais que o benefício proporcionado pela velocidade da fala. Entre esses erros, estavam:

"métodos quase ativos" em vez de "métodos qualitativos"
"a umidade da análise" em vez de "a profundidade da análise"
"a tradição do artista" em vez de "a tradição pragmatista"

No Quadro 4.5, que apresenta o "Exemplo de um escrito livre focalizada", utilizei o agrupamento que fiz a partir do fragmento de entrevista de Bonnie Presley e escrevi sobre ele durante aproximadamente 12 minutos. Observe que considerei outros dados diretamente na escrita livre; a ação de escrever sobre os códigos despertou comparações com outros participantes da pesquisa. Esse escrito livre focalizado é consideravelmente mais coerente do que em geral costumam ser os textos obtidos a partir das minhas atividades de escrita livre, em parte por eu ter concluído o agrupamento primeiro e em parte porque considero mais fácil escrever com base nos dados do que com outras formas de escrita. O agrupamento me ajudou a delinear a relação entre vários códigos intrigantes e a situação de Bonnie. O agrupamento é particularmente útil àquelas pessoas que têm tendência para as imagens. Muitos escritores realizam a escrita livre primeiro ou utilizam ambas as técnicas. Experimente a escrita livre e o agrupamento e veja o que funciona melhor para você.

Quadro 4.5 Exemplo de um texto livre focalizado sobre os códigos extraídos da entrevista de Bonnie Presley (excerto)

Os momentos de crise desencadeiam a cadeia de eventos e os dilemas da revelação. Embora a história anterior das relações e das questões em torno da revelação repercuta na crise atual. A ausência da revelação pode ser uma opção explícita ou uma consequência de outras ações ou inações. Vários participantes formularão hipóteses para a ausência da revelação no caso de uma pessoa, por quanto tempo isso vigorou e o que "realmente" significou. No caso de Bonnie, a sua ausência de revelação coincidiu com a intensificação da dor e com o aumento dos esforços para administrar, enfrentar e controlar o que estava acontecendo. Então, nesse caso, o fato de revelar implicava riscos de perder o controle caso todos os conflitos, decepções e falta de apoio emocional surgissem novamente. Em outras situações, como a de Bob, a revelação significava, possivelmente, reinvocar todas as questões anteriores sobre obter ajuda e o seu embaraço, e o seu tormento para pedir ajuda. Esses tópicos relativos à revelação levantam, mais uma vez, todos os tipos de questões embaraçosas da intimidade e dos deveres associados aos relacionamentos. Bob define, como sendo seu dever de relacionamento, não pedir ajuda a menos que isso seja absolutamente necessário; Bonnie considera como seu dever evitar perturbações emocionais com a sua filha.

Portanto, de certa forma, Bob tem apenas acesso parcial e provisório quanto à ajuda e acesso parcial quanto a entrar em contato. Não é algo determinado. A Bonnie tem acesso ao contato embora ela tenha de ser proativa para efetuá-lo. A Amy passa por lá ou telefona esporadicamente; ela não integra regularmente a rotina de Bonnie, do modo como Linda passou a fazer. Esse incidente com Bonnie revela como a mágoa acontece em ambos os lados. Os equívocos afetam as duas.

Da perspectiva de um membro da família ou de um amigo, receber notícias de segunda mão revela o lugar e o significado daquela pessoa. Ser deixado de fora gera dor. Isso traz à tona imagens indesejáveis de si mesmo e da relação, podendo reafirmar hierarquias familiares e hostilidades familiares do passado, como no caso de Ann. Surgem questões relativas à identidade.

A UTILIZAÇÃO DE MEMORANDOS PARA ELEVAR CÓDIGOS FOCAIS À CONDIÇÃO DE CATEGORIAS CONCEITUAIS

Escrever memorandos sobre os seus códigos desde o início ajuda a esclarecer o que ocorre no campo. Na teoria fundamentada, a redação de memorandos depende de tratarem-se alguns códigos como categorias conceituais a serem analisadas. Glaser e Strauss (1967, p. 37) definem uma categoria como um "elemento conceitual de uma teoria". No entanto, o que vale como uma categoria? O que isso significa? Não é preciso você se preocupar: você já tem os seus códigos focais, como menciono anteriormente.

Ao realizar a codificação focalizada, você começa a esboçar o conteúdo e a forma da sua análise em desenvolvimento. O fato de buscar tratar os códigos focais como categorias estimula você a desenvolvê-los e a analisá-los minuciosamente. Então, você pode avaliar essas categorias experimentais e decidir se elas são ou não categorias. Se você aceitar esses códigos como categorias, esclareça a respeito do que os compõe e especifique as relações entre eles.

Em primeiro lugar, avalie quais são os códigos que melhor representam o que você observa ocorrer em seus dados. Em um memorando, eleve-os a categorias conceituais para o seu esquema analítico em desenvolvimento, dê a eles uma definição conceitual e um tratamento analítico de forma narrativa no seu memorando. Dessa forma, você vai além da utilização de um código como um instrumento descritivo para examinar e sintetizar os dados.

O que as categorias fazem? As categorias explicam ideias, eventos ou processos nos seus dados, e o fazem em termos reveladores. Uma categoria pode agrupar temas e padrões comuns em vários códigos. Por exemplo, a minha categoria "mantendo a doença controlada" incluiu "acondicionando a doença", ou seja, tratando-a "como se estivesse controlada, delimitada e confinada a setores específicos como a vida privada", e "omitindo", que significa "dissimulando a doença, mantendo uma autoapresentação convencional e agindo tal como o fazem os seus pares intatos" (Charmaz, 1991a, p. 66-68).

Novamente, faça com que as suas categorias sejam o mais conceituais possível, com força teórica, alcance geral, orientação analítica e com precisão na expressão das palavras. Ao mesmo tempo, permaneça coerente com os seus dados. Por ter construído os seus códigos focais ativos, incisivos (para refletir o que as pessoas estão fazendo e o que está ocorrendo) e breves, você tem o material necessário para tratá-los como prováveis categorias. Durante a codificação, você questionou qual categoria esse fragmento de dados indica? Agora pergunte: qual categoria esse código indica? Um pouco de tempo e de distância da coleta de dados e da codificação inicial podem ajudá-lo a avançar outra etapa conceitual. Os processos ganham visibilidade quando você mantém os códigos ativos. Códigos sucintos e focais levam a categorias claras e nítidas. Dessa maneira, você pode estabelecer critérios para as suas categorias para desenvolver outras comparações.

Os pesquisadores adeptos à teoria fundamentada buscam os processos substantivos que desenvolvem a partir dos seus códigos. Os seguintes códigos já mencionados anteriormente "mantendo a doença controlada", "acondicionando a doença" e "vivendo um dia de cada vez" são três desses processos. Como os pesquisadores da teoria fundamentada criam meios conceituais para explicar o que está ocorrendo no ambiente, eles deslocam-se para a definição de processos gerais (Prus, 1987). Um processo geral cobre ambientes e problemas empíricos distintos, podendo ser aplicado a variadas áreas substantivas. Dois códigos do Capítulo 3, "evitando a revelação" e "avaliando os riscos e danos potenciais da revelação", refletem processos gerais e fundamentais do controle da informação pessoal. Embora esses processos descrevam as opções feitas pelos doentes quanto à informação sobre a revelação, pessoas com outros problemas podem lidar de modo semelhante com o controle da informação.

Para os sociólogos, os processos gerais são básicos à vida social; para os psicólogos, os processos gerais são fundamentais para a existência psicológica; para os antropólogos, processos gerais sustentam as culturas locais. Por serem fundamentais, os processos gerais podem ser aplicados em profissões e campos variados. Um pesquisador da teoria fundamentada pode elaborar e refinar o processo geral coletando mais dados de diversas arenas nas quais esse processo seja evidente. Por exemplo, o controle das informações pessoais e as opções relativas à revelação são normalmente problemáticas para os homossexuais, os sobreviventes de abuso sexual, os usuários de drogas, os alcoólicos em recuperação e os ex-presidiários, bem como para as pessoas com problemas crônicos de saúde. Concentre-se na análise de um processo geral que você define nos seus códigos; a partir disso você pode elevar os códigos relevantes a categorias teóricas que levam às explicações do processo e aos prognósticos acerca dessas categorias[7]. À medida que você eleva um código a uma categoria, você começa a escrever, nos memorandos, enunciados narrativos que:

- definem a categoria;
- explicam as propriedades da categoria;
- especificam as condições sob as quais a categoria surge, é mantida e se modifica;
- descrevem as suas consequências;
- demonstram como essa categoria se relaciona com as demais.

As categorias podem ser compostas de códigos *in vivo* os quais você extrai diretamente do discurso dos seus respondentes ou eles podem representar a sua definição teórica ou substantiva do que está acontecendo nos dados. Recorde que os meus termos "dias bons e dias ruins" e "vivendo um dia de cada vez" vieram diretamente das vozes dos meus respondentes. Por outro lado, as minhas categorias "retomando o passado" e "tempo em imersão e imersão no tempo" refletem definições teóricas de ações e eventos. Além disso, categorias como "chegando", "enfrentando a dependência" e "fazendo trocas" dizem respeito às realidades substantivas dos meus respondentes relativas ao fato de lutarem com doenças graves. Criei esses códigos e os utilizei como categorias, mas eles refletem as preocupações e as ações dos meus participantes de pesquisa. Pesquisadores novatos podem considerar que elas dependem, em boa parte, dos códigos *in vivo* e dos códigos substantivos. O que muitas vezes resulta é mais uma descrição fundamentada do que uma teoria. Entretanto, estudar o modo como esses códigos se ajustam em conjunto, em categorias, pode ajudá-lo a tratá-los de uma forma mais teórica.

Ao escrever memorandos sobre os seus códigos focais, você elabora e esclarece a sua categoria ao analisar todos os dados que ela compreende e ao identificar as variações existentes dentro dela e entre outras categorias. Você também passa a estar consciente das lacunas da sua análise. Por exemplo, elaborei a minha categoria "existindo dia a dia" quando constatei que a minha categoria "vivendo um dia de cada vez" não abrangia o nível de desespero das pessoas empobrecidas. Em resumo, eu tinha dados sobre uma luta diária de sobrevivência que a primeira categoria, "vivendo um dia de cada vez", não incluía. O Quadro 4.6 apresenta o primeiro parágrafo da narrativa concluída.

Quadro 4.6 Exemplo de um memorando inspirado a partir do estudo de um memorando preliminar – A categoria "Existindo dia-a-dia"

Existir dia a dia ocorre quando uma pessoa cai em crises continuadamente, as quais desmantelam a vida. Isso reflete uma perda do controle da saúde e da possibilidade de manter a vida sob controle. Existir dia a dia significa a luta constante pela sobrevivência diária. A pobreza e a falta de apoio contribuem e complicam essa luta. Por isso, as pessoas pobres e isoladas normalmente caem mais e mais rápido do que os indivíduos afluentes os quais têm famílias que os apóiam. A perda do controle estende-se a não conseguir manter as necessidades básicas, como comida, abrigo, aquecimento, assistência médica.

A luta para subsistir mantém as pessoas no presente, em especial se eles tiverem problemas contínuos para a obtenção dos meios para a satisfação das necessidades mais básicas, as quais os adultos de classe média normalmente consideram banais. Além disso, outros problemas podem adquirir um significado muito maior para essas pessoas que a doença, como um marido violento, uma criança raptada, um cônjuge alcoólatra, o aluguel atrasado.

Viver um dia de cada vez é diferente de existir dia a dia. Viver um dia de cada vez oferece uma estratégia para o controle das emoções, para administrar a vida, para obscurecer o futuro e para passar por um período incômodo. Envolve o controle do estresse, da doença ou da alimentação, e lidar com essas coisas a cada dia pode controlá-las da melhor maneira possível. Isso significa concentrar-se no aqui e agora e abandonar outros objetivos, buscas e obrigações. (Charmaz, 1991a, p. 185)

Observe as comparações entre as duas categorias apresentadas acima. Para gerar categorias por meio da codificação focalizada, você precisa comparar dados, incidentes, contextos e categorias. Tente fazer essas comparações como foi sugerido na seção sobre "Memorandos avançados" do Quadro 4.3 – Como escrever memorandos.

Alguns exemplos podem ajudar. Carolyn Wiener (2000) compara como os cuidadores profissionais, administradores do atendimento à saúde e reguladores do setor definem a qualidade da assistência e da responsabilidade final sobre ela. Comparo as descrições dos indivíduos sobre os eventos e as suas respostas a eles em períodos distintos (uma vantagem de comparar o material com base em entrevistas sequenciais é que você pode compilar os relatos dos respondentes relativos aos seus eventos recentes, em vez de incidentes reconstruídos ocorridos após um longo período). Além da comparação dos eventos e incidentes, comparei também como as pessoas vivenciam as diversas fases das suas doenças.

Como comparei as experiências de pessoas diferentes, constatei que algumas das circunstâncias das pessoas as compeliam para o presente. Percebi então o quanto a minha interpretação do "viver um dia de cada vez" não se aplicava a elas. Revisei as minhas entrevistas iniciais e comecei a buscar relatos publicados de narrativas de doenças que pudessem esclarecer a comparação. Conforme ficou evidente nas distinções entre essas duas categorias acima, a codificação focalizada incentiva o pesquisador a começar a perceber as relações e os padrões entre as categorias.

CONSIDERAÇÕES FINAIS

Os seus memorandos determinarão a essência da sua teoria fundamentada. Acompanhar de perto as ideias e as questões que surgiram enquanto você as escrevia impulsionará o seu trabalho. Agora você pode deixar de lado os memorandos que você considera que precisam ser concluídos e trabalhar nos quais suscitam questões inquietantes. Os memorandos fornecem um registro da sua pesquisa e do seu progresso analítico. Guarde cópias dos arquivos de cada um deles de modo que você tenha um conjunto cronológico e possa recuperar uma ideia inicial que você tenha descartado. Você pode revisitar, rever e revisar os seus memorandos com um olhar crítico à medida que você prossegue. Assim como eu fiz, você pode considerar que um pouco de tempo e de distância possibilitam que as lacunas e as falhas dos seus memorandos se tornem visíveis. Ao voltar a eles você pode identificar a sua próxima etapa em um instante e, além disso, levar as suas ideias a um nível analítico mais abstrato.

É possível que, mais que solucionar os nossos problemas analíticos, estudar os nossos memorandos, em especial os memorandos iniciais, indique as lacunas que precisamos preencher. As nossas ideias são experimentais e os memorandos revelam que precisamos trabalhar mais para fortalecer as nossas categorias. Ao constatarmos que as nossas categorias são frágeis ou incompletas, podemos buscar mais dados, mas como fazemos isso? Quais dados devemos buscar? Como esse novo material poderá resolver os nossos problemas analíticos? O capítulo seguinte mostrará a você o modo como os pesquisadores da teoria fundamentada lutam com esses problemas e como normalmente os solucionam. Planeje um retorno ao mundo empírico. Enquanto isso, continue escrevendo memorandos.

NOTAS

1 Para memorandos que fazem breves comentários preliminares e dialogam com um coautor, veja o memorando de Anselm Strauss (1987, p. 111-112).

2 Nesse sentido, os pesquisadores adeptos à teoria fundamentada incluem menos anedotas de campo e menos descrição do que normalmente ocorre em outras abordagens qualitativas. Em geral, nós fragmentamos as ações, os eventos e os relatos dos participantes em benefício das nossas análises em desenvolvimento. Glaser (1998) enaltece essa fragmentação pela necessidade de avançar a teoria. Os analistas de narrativa, os pesquisadores da fenomenologia e alguns pós-modernistas contestam a fragmentação dos relatos dos participantes, pois acreditam que a história precisa ser preservada (embora normalmente de uma forma condensada) em sua totalidade e que a forma assumida pela história, bem como o seu conteúdo, fornecem uma compreensão significativa acerca do seu significado.

3 Glaser (2001) esclarece a sua postura sobre a comparação de incidente por incidente neste volume, mas argumenta que o tamanho pequeno da amostra não implica em incidentes limitados, pois as pessoas podem falar detalhadamente e podem ser reentrevistadas. Se e até que ponto a sua lógica funciona na prática real é uma questão empírica. Os incidentes expressivos ficam evidentes durante a coleta de dados e a análise, e podem não afetar todos os participantes e, por isso, acabar limitando a fonte das comparações. Muitos, se não a maior parte, dos estudos de teoria fundamentada contam com entrevistas únicas (ver também Creswell, 1998). Dessa forma, os pesquisadores podem não descobrir outros incidentes dos participantes que poderiam oferecer fontes de comparação. O pesquisador perde também a possibilidade de fazer mais perguntas sobre o incidente relativo ao assunto original. Os estudos de teoria fundamentada feitos com amostras pequenas raramente igualam-se à compreensão dos estudos de caso detalhados como a pesquisa realizada por Edward J. Speedling (1982) sobre oito homens e suas famílias durante e após a hospitalização desses homens em função de ataques cardíacos. Speedling foi um observador participante no hospital durante vários meses antes de escolher os homens para o seu estudo. Após selecioná-los, ele visitou e entrevistou os homens e suas famílias por diversas vezes desde a chegada deles ao setor de tratamento intensivo, durante os seus períodos de convalescença e até o restabelecimento da vida em casa.

4 Adaptado de Kathy Charmaz (1999) *Stories of suffering: subjects' stories and research narratives. Qualitative Health Research* 9:362-382.

5 Não se corrija. Alguns bons escritores procrastinam e depois vão avançando lentamente, palavra por palavra. Você pode estar absorvendo o material em um nível pré-consciente e precisar desse tempo para conseguir entrelaçar as suas ideias. Tente apenas fluir junto com o processo, reconhecer os seus padrões e, se necessário, incorporar algumas etapas e estratégias que o ajudem a seguir em frente.

6 É comum essas técnicas serem incluídas ao se oferecerem cursos sobre a questão da redação. Para mais ideias e um conselho excelente, veja Eide (1995) e Flowers (1993).

7 Dey (1999) está correto ao argumentar que a categorização na teoria fundamentada é mais complexa e problemática que sugeriam os seus criadores. Concordo com Dey que a categorização implica fazer inferências, bem como classificação.

5

Amostragem teórica, saturação e classificação

As guinadas e as reviravoltas da sua jornada de pesquisa deixam-no com dúvidas quanto às direções a serem tomadas, à velocidade na qual proceder e quanto ao que você vai ter ao concluí-la. A amostragem teórica instiga você a repassar os seus passos ou a adotar um novo caminho no momento em que você tem categorias provisórias e ideias emergentes, ainda que incompletas. Ao voltar ao mundo empírico e coletar mais dados sobre as propriedades da sua categoria, você pode saturar essas propriedades com os dados e escrever mais memorandos, tornando-os mais analíticos conforme prossegue. Posteriormente, você estará pronto para classificar e incorporar os memorandos às suas categorias teóricas. Você pode considerar útil traçar diagramas e mapas que expliquem aquilo que você tem e aonde você vai chegar.

Suponha que você tenha chegado a algumas categorias preliminares, e, possivelmente, provisórias. Ao estabelecer as comparações iniciais entre os dados, você selecionou alguns códigos focais e escreveu memorandos sobre eles. Agora várias categorias parecem instrumentos abstratos promissores a representar os seus dados analiticamente. Contudo, uma leitura rápida desses memorandos lhe diz: Essas categorias são intrigantes, mas fracas. Você ainda não definiu claramente as suas categorias e as respectivas propriedades. Muita coisa permanece ainda pressuposta, desconhecida ou questionável. Em vez disso, você quer categorias robustas que tenham bases sólidas, e não instáveis. O que você faz? Como as estratégias da teoria fundamentada podem desenvolver seu raciocínio analítico nessa etapa da pesquisa?

A resposta é coletar mais dados que se concentrem na *categoria* e em suas respectivas propriedades. Essa estratégia é a *amostragem teórica*, que visa a buscar e a reunir dados pertinentes para elaborar e refinar as categorias de sua teoria emergente.

A amostragem teórica visa a buscar dados pertinentes para *desenvolver* a sua *teoria* emergente. O principal objetivo da amostragem teórica é elaborar e refinar as categorias que constituem a sua teoria. Você conduz a amostragem teórica ao utilizar a amostra para desenvolver as propriedades da(s) sua(s) categoria(s) até que não surjam mais propriedades novas.

Você conduz a amostragem teórica ao utilizar a amostra para desenvolver as propriedades da(s) sua(s) categoria(s) até que não surjam mais propriedades novas. Assim, você *satura* as suas categorias com dados e, consequentemente, as classifica e representa graficamente para que integrem a sua teoria emergente[1]. A realização da amostragem teórica pode impedir que você fique imobilizado em análises não focadas. Glaser e Strauss (1967; Glaser, 1978, 1998 e 2001; Strauss, 1987) elaboraram as estratégias da amostragem teórica, da saturação e da classificação. Apesar dos esforços contínuos de Glaser para explicar o que a amostragem teórica e a saturação acarretam, e das explicações de Corbin (1990 e 1998), os pesquisadores comumente têm uma compreensão equivocada da maneira como os pesquisadores adeptos da teoria fundamentada utilizam essas estratégias.

Este capítulo compreende as diretrizes para a realização da amostragem teórica, da saturação de suas categorias e da classificação destas dentro de um enunciado teórico integrado. Baseio-me em uma entrevista feita com Jane Hood[2] e seu livro *Becoming a two-job family*[*] (1983), bem como em outros materiais publicados para ilustrar a amostragem teórica. Hood é uma das poucas autoras cujas análises e decisões metodológicas da teoria fundamentada são explícitas. Como os pesquisadores qualitativos, em geral, adotam o termo "saturação", defino o seu significado na teoria fundamentada, demonstro como este se diferencia da compreensão clássica e sugiro os pontos nos quais os próprios pesquisadores da teoria fundamentada apresentam uma compreensão equivocada desta. O capítulo é finalizado com ideias sobre como realizar a classificação teórica.

No excerto de entrevista a seguir, Jane Hood relata o modo como usou as estratégias da teoria fundamentada em seu estudo. Em seu livro, ela especifica que essas não eram famílias nas quais os dois cônjuges tinham carreiras profissionais. Ao contrário, eram pais trabalhadores de classe média baixa, onde ambos os cônjuges tinham empregos em tempo integral ou eram famílias do tipo em que apenas um dos cônjuges tinha uma carreira ou um emprego. O ímpeto da pesquisa de Jane Hood foi alterado quando ela estudou os dados iniciais. Originalmente, ela havia planejado estudar os autoconceitos

---

* N. de T. *Becoming a two-job family*: Literalmente, "tornando-se uma família na qual os dois cônjuges trabalham fora".

de mulheres casadas e as suas redes de amizade no momento em que elas voltavam ao trabalho após terem tido filhos. Porém, logo no início do seu trabalho de campo, Hood descobriu uma intrigante questão familiar: o modo como os casais negociavam o cuidado dos filhos e o trabalho doméstico quando as mulheres retornavam à vida profissional. Consequentemente, ela alterou a coleta de dados para abordar essa questão. Os dados de Hood incluem 1) o material de um breve estudo-piloto; 2) as primeiras entrevistas detalhadas de 16 esposas; 3) o segundo conjunto de entrevistas detalhadas dessas esposas; 4) as entrevistas feitas com os maridos delas; 5) um questionário de acompanhamento realizado seis anos depois; 6) as entrevistas telefônicas realizadas por ela entre seis a sete anos após a segunda rodada de entrevistas; 7) as notas de campo sobre cada uma das entrevistas e sobre o seu respectivo ambiente, telefonema ou encontro informal.

Quando conversei com ela, Hood descreveu a maneira como adotou as estratégias da teoria fundamentada desde o início de sua pesquisa:

> Parece que tenho alguma coisa acontecendo aqui (nos dados dela). Digamos, no meu caso, foi com mulheres que trabalhavam porque realmente queriam trabalhar. No meu estudo sobre famílias nas quais os dois cônjuges trabalham fora, essas mulheres que trabalhavam porque queriam não obtinham muita ajuda de seus maridos com os trabalhos domésticos. Comecei a ficar curiosa em descobrir se as mulheres que trabalhavam porque *tinham* que trabalhar e cujos rendimentos eram de fato valorizados pelos seus maridos e se obteriam mais apoio. Porém, pela maneira como tinha feito a minha amostragem (inicial), eu havia solicitado voluntárias a serem entrevistadas a respeito da experiência de retorno ao trabalho após terem passado por um período em casa em tempo integral. Portanto, as voluntárias tendiam a ser pessoas que desejavam contar o quanto era maravilhoso trabalhar. Eu não estava conseguindo pessoas que iam trabalhar com relutância pelo fato de precisarem trabalhar. Mas, uma vez que eu estava realmente interessada no modo como as mulheres que voltavam a trabalhar de certo modo negociavam com os seus cônjuges quanto a terem apoio no cuidado dos filhos e para dar conta do trabalho doméstico, foi crucial que eu considerasse pessoas que tivessem um poder de barganha um pouco maior, que tivessem voltado ao trabalho pelo fato de que os seus maridos realmente *precisavam* que elas trabalhassem. Então fui lá e *procurei* essas mulheres e, veja só, isso fez uma grande diferença.
>
> Eu realmente tinha uma ou duas mulheres na minha coleta original de sete ou oito entrevistas que trabalhavam porque precisavam e que me deram uma pista de que esta seria uma distinção importante. Então *ampliei* aquela categoria e isso representou a amostragem teórica. Pois eu tinha uma categoria de mulheres que voltaram a trabalhar porque queriam trabalhar, por realização pessoal, e outra categoria de mulheres que voltaram a trabalhar pelo fato de suas famílias precisarem do dinheiro.
>
> (As categorias) surgiram da análise dos dados (...) Se eu perguntava a elas, "Por que você voltou a trabalhar?" algumas das mulheres diziam "Bom, voltei a trabalhar porque estava entediada em casa", "Voltei a trabalhar porque eu estava ficando com

eczema, aí fui ao médico e ele me disse que eu precisava sair de casa", ou "Voltei ao trabalho porque eu realmente precisava mais do que simplesmente ficar em casa" (...), por razões ligadas à realização pessoal.
Codifiquei as razões para o retorno ao trabalho. Eu também codificava o tipo de ajuda que elas obtinham de seus maridos e os tipos de coisas que os maridos diziam sobre os rendimentos delas. Quando elas voltavam a trabalhar pelo simples fato de que queriam trabalhar, os maridos mais provavelmente diziam, "Bom, nós realmente não precisamos que você trabalhe. Se você não puder dar conta dos trabalhos domésticos, então você pode simplesmente parar de trabalhar", etc. Elas não tinham muito poder de barganha, pois os seus maridos não reconheciam seus rendimentos como sendo necessários. Elas haviam voltado a trabalhar por motivos de realização pessoal.
Constatei então que quando os maridos diziam, porque eu perguntava aos maridos, "O que aconteceria se ela parasse de trabalhar?" e eles diziam "Bom, eu teria que procurar um segundo emprego" ou "Não sei *o que* nós faríamos se ela parasse". Nesses casos, os maridos *não podiam* dizer, "Bom, sabe, ela pode simplesmente abandonar o emprego quando ela quiser".
"Abandonar o emprego quando ela quiser" tornou-se um código analítico realmente importante no que diz respeito às razões para o retorno ao trabalho: autorrealização *versus* necessidade econômica, e algumas pessoas apresentavam ambas. Mas o que realmente foi importante é que o marido reconheceu e estava disposto a dizer que eles não poderiam passar bem facilmente sem a renda dela. E que eles precisariam fazer mudanças significativas, talvez vender a casa, cortar muitas coisas, ou que se a esposa parasse de trabalhar, seriam necessárias mudanças significativas no estilo de vida deles. Se ela pudesse abandonar o emprego quando quisesse, se isso fosse basicamente o que o marido dissesse, então ele descrevia a renda dela como "a cereja do bolo". Essa foi outra categoria que surgiu a partir do trabalho. É engraçado como muitas pessoas a mencionaram dessa forma, "a cereja do bolo". "É um pequeno extra". Ao pensarem dessa maneira, eles não as viam como coprovedoras, o que seria parte da definição de um provedor secundário, eles descreviam os rendimentos delas como "a cereja do bolo" (...) Mesmo quando o salário de uma mulher pagava integralmente a hipoteca, esse homem dizia que era ele quem de fato botava comida na mesa; ele não a reconhecia como coprovedora. Ela tinha um rendimento equivalente ao de muitas mulheres que foram reconhecidas como tendo uma contribuição necessária. Ele não abria mão do papel de provedor da família.
Isso é o que é diferente (na teoria fundamentada), creio eu, ao elaborarmos essas categorias e desenvolvermos uma análise ao longo do processo, estamos realmente observando os dados à medida que codificamos e desenvolvemos um conceito fundamentado. Nós os denominamos categorias, embora estejam realmente fundamentados nos dados.

Os métodos de codificação e amostragem utilizados por Hood determinaram o seu estudo substantivo desde o seu início[3]. Como em princípio ela tinha uma expectativa de estudar as modificações nos autoconceitos das mulheres e em suas redes de amizades, ela entrevistou apenas as esposas durante a primeira rodada de entrevistas. As primeiras análises revelaram que ela precisava entrevistar os maridos, bem como concentrar-se nas mulheres que tinham uma pressão financeira para voltarem a trabalhar. Os códigos *in vivo* dela, como "abandonar o emprego quando ela quiser" e "a cereja do bolo", forneceram indicadores significativos das posturas de determinados maridos em relação ao trabalho de suas esposas. Esses códigos deram a Hood bons argumentos sobre como as opiniões desses maridos se exauriam na interação.

Observe o modo como Hood delineou as condições nas quais as mulheres adquiriam poder de barganha. Ao seguir o que ela havia determinado nos dados dela, ela associou o poder de barganha aos papéis maritais. No livro de Hood, a análise dos papéis no casamento surge como um tema dominante. O trabalho dela se ajusta dentro da família dos códigos teóricos sobre os papéis e amplia o conhecimento em relação a como os casais representam esses papéis. Sem dúvida, outros pesquisadores poderiam construir o estudo de uma maneira diferente, de acordo com o que observassem nos dados. Outro pesquisador, por exemplo, poderia também identificar as questões de barganha, mas seguir, a partir destas, uma linha de análise distinta, como as impressões dos parceiros em relação a essas negociações. Outro pesquisador ainda poderia entrevistar casais gays ou lésbicos, cujos relacionamentos não pressupõem nem o conceito de gênero nem os papéis convencionais relativos à questão do gênero. Dados relevantes podem despertar múltiplas direções de investigação.

Hood baseou o seu interesse nos papéis maritais e desenvolveu um esquema teórico, propondo hipóteses testáveis que situam o poder de barganha dentro do contexto do casamento. Ela demonstrou como o poder de barganha dessas esposas variava em relação ao comprometimento de cada cônjuge e ao seu investimento na relação conjugal, no trabalho e nas prioridades da família, e quanto à extensão da sobrecarga do papel da esposa e ao estilo do casal para resolver os conflitos. O trabalho de Hood revela como um pesquisador influencia os seus próprios interesses teóricos e substantivos, e emprega os dados à medida que constrói uma teoria fundamentada por meio da elaboração de comparações a cada nível analítico. Considere várias das observações de conclusão feitas por Hood (1983, p. 197-198) em seu livro:

> Nenhum dos casais que constam neste livro decidiu tornar-se coprovedor para adotar uma divisão do trabalho mais equitativa. Em vez disso, eles passaram a ser casais nos quais ambos os cônjuges trabalham fora ou pelo fato da esposa precisar sair de casa ou porque a família precisava de dinheiro, ou ambos. No processo de se tornarem uma família deste tipo, alguns casais desenvolveram um equilíbrio de poder mais equitativo em seus casamentos e uma divisão também mais equilibrada do trabalho doméstico. Essa mudança em relação à igualdade foi, contudo, uma consequência imprevista e não intencional do fato de tornarem-se coprovedores da família.

(...) Os casais que propositadamente decidem compartilhar os papéis, no entanto, são como casais que começaram a compartilhar esses papéis "sem realmente pensar sobre isso" em pelo menos um aspecto importante. A maior parte considera que essa nova área comum aos dois, criada pelo compartilhamento dos papéis e pelo aumento de comunicação necessário para a manutenção do tipo de relações resultantes, os aproxima.

A AMOSTRAGEM TEÓRICA

A distinção da amostragem teórica dos outros tipos de amostragem

Para compreender e utilizar a amostragem teórica, devemos abandonar as nossas preconcepções sobre o que a amostragem significa. A realização da amostragem para desenvolver as categorias teóricas emergentes de um pesquisador diferencia a amostragem teórica das outras formas de amostragem. Às vezes, os pesquisadores qualitativos alegam utilizar a amostragem teórica sem, entretanto, seguirem a lógica da teoria fundamentada. Eles confundem a amostragem teórica com os seguintes tipos de amostragem:

- amostragem para tratar das questões de pesquisa iniciais;
- amostragem para refletir as distribuições de população;
- amostragem para encontrar casos negativos;
- realizar a amostragem até que não surjam mais dados novos.

Essas estratégias de amostragem confundem a amostragem teórica com as abordagens convencionais da pesquisa qualitativa. Naturalmente, qualquer pessoa que escreva uma proposta de pesquisa procura por dados para tratar das suas questões de pesquisa, mas este é um tipo inicial de amostragem. A amostragem inicial fornece um ponto de partida, não de elaboração e refinamento teórico. Não podemos pressupor que conhecemos as nossas categorias antecipadamente, e muito menos que estas estejam contidas nas nossas questões de pesquisa iniciais. A lógica da teoria fundamentada pressupõe construirmos as categorias por meio dos métodos comparativos de análise de dados.

Lembre-se de que os critérios para a amostragem inicial se distinguem daqueles que você invoca quando realiza a amostragem teórica. A amostragem inicial na teoria fundamentada é onde você começa, ao passo que a amostragem teórica é o que orienta para onde ir. Para a amostragem inicial, você estabelece critérios de amostragem para as pessoas, casos, as situações e/ou os ambientes antes de sua entrada no campo. Você tem de encontrar materiais relevantes para o seu estudo, tanto se isso o conduz à realização da amostragem com pessoas e ambientes quanto no caso de estruturas mais amplas, como agências governamentais ou organizações.

A amostragem inicial na teoria fundamentada é onde você começa, ao passo que a amostragem teórica é o que o orienta para onde ir.

Se, por exemplo, você planeja estudar os serviços de atendimento ao consumidor, a obtenção do acesso para observar encontros reais é um pré-requisito. Aquilo que você irá ver e ouvir dependerá, é claro, da sua posição na organização e do modo como você negocia isso. Você terá acesso a algumas coisas, mas não a outras[4]. Se você obtiver permissão para entrevistar agentes do serviço, mas não para observá-los, então o seu estudo se encaminha para outra direção.

Tópicos aparentemente evidentes logo podem se tornar complexos. Se você desejar investigar o consumo excessivo de bebidas alcoólicas entre pessoas com deficiências, então você deverá começar pelo menos com uma definição provisória para contemplar o que o termo "deficiência" compreenderá. Em seguida, você precisa descobrir o que o consumo excessivo de bebidas alcoólicas, e a deficiência, significam para os seus participantes e descobrir se você precisa falar com os amigos e os familiares deles. Você deve decidir se incluirá pessoas com deficiências que percebem a si mesmas como alcoólicos em recuperação. Os tópicos que o impelem a contatar determinadas pessoas e não outras já circunscrevem a respeito daquilo que você trata. Você deve explicar e, não menos importante entre as suas tarefas, analisar as suas próprias preconcepções sobre o consumo excessivo de bebidas alcoólicas.

A amostragem teórica também segue uma lógica distinta das técnicas de amostragem utilizadas no plano de pesquisa quantitativo tradicional. O objetivo da amostragem teórica é a obtenção de dados para ajudá-lo a explicar as suas categorias. Quando as suas categorias são completas, elas refletem qualidades das experiências dos seus respondentes e fornecem um instrumento analítico útil para a compreensão destas. Em resumo, a amostragem teórica diz respeito apenas ao desenvolvimento conceitual e teórico; ela *não* tem relação com a representação de uma população ou com a elevação da capacidade de generalização estatística dos seus resultados. Muitos estudos quantitativos exigem amostras aleatórias de pessoas cujas características sejam representativas da população em estudo. Enquanto os pesquisadores quantitativos desejam utilizar os seus dados para fazer inferências estatísticas sobre as populações que têm como alvo, os pesquisadores da teoria fundamentada visam a ajustar as suas teorias emergentes aos dados de que dispõem. Os pesquisadores quantitativos testam hipóteses preconcebidas; os pesquisadores da teoria fundamentada, às vezes, oferecem matéria-prima para hipóteses emergentes que outros pesquisadores poderiam buscar.

Os colegas e os professores que invocam a lógica da pesquisa quantitativa muitas vezes aconselham, equivocadamente, os pesquisadores qualitativos a fazerem com que as suas amostras representem distribuições de populações mais amplas. O erro dessa recomendação está na pressuposição de que a pesquisa qualitativa vise à capacidade de generalização. Embora essa estratégia possa ser útil para a amostragem inicial, ela não se adapta à lógica da teoria fundamentada e pode resultar na coleta de dados desnecessários e conceitualmente fracos por parte do pesquisador[5]. Durante a nossa conversa, Jane Hood comentou sobre a compreensão da amostragem teórica:

> Muito poucas pessoas o fazem (compreendem-na). Realmente acho que é uma habilidade (...) Você precisa de alguém que lhe dê uma opinião à medida que você está tentando aprender como fazer isso porque há uma diferença sutil entre a amostragem teórica e os outros tipos de amostragem intencional. A amostragem teórica é uma amostragem intencional, mas o é de acordo com as categorias que alguém desenvolve a partir das suas análises, e essas categorias não são baseadas em cotas, mas sim em preocupações teóricas. E os autores de livros-texto não entendem isso. Os autores de livros-texto tipicamente dizem (algo como), "Ah, mas você não tem um número suficiente de mulheres; vá lá e consiga mais". Não, isso não é amostragem teórica. Isso é basicamente amostragem por cotas ou amostragem a partir de características demográficas. Não há nada de errado em começar dessa forma, *mas* este é o seu primeiro passo. A amostragem teórica realmente torna a teoria fundamentada especial e é o principal poder da teoria fundamentada *porque* a amostragem teórica permite que você acione o que eu chamo de saca-rolhas, ou espiral hermenêutica, de modo que você termine de posse de uma teoria que se ajuste perfeitamente aos seus dados. Porque você escolhe as próximas pessoas com quem conversar ou os próximos casos a considerar com base na análise (teórica) e não perde o seu tempo com todo o tipo de coisas que nada têm a ver com a sua teoria em desenvolvimento[6].

Como Hood afirma, muitos pesquisadores fazem a amostragem de diversos ambientes ou indivíduos para refletir as distribuições ou circunstâncias empíricas, mas não estão de fato realizando a amostragem teórica. Por exemplo, um especialista em organizações pode planejar a amostragem de diferentes tipos de negócios tanto com sistemas de autoridade rigorosos quanto liberais. Esse plano pode produzir contrastes interessantes nos dados, mas não constitui a amostragem teórica. Mais uma vez, até que os pesquisadores construam as categorias conceituais a partir dos dados e façam a amostragem para desenvolver essas categorias, eles não estão realizando a amostragem teórica.

A busca de casos negativos suscita questões mais ambíguas. Se a amostragem de casos negativos complementa ou não, ou contradiz ou não, a teoria fundamentada, é uma questão que dependerá da situação. Os pesquisadores qualitativos muitas vezes usam casos negativos para encontrar novas variáveis ou para fornecer explicações alternativas da suas teorias em desenvolvimento. A lógica dos casos negativos pressupõe o questionamento sobre se os dados incluem indivíduos, situações ou temas que não se ajustam à sua análise. Virginia Olesen faz ainda outro questionamento: Você tentou encontrar esses casos? (Comunicação pessoal, 5 de junho de 2005).

A origem dos casos negativos e o modo como o pesquisador utiliza esses casos determinam o seu ajuste relativo com a teoria fundamentada. Esses casos surgiram nos dados ou o pesquisador os *importou* para o processo de pesquisa a fim de ampliar a amostragem teórica? Se o pesquisador não define os casos negativos na análise comparativa dos seus dados, uma busca por esses casos pode resultar em sua importação. Se, no entanto, os casos negativos emergirem nos dados, esses casos podem indicar a necessidade de refinamento da teoria emergente desse pesquisador. O exame dos casos negativos aproxima-se da ênfase na variação de uma categoria ou processo e da densidade analítica na teoria fundamentada (Strauss e Corbin, 1990). Becker (1998) chama a atenção para o fato de que alguns pesquisadores consideram casos negativos hipotéticos ou valem-se da ficção em busca de possibilidades. À medida que essas práticas fazem com que o pesquisador se desvie do mundo empírico estudado, elas se tornam incoerentes com a ênfase da teoria fundamentada na construção da análise a partir dele[7].

Possivelmente o erro mais comum ocorre quando os pesquisadores confundem a amostragem teórica com a realização da coleta de dados até que encontrem a reincidência dos mesmos padrões. Essa estratégia distingue-se da amostragem teórica porque esses pesquisadores não orientaram as suas coletas de dados para o desenvolvimento explícito de categorias *teóricas* originadas das análises dos mundos empíricos estudados. Em vez disso, os padrões descrevem *temas* empíricos dos mundos estudados.

Algumas formas de amostragem aproximam-se ainda mais da amostragem teórica que outras. As estratégias de amostragem utilizadas por Pertti Alasuutari (1996) compartilham semelhanças com a amostragem teórica. Ele observa que sua seleção estratégica de exemplos de estudos de caso assemelha-se à amostragem teórica; porém, ele tinha um objetivo distinto. O estudo etnográfico de Alasuutari de uma taberna finlandesa concentrou-se nas vidas de clientes regulares do sexo masculino que faziam um alto consumo de álcool. Por meio de estudos sobre o uso do álcool (1992 e 1995), ele visou à obtenção de um "quadro unificado das diversas lógicas culturais dentro das quais se percebem as mesmas condições estruturais históricas na experiência vivida pelas pessoas", e não ao desenvolvimento de uma teoria geral (1996, p. 376). Entretanto, o seu foco nas lógicas culturais o levou a uma teoria cultural sofisticada do alcoolismo (1992). Ao discutir o processo da pesquisa envolvida nesse projeto, Alasuutari (1995, p. 172) afirma:

> Na pesquisa etnográfica, o teste de hipóteses pode ter a ver com algo mais que os tipos de coisas que você observa ou os tipos de assuntos que levanta com os

informantes. Com base nos seus resultados, você pode decidir mudar e coletar um novo conjunto de dados, como eu fiz no projeto com o grupo de Alcoólicos Anônimos. Quando fiquei sabendo que os grupos *A-Guilds** da Finlândia tinham as suas próprias publicações periódicas, pareceu-me uma boa ideia dar uma olhada minuciosa em todos os seus volumes anteriores para determinar se a "filosofia de tratamento" que eu havia descoberto em Tampere era um fenômeno local ou se tinha um caráter mais nacional.

A lógica da amostragem teórica

A amostragem teórica implica, em primeiro lugar, em obter os dados, construir ideias provisórias sobre os dados e, então, analisar essas ideias por meio de uma nova investigação empírica. Considere o modo como Hood (1983) continuou a avançar e recuar entre a coleta e a análise dos dados do começo ao fim de sua pesquisa. Os códigos tornaram-se categorias. As categorias iniciais eram sugestivas, mas ainda não definitivas. A nova coleta de dados as reforçou, mas Hood então percebeu novas lacunas em sua análise nascente. Ela voltou ao campo e fez novas perguntas, e continuou escrevendo e analisando.

A redação dos memorandos conduz diretamente à *amostragem teórica*. A amostragem teórica é estratégica, específica e sistemática. Como você pretende utilizá-la para elaborar e refinar suas categorias teóricas, a condução da amostragem teórica depende de você já ter conseguido identificar uma ou mais categorias. Essa estratégia central da teoria fundamentada o auxilia a delinear e desenvolver as propriedades da sua categoria, bem como o alcance da variação desta.

Escrever memorandos já permitiu que você sinalizasse as categorias incompletas e as lacunas em sua análise. A realização da amostragem teórica o impele a *predizer* onde e como você poderá encontrar os dados necessários para completar as lacunas e saturar as categorias, como intui Hood, as suas previsões surgem a partir do seu trabalho analítico imediato. Não se trata de conjeturas improvisadas. Ao contrário, emergem da análise comparativa fundamentada dos dados anteriores. Siga suas intuições sobre onde encontrar os dados que irão elucidar essas categorias e, então, colete esses dados. A seguir, codifique-os e compare os seus códigos uns com os outros, com os códigos anteriores e com as suas categorias emergentes. Escreva memorandos cada vez mais teóricos e conceituais à medida que você passa a registrar as suas novas comparações, e todas aquelas torrentes de *insight* que você tiver ao preencher as suas categorias. A amostragem teórica assegura que você elabore categorias completas e robustas, levando-o a esclarecer as relações entre as categorias.

* N. de T. *A-Guilds* são associações locais de antigos clientes de instituições ligadas ao tratamento do alcoolismo.

A amostragem não apenas ajuda você a preencher as propriedades de suas categorias principais, você pode também aprender mais sobre como um processo se desenvolve e se modifica. No momento em que você se incumbe da amostragem teórica, você busca enunciados, eventos ou casos que elucidarão as suas categorias. Assim como Hood, você poderá acrescentar novos participantes ou realizar observações em novos ambientes. É bem provável que você venha a fazer novas perguntas aos primeiros participantes ou indagar sobre experiências não incluídas previamente.

De que forma a amostragem teórica beneficia a sua análise desde o começo? Desde a fase inicial do processo de pesquisa, você verifica as questões emergentes à medida que compara dados com dados. Observe como as comparações entre os dados feitas por Hood levaram-na a fazer conjeturas sobre as categorias as quais ela depois verificou por meio da nova coleta de dados. O relato dela a respeito de como usou a amostragem teórica revela o modo como ela formulou as questões analíticas e utilizou a lógica dedutiva. Por exemplo, Hood prognosticou que o poder de negociação das mulheres casadas aumentava conforme a consciência de seus maridos e o reconhecimento aberto da contribuição financeira vital das esposas para a economia doméstica. Hood, então, verificou as suas próprias intuições e constatou que estas se confirmaram na coleta de dados posterior. Nesse sentido, a amostragem teórica requer aquilo a que comumente nos referimos como raciocínio indutivo e dedutivo.

O tipo específico de raciocínio invocado na teoria fundamentada faz dela um método abdutivo, pois a teoria fundamentada abrange o *raciocínio* sobre a experiência para a elaboração de conjeturas teóricas para, então, verificá-las por meio de uma nova experiência[8]. O raciocínio abdutivo sobre os dados começa com estes e, mais tarde, dirige-se à elaboração de hipóteses (Deely, 1990; Fann, 1970; Rosenthal, 2004). Em poucas palavras, a inferência abdutiva implica a consideração de todas as explicações teóricas possíveis para os dados, a elaboração de hipóteses para cada explicação possível, a verificação empírica destas por meio da análise dos dados, e a busca de uma explicação mais plausível.

Em poucas palavras, a inferência abdutiva implica a consideração de todas as explicações teóricas possíveis para os dados, a elaboração de hipóteses para cada explicação possível, a verificação empírica destas por meio da análise dos dados, e a busca de uma explicação mais plausível.

Neste ponto, os pesquisadores utilizam as ideias surgidas a partir da experiência, elaboram uma hipótese subsequente e, então, retornam para verificar esta hipótese na experiência (Peirce, 1958).

Assim, após analisar os casos, você faz uma inferência lógica que apresenta uma interpretação teórica das relações existentes entre esses casos e, a seguir, você retorna ao campo para verificar e avaliar a sua inferência. Esses processos são centrais à amostragem teórica e estão evidentes nas reflexões de Hood durante a entrevista sobre como ela realizou a amostragem teórica.

> Você recua e avança entre a coleta dos dados e a análise e, à medida que a sua teoria se desenvolve pelo método comparativo constante, você fica sabendo, por meio de cada uma das etapas, quais os dados que precisa coletar para refinar a sua teoria. Portanto, de certa forma, vejo a teoria fundamentada como uma combinação entre trabalho indutivo e, até certo ponto, trabalho dedutivo. Você está desenvolvendo teoria indutivamente e, então, você está ao menos testando aqui as suas intuições continuamente (...) Podemos considerar isso como um método abdutivo. (...) Não diria que estejamos testando a teoria, dependendo do que se queira dizer com a palavra testando, mas estamos sim testando as nossas intuições.

Conforme sugerem as observações de Hood, a condução da amostragem teórica faz a sua análise avançar e, ao mesmo tempo, impede que você fique estagnado na coleta de dados não focados ou em análises confusas. Use a amostragem teórica para continuar seguindo na direção de objetivos emergentes como:

- Delinear as propriedades de uma categoria.
- Verificar as intuições acerca das categorias.
- Saturar as propriedades de uma categoria.
- Estabelecer distinções entre as categorias.
- Esclarecer as relações entre as categorias emergentes.
- Identificar a variação em um processo.

A amostragem teórica é *emergente*. Ela segue construindo categorias provisórias. Você não tem como saber de quais ideias irá precisar para fazer a amostra antes de iniciar a análise. A razão específica pela qual você conduz a amostragem teórica depende dos problemas analíticos que você enfrenta e das ideias, lacunas, ambiguidades e dúvidas que surgem posteriormente[9].

Identificar problemas e buscar soluções para eles é algo que requer certa dose de imparcialidade e distanciamento. Analiticamente, as suas categorias são fracas? Elas estão sustentadas de modo insuficiente? As suas ideias sobre as relações existentes entre as categorias são obscuras? Elas são confusas, ainda que sugestivas? Bons pesquisadores aprendem a reconhecer esses problemas analíticos, e a trabalhar para resolvê-los. A amostragem teórica na teoria fundamentada fornece uma ferramenta valiosa para o desenvolvimento da sua análise e para a correção de áreas problemáticas. O enfrentamento de problemas analíticos é parte do processo de pesquisa. O fato de sentir-se confuso e incerto, uma vez que se aprenda a tolerar a ambiguidade, demonstra o seu crescimento como pesquisador. Os pesquisadores que tratam o processo analítico como algo transparente, em geral, apresentam análises superficiais.

A condução da amostragem teórica o estimula a seguir de perto as indicações analíticas. Por conseguinte, você aperfeiçoa o seu estudo com:

- A especificação das propriedades relevantes de suas categorias.
- O aumento da precisão das suas categorias.
- O fornecimento da base necessária para passar o seu material do estágio da descrição para o da análise.
- A mudança para uma análise mais teórica e passível de generalização.
- A fundamentação das suas conjeturas nos dados.
- A explicação das conexões analíticas entre ou dentre as categorias.
- A elevação de parcimônia dos seus enunciados teóricos.

A amostragem teórica lhe fornece os dados para delinear as propriedades de uma categoria. No momento em que tentava fazer a classificação de como as pessoas vivenciaram uma doença crônica grave, verifiquei que, nos relatos dessas pessoas, havia uma abundância de narrativas sobre os dias desiguais, os sintomas incômodos e o tempo perdido. Ao comparar esses relatos, inventei a categoria "vivenciando uma doença intrusiva"[10]. Com certeza, a própria categoria é comum e específica à doença como afirmado anteriormente, mas o que ela abrange? De que forma eu poderia conceituá-la? Para que outros tipos de experiências, além da doença, o fato de vivenciar intrusões indesejadas poderia ter relevância?

Após coletar mais dados por meio da amostragem teórica, defini a categoria da doença intrusiva por suas propriedades analíticas como a exigência de atenção contínua, o tempo concedido e a adaptação forçada. Observe como essas propriedades encaixam-se no relato abaixo:

> Tem muitas coisas que eu não posso fazer. (...) Quando vou à escola noturna (...) Tenho de ir direto pra casa e deitar-me antes de ir, ou eu não consigo ir, enquanto há alguns anos eu não precisaria fazer isso.
> E realmente tenho tido problemas com a luz. Não posso estar em uma sala que tenha iluminação fluorescente sem usar óculos especiais. Portanto, se vou à aula à noite, preciso usar óculos escuros. E isso me cansa ainda mais, pois faz com que os meus olhos inchem até ficarem fechados (...) E também perdi três aulas e, antes, jamais faltei à aula. (Charmaz, 1991a, p. 43)

À medida que analisei muitos casos e incidentes, visei a fazer com que as propriedades da categoria da doença intrusiva refletissem as atitudes tomadas pelas pessoas para com as suas doenças e que revelassem os significados que elas lhes atribuíam. Na opinião dessas pessoas, se elas fossem manter alguma semelhança com as vidas que levavam anteriormente, suas doenças acabariam por impor exigências especiais a elas. As propriedades dessa categoria parecem ser objetivas, embora elas forneçam matéria-prima para a elaboração de enunciados teóricos sobre o tempo e a identidade. Ao conduzir a amostragem teórica a respeito da experiência de uma doença intrusiva, coletei mais dados sobre o modo como as pessoas definiam os seus dias desiguais, sobre o que significava para elas o fato de precisarem conceder o tempo diário necessário às tarefas relacionadas à doença, sobre o momento em que se sentiram forçadas a se adaptarem à doença, sobre que adaptações elas fizeram e sobre como viam a si mesmas. Por exemplo, uma mulher quis minimizar o conhecimento que os colegas tinham sobre o seu estado de saúde. Ela se sentia obrigada a concluir mais cedo as tarefas diárias de trabalho, antes de ser tomada pelo cansaço, e tentava camuflar os seus sintomas no período da tarde. À medida que foram aumentando os problemas para conseguir vencer o dia de trabalho, ela constatou que não poderia mais manter as esperanças de seguir trabalhando por mais oito anos até a aposentadoria. Ao perguntar sobre essas adaptações, algumas questões fizeram surgir muitas histórias. Além disso, testemunhei eventos que esclareceram o modo como a doença intrusiva afetava os meus participantes da pesquisa e pude, então, reunir as opiniões implícitas e as atitudes deles enquanto desenvolvia a análise.

Observe que a amostragem teórica fornece o material para você comparar as categorias teóricas. Verifique se você reuniu, sob uma categoria, determinadas propriedades que poderiam exigir a construção de categorias distintas, independentes. A experiência da doença intrusiva difere das duas outras formas de experienciar uma doença, como uma interrupção ou a imersão nela. Ao definir cada categoria de acordo com as suas propriedades, elevo o nível analítico da categoria e refino as definições de cada uma delas.

Traçar conexões entre as opiniões e as atitudes é uma forma de aguçar as suas ideias. Com o tempo, a análise de experiências comuns em um ambiente de campo passa a ser mais analítica, teórica e potencialmente passível de generalização. A amostragem confere ao seu trabalho profundidade e precisão analítica. À medida que você emprega a amostragem teórica, o seu trabalho ganha clareza e generalidade que transcendem o tópico imediato. Ao concentrar-se em suas *categorias teóricas*, e não em um tópico empírico único, a amostragem teórica o leva a fazer a amostra por áreas substanciais. Dessa forma, o emprego da amostragem teórica pode estimulá-lo a elevar a sua teoria a um nível formal e mais abstrato o qual abrange diversas áreas substanciais.

Se deslocássemos a análise sobre ter uma experiência intrusiva por campos substanciais, aonde conseguiríamos levá-la? Sem dúvida, alguns tipos de atividades de cuidadores exigem atenção contínua, concessão de tempo e adaptação forçada, e podem ser indesejáveis, de modo semelhante a ter uma doença grave. Há algumas semanas, uma cuidadora, cujo pai estava morrendo de câncer, leu partes do meu livro e comentou sobre a maneira como a minha análise do tempo se aplicava à sua experiência como cuidadora e à situação do pai dela. Pessoas que se encontram em situações difíceis, envolvidas em batalhas legais ou burocráticas inesperadas e as desagradáveis podem fornecer *insights* sobre como uma experiência intrusiva invade as suas vidas. Dois exemplos disso são a experiência de ter a identidade roubada ou a obtenção de atendimento especial na escola para uma criança com deficiência de aprendizagem. Em cada caso, podemos explorar a forma como as propriedades de vivenciar uma situação indesejada e persistente determinam os atributos do tempo – e, em decorrência, das próprias pessoas e situações subsequentes. Poderíamos comparar aquilo que começou como uma ruptura indesejada e, por vezes, chocante com casos que começaram como algo inconveniente e tornaram-se intrusivos. Podemos observar como e em que momento a experiência intrusiva se apropria das vidas das pessoas. Dependendo do grau de abrangência que isso tenha, pode ocorrer que as mudanças provocadas na vida cotidiana tenham consequências no desenvolvimento da personalidade desses indivíduos. Se, em minha análise da identidade e do tempo, eu tivesse ido além da experiência da doença, poderia ter elaborado uma teoria formal a respeito desses temas.

A fixação das categorias em uma base substancial e sólida oferece a você, em primeiro lugar, indicações sobre onde e como prosseguir em outras áreas. O livro de Jane Hood fornece uma teoria fundamentada substancial sobre a negociação conjugal em relação ao trabalho familiar[11]. Com essa análise ela constrói uma fundamentação a partir da qual pesquisas posteriores em outros campos poderiam gerar uma teoria formal, tanto na negociação tácita quanto na negociação estratégica. Ela poderia estabelecer, por exemplo, um *continuum* teórico entre a adaptação gradual e as negociações explícitas. Seja como for, ela tem o material inicial para buscar novos indivíduos e grupos envolvidos em negociações. Ela pode, então, verificar como o poder, igual ou desigual, dos participantes e suas diferentes parcelas no resultado da negociação afetam o modo como esta ocorre e o que acontece em consequência dela.

A utilização da amostragem teórica

Você pode utilizar a amostragem teórica tanto nas etapas iniciais quanto nas etapas posteriores da sua pesquisa, *desde que* você tenha categorias para orientar a sua amostragem. Use a amostragem teórica como uma estratégia para limitar o seu foco às categorias emergentes e como uma técnica para desenvolvê-las e refiná-las. Inicie a amostragem teórica quando você tiver algumas categorias preliminares a serem desenvolvidas. A amostragem teórica ajuda você a verificar, a qualificar e elaborar os limites das suas categorias, e a especificar as relações existentes entre as categorias. Inicialmente, a amostragem teórica o ajudará a preencher as propriedades de uma categoria para que você possa criar uma definição analítica e uma explicação dessa categoria. Posteriormente, a amostragem teórica poderá ajudá-lo a demonstrar as conexões entre as categorias.

Algumas tentativas de condução da amostragem teórica podem não ser particularmente teóricas. Nesse caso, os pesquisadores seguem uma descoberta interessante sem teorizar sobre a sua importância. Eles não conseguem estender os limites de uma descoberta substancial, nem responder à pergunta "E daí?". Essa descoberta é parte integrante de qual categoria ou problema teórico abstrato mais amplo? A amostragem teórica pretende fazer mais que seguir de perto os códigos iniciais interessantes, coisa que os bons pesquisadores costumeiramente já fazem. Realize a amostragem teórica após ter definido e experimentalmente conceituado as ideias relevantes que indicam as áreas a serem aprofundadas com mais dados. Caso contrário, a amostragem teórica antecipada pode resultar em uma ou mais das ciladas comuns da teoria fundamentada:

- Conclusão precipitada das categorias analíticas.
- Categorias repetitivas ou redundantes.
- Confiança demasiada em enunciados manifestos para a elaboração e verificação das categorias.
- Categorias não focadas ou não especificadas.

Os autores de livros-texto muitas vezes tratam a amostragem teórica como um procedimento que os pesquisadores realizam por meio de entrevistas. A amostragem teórica é mais uma *estratégia* que você invoca e adapta ao seu estudo específico que um procedimento explícito. Os métodos para a realização da amostragem teórica variam de acordo com o estudo. A amostragem teórica pode exigir a análise de documentos, a realização de observações ou a participação em novos mundos sociais, assim como entrevistar ou reentrevistar tendo como foco as suas categorias teóricas.

O que você procura por meio da amostragem teórica e o modo *como* você a conduz dependem dos seus objetivos ao realizá-la. Coerente com a lógica da teoria fundamentada, a amostragem teórica é emergente. As suas ideias em desenvolvimento determinam o que você faz, as áreas que você explora e as questões que você apresenta ao realizar a amostragem teórica.

O que você procura por meio da amostragem teórica e o modo *como* você a conduz dependem dos seus objetivos ao realizá-la. Coerente com a lógica da teoria fundamentada, a amostragem teórica é emergente. As suas ideias em desenvolvimento determinam o que você faz, as áreas que você explora e as questões que você apresenta ao realizar a amostragem teórica.

No momento em que eu estava tentando compreender a forma como os portadores de doenças crônicas definiam a passagem do tempo, voltei a vários participantes os quais eu já havia entrevistado, agora com questões mais focadas sobre o modo como eles percebiam o tempo nas crises iniciais e sobre os momentos em que o tempo parecia lento, acelerado, à deriva ou arrastado. Como esses tópicos repercutiam nas experiências deles, eles responderam questões obscuras e ofereceram numerosos *insights* sobre os significados da duração temporal. Por exemplo, quando estudei as histórias deles, constatei que os adultos cronicamente doentes situavam os seus autoconceitos no passado, presente ou futuro[12]. Esses períodos refletiam a forma e o conteúdo da identidade, estampavam os sonhos e as esperanças relativos à identidade, bem como as crenças e os entendimentos sobre ela. A partir disso, fiz com que a categoria "a identidade no tempo" se tornasse uma categoria principal. Depois disso, perguntei a mais pessoas sobre como elas viam a si mesmas em relação ao passado, ao presente e ao futuro. Uma mulher idosa de classe trabalhadora disse sem hesitação:

> Eu me vejo no futuro agora. Se você tivesse perguntado onde eu me via há oito meses, eu teria dito: "no passado". Eu estava tão indignada naquela época porque eu havia sido uma pessoa muito ativa. E decair assim tão rápido como aconteceu comigo, senti como se a vida tivesse sido terrivelmente cruel comigo. Agora me vejo no futuro porque ainda existe alguma coisa que Deus quer que eu faça. Eu me sento aqui toda enrugada nessa cadeira sem que consiga fazer nada sozinha e, mesmo assim, há um propósito no fato de eu estar aqui. (*Risos*) Fico pensando no que poderia ser. (Charmaz, 1991a, p. 256)

Por meio da amostragem teórica você consegue elaborar o significado das suas categorias, descobrir a variação que ocorre dentro delas e definir as *lacunas existentes entre as categorias*. Ao falar em lacunas entre as categorias, refiro-me ao fato de que as categorias vigentes não consideram a experiência relevante em toda a sua extensão. A amostragem teórica depende dos métodos comparativos para descobrir essas lacunas e encontrar maneiras de preenchê-las. Esses métodos são particularmente úteis no momento em que você tenta analisar uma experiência quase imperceptível e as opiniões tácitas. Por exemplo, como conversei com as pessoas sobre as experiências delas em relação à doença e ao tempo, e escrevi memorandos sobre as propriedades relativas às pessoas situarem-se no tempo, constatei que os significados do passado se diferenciavam (Charmaz, 1991a). Para algumas pessoas, o passado representava uma trama desordenada na qual eles se sentiam como se estivessem presos em uma armadilha. Eles procuravam explicar e esclarecer eventos passados os quais os haviam conduzido ao presente. Outras pessoas situavam a si mesmas em um passado com o qual se sentiam familiarizadas pelo fato de o presente parecer-lhes tão estranho e inexplicável. Outras, ainda, situavam a si mesmas em um passado reconstruído que brilhava de felicidade, plenitude e vibração quando posto em contraste com um presente vivido com o qual elas não se identificavam. Como analisei as diferenças em relação a como as pessoas situavam a si próprias no passado, as minhas subcategorias que representavam os passados delas, "o passado como uma trama desordenada", "o passado conhecido e o presente inexplicável" e "o passado reconstruído", refinaram a categoria mais ampla sobre a identidade no passado e revelaram como esse viver no passado variava.

Descobrindo a variação

A variação existente dentro de um processo normalmente fica evidente quando você realiza a amostragem teórica. Por exemplo, ao conviverem com a diminuição da capacidade física, as pessoas demonstram uma variação considerável no modo como agem e sentem-se em relação a isso. Elas podem ignorar essa diminuição de capacidade, minimizá-la, lutar contra ela, conformar-se, aceitá-la ou adaptar-se[13]. Essas formas de vivenciar a diminuição da capacidade física podem se diferenciar não apenas entre as pessoas, mas também ao longo do tempo em relação ao mesmo indivíduo. Eu quis observar quais as modificações que ocorreram ao longo do tempo e, para isso, conversei com um subconjunto de meus participantes de entrevistas por vários anos. Ser seletivo em relação aos dados que você busca e onde você os busca o ajudará a perceber a variação no processo em estudo. Você se concentra em determinadas ações, experiências, eventos ou questões, e *não nos indivíduos per se*, para compreender como, onde e por que as suas categorias teóricas variam. No entanto, você provavelmente conseguirá obter mais conhecimento sobre aquelas experiências, eventos ou questões que você busca tratar de uma forma teórica por meio da observação ou ao conversar com determinados indivíduos. Por exemplo, uma das minhas categorias principais era "a imersão na doença" (Charmaz, 1991a). As propriedades principais da imersão incluíram a reorganização da vida em função da doença, a inserção nas rotinas da doença, a vinculação da pessoa ao seu pequeno grupo de pessoas mais íntimas, o enfrentamento da dependência e a experiência de uma perspectiva alterada (mais lenta) do tempo. Todos os tipos de atividades exigiam um tempo mais longo, ainda que nem todas as pessoas tivessem as suas perspectivas em relação ao tempo alteradas, apesar de imersas na doença.

Como é possível esclarecer esse fenômeno? O que sustentou a manutenção de uma perspectiva do tempo que diz respeito a um universo comum do passado? Ao voltar aos meus dados, obtive algumas indicações. Conversei, então, com mais pessoas sobre as experiências e os eventos específicos que influenciaram as suas perspectivas em relação ao tempo. A amostragem teórica me ajudou a refinar a análise e a torná-la mais complexa. A partir disso, acrescentei uma categoria denominada "variações na imersão" para destacar e esclarecer experiências distintas de imersão na doença.

As minhas entrevistas iniciais continham insinuações de que a imersão na doença variava e afetava o modo de vivenciar o tempo, mas a significação dessa variação só me ocorreu depois que desenvolvi uma categoria mais ampla sobre a imersão na doença. Eu havia começado a perceber as variações naquilo que caracterizava o fato de estar imerso na doença quando comparei eventos reveladores e experiências específicas de pessoas com doenças diferentes, com circunstâncias de vida diferentes e de idades diferentes. Posteriormente, a amostragem teórica me ajudou a definir formas mais específicas de variação. Por exemplo, realizei a amostragem para descobrir o modo como a doença e o tempo se distinguiam para as pessoas que passavam meses em salas escurecidas e como ambos variavam quando as pessoas vivenciavam a expectativa de uma breve melhora ou descreviam as suas próprias circunstâncias como sendo o enfrentamento de uma incerteza contínua. As demarcações do tempo se estendiam quando as pessoas tinham poucas atividades, pouca companhia e mínimas responsabilidades. Estabelecer comparações explícitas por meio de memorandos sucessivos me permitiu esboçar conexões que eu não havia percebido inicialmente. O memorando passou a ser uma breve seção de um capítulo que começa conforme o exposto abaixo e logo segue detalhando cada um dos pontos restantes:

> *As variações na imersão*
> Uma longa imersão na doença determina a vida cotidiana e afeta a maneira como cada um vivencia o tempo. Reciprocamente, as formas de vivenciar o tempo dialeticamente afetam as propriedades da imersão na doença. O quadro anterior, da imersão e do tempo, apresenta contornos bem definidos. Quais fontes de variação suavizam ou alteram o quadro da imersão e do tempo? O quadro pode variar de acordo com os seguintes aspectos de cada pessoa: 1) o tipo de doença; 2) o tipo de medicação; 3) a perspectiva anterior do tempo; 4) a circunstância de vida; e 5) os objetivos.
> O tipo de doença determina a forma de vivenciar e o modo de relacionar-se com o tempo. Tentar controlar o diabete exige claramente a obtenção de uma consciência elevada da regulação do tempo para as rotinas diárias. Contudo, os efeitos da doença podem permanecer muito mais sutis. Pessoas com síndrome de Sjögren, por exemplo, podem ter períodos de desordem quando se sentem completamente fora de sincronia com o mundo ao redor delas. Para elas, as coisas acontecem de uma forma muito rápida, exatamente quando os seus corpos e mentes funcionam de uma forma muito lenta. Como consequência, essas pessoas podem se refugiar em rotinas para se proteger. Os pacientes com lúpus, em geral, precisam se refugiar porque não conseguem tolerar o sol. Sara Shaw cobriu as janelas com mantas pretas quando estava muito doente. Dessa forma, a percepção cronológica dela tornou-se ainda mais alterada à medida que o dia e a noite passaram a ser uma coisa só dentro de um fluxo contínuo da doença. (Charmaz, 1991a, p. 93)

A amostragem teórica se concentra na nova coleta de dados para refinar as categorias-chave de sua pesquisa. Você pode então definir essas categorias de uma forma bastante explícita e identificar as propriedades e os parâmetros dessas categorias. A sua redação de memorandos torna-se mais exata, analítica e incisiva. A amostragem teórica mantém você alternando-se entre a coleta de dados com um objetivo definido e a redação de memorandos analíticos. Você segue as indicações, verifica as intuições e refina as suas ideias com os memorandos sucessivos. Como a amostragem teórica o obriga a checar as suas ideias em contraste com as realidades empíricas objetivas, você tem um material sólido e ideias confiáveis com os quais trabalhar. Você ganha confiança na percepção dos seus dados e na teorização que elabora a partir destes.

A lógica da amostragem teórica pressupõe um método rápido e focado de coleta de dados precisos. Alguns pesquisadores que utilizam a teoria fundamentada apresentam a amostragem teórica como uma etapa não problemática do refinamento da teoria, ainda que a realização dela requeira mais do que procedimentos técnicos e analíticos. Ela leva o pesquisador de volta aos universos empíricos com todas as suas tensões e ambiguidades.

Os universos empíricos têm as suas próprias regras e tradições às quais a amostragem teórica pode não se ajustar. As explicações da amostragem teórica presentes nos livros-texto raramente consideram as reciprocidades interacionais e as exigências situacionais. Essas explicações técnicas ignoram as relações e as reciprocidades do campo, bem como todo o trabalho real exigido para a obtenção do pronto acesso às informações. Você pode não conseguir simplesmente irromper, pegar os dados necessários e voltar correndo para a sua mesa. Na pesquisa de campo, os limites entre o envolvimento e o distanciamento muitas vezes se confundem e podem exigir uma renegociação contínua. Lembre-se de que é muito improvável que seres humanos gostem de ser tratados como objetos dos quais você extrai dados. É importante que haja reciprocidade, ou seja, escutá-los e estar presente entre eles. Alguns pesquisadores controlam o acesso com base em sua própria autoridade e no prestígio de seus projetos, enquanto muitos outros não conseguem. Em vez disso, conseguimos obter acesso por meio da confiança que emerge do estabelecimento de relações contínuas e de reciprocidades. Ignorar tais reciprocidades não apenas reduz as suas chances de obtenção de dados reveladores, mas, além disso, desumaniza os seus participantes, e você mesmo.

A logística da legitimidade, do acesso formal e da entrada no campo também apresenta problemas. Durante uma apresentação recente sobre a teoria fundamentada, uma pesquisadora me perguntou: "Como você faz a amostragem teórica quando você precisa da aprovação dos IRBs?"[14] Uma pergunta excelente. Dependendo da situação de seus participantes e da sua própria situação, a realização da amostragem teórica pode exigir uma nova liberação junto aos conselhos e comitês institucionais. Esses conselhos podem ser orientados por modelos biomédicos de experimentação. Por meio das suas decisões, eles tentam decretar princípios relativos a não causar danos aos sujeitos da pesquisa, a antever danos potenciais e articular estratégias de minimização e controle de qualquer dano que possa ocorrer. As propostas de pesquisa financiadas passam por uma análise minuciosa e cautelosa antes que os seus investigadores possam coletar qualquer tipo de dado. A maior parte dos pesquisadores e dos estudantes que realizam pesquisa não financiada também deve receber a aprovação dos conselhos institucionais antes de prosseguir com seus estudos. Como eles podem conciliar o processo emergente da construção da teoria fundamentada com as restrições institucionais à pesquisa?[15]

Considerando-se as práticas atuais dos conselhos institucionais de revisão dos comitês de pesquisa, muitos pesquisadores qualitativos tentam prever todas as contingências possíveis e considerá-las em suas propostas de pesquisa. Se considerada literalmente, a amostragem teórica apresenta obstáculos porque você não consegue prever antecipadamente quais serão as suas categorias principais. Entretanto, você pode criar uma base lógica para justificar a utilização da amostragem teórica mais tarde, sem explicar a lógica da amostragem teórica ou especificar as categorias principais com antecedência. De início, busque apenas a aprovação para um possível segundo, e talvez um terceiro, conjunto de entrevistas e observações. Pode ser útil a inclusão da observação participante na entrevista e no campo como parte de sua abordagem metodológica. As observações e as entrevistas múltiplas concedem o acesso. Uma folha de esclarecimento e confirmação deve então ser suficiente para a obtenção da aprovação da sua proposta. Ao esboçar as etapas-chave da teoria fundamentada, você demonstra como planeja aumentar a precisão conceitual de suas ideias emergentes e concentrar-se na coleta de dados para alcançar essa precisão à medida que avança. Dessa forma, as suas observações, as suas entrevistas, os seus casos ou outros tipos de dados posteriores estão orientados para o tratamento de questões conceituais. Em resumo, criar planos de retorno aos ambientes de campo e aos "informantes-chave" em sua proposta original fornecerá a você alguma margem de ação para a coleta de novos dados para o desenvolvimento das propriedades das categorias. De modo semelhante, quando você esboça um estudo de entrevista, a elaboração de um planejamento para a realização de entrevistas de acompanhamento sobre as ideias principais possibilitarão a amostragem teórica.

A adoção da linguagem da validação pelos respondentes na sua proposta de pesquisa pode também ser útil à medida que uma vasta literatura sobre a validação pelos respondentes vem tornando-a uma prática aceita, e, muitas vezes, aguardada. Embora a validação pelos respondentes geralmente se refira a levar as ideias de volta aos participantes da pesquisa para que sejam confirmadas, você pode usar as visitas de retorno para coletar material para a elaboração das suas categorias. Cheryl Albas e Dan Albas[16] inventaram um método inteligente de verificação e refinamento das suas categorias em etapas avançadas da pesquisa. Eles explicam as suas categorias principais para determinados participantes estudados e então indagam se e até que ponto essas categorias se ajustam à experiência de cada participante. Albas e Albas observam as manifestações do participante apresentadas durante a conversa, e também aquelas emitidas inconscientemente. Quando um participante oferece uma concordância branda com a análise deles, Albas e Albas concluem que as suas categorias não chegaram a compreender a essência da experiência do participante. Subsequentemente, Albas e Albas envolvem o participante em uma discussão para gerar novas propriedades de uma categoria ou um conjunto de categorias. Eles contam que obtiveram alguns de seus melhores dados a partir dessa técnica.

Alasuutari (1992 e 1996) recorre a uma estratégia semelhante, só que às avessas. Em vez de visar a descobrir aquilo que poderia ter deixado passar ou analisado de uma forma pouco aprofundada, como fizeram Albas e Albas, ele confronta os participantes de pesquisa com as suas próprias ações tácitas. Assim, Alassutari tem por objetivo atingir aquilo que *eles* omitiram ou minimizaram. Ele fala do ponto de vista do pesquisador quando chama a atenção para o fato de que os informantes tipicamente fornecem interpretações significativas, porém parciais. O pesquisador deve indagar com maior profundidade em busca de informações para desenvolver uma explicação mais completa. As estratégias de Alasuutari para a construção dessa explicação têm semelhança com a amostragem teórica. Veja como Alasuutari (1995, p. 170-171) transmitiu suas observações aos participantes:

> Em uma determinada conversa levantei a questão sobre por que os membros estavam sempre tão ansiosos por competir pelo título de maior beberrão e, ao mesmo tempo, depreciar o consumo de bebida por parte de outros membros:
> PA: De alguma forma, percebo que existe neste grupo uma sensação de que há alguém aqui que não tenha bebido tanto quanto os outros ou de que há alguém que passou menos tempo na pior que os outros, de modo que vocês tendem a depreciar o consumo de bebida daquela pessoa, vocês sabem como é, é como se dissessem: Ah, isso não é nada, eu bebi muito mais que ele.
> A: Onde você ouviu isso?
> PA: Eu ouvi, você sabe.
> B: Entendi.
> PA: Aqui mesmo, durante essas sessões.
> C: É sempre melhor que você perceba o quanto antes que precisa ir lá e buscar ajuda, não é mesmo?
> A: É verdade.
> C: Quanto mais tempo você bebe, mais idiota você fica, quanto a isso não há dúvida.

PA: Mas você se orgulha de ter ficado mais idiota?
C: Muitas vezes você deturpa um pouco as coisas, como o fato de eu ter bebido durante mais tempo que você. Você só bebeu durante um ano, já eu passei por isso por dois anos. Portanto, aquele que bebeu por um ano constata que esse seria o momento em que eu precisaria ter vindo e buscado ajuda. Quer dizer, sou tão idiota que não percebi que precisava vir e buscar ajuda, precisei continuar. Então, é assim que eu descrevo a situação, de modo que, veja só, eu estou um pouco melhor, *eu sei como são essas coisas*, estou um pouco melhor.
Quando levantei essa questão, os membros do grupo primeiro quiseram negar a minha interpretação, embora eu tivesse exemplos claros desses tipos de situações em minhas anotações de campo. No momento em que finalmente foi admitido o fato de que o fenômeno realmente existe, o membro C (na parte em itálico da fala dele) dá um embasamento adicional à minha interpretação de modo que a ênfase na gravidade dos problemas ligados ao álcool que alguém tenha tido anteriormente está associada ao respeito que os membros demonstram pela experiência prática.

Nesse exemplo, Alasuutari apresentou a sua interpretação e incentivou um diálogo sobre ela[17]. Ele obteve a confirmação das suas ideias e, em um momento posterior dessa mesma conversa, instigou um pouco mais. Em minha opinião, a eficácia de Alassutari teve duas origens: os vínculos fortes com os membros do grupo e os dados sólidos a partir dos quais ele pôde se manifestar. Os vínculos fortes estabelecem confiança e promovem conversas abertas com os participantes de pesquisa sobre áreas as quais geralmente permanecem sem serem mencionadas. Os dados sólidos fundamentam as questões, *apesar da sua natureza provocativa*. Aquilo que poderia ser uma questão de orientação preconcebida feita por um observador inexperiente pode se tornar uma estratégia incisiva nas mãos de um etnógrafo experiente. Interessante observar que Alasuutari não deixou de questionar o apoio daqueles homens à sua interpretação. Ao contrário, ele seguiu com isso por mais algumas etapas analíticas. Ele situou a interpretação confirmada no contexto da cultura do grupo e concluiu que ela também refletia as relações contraditórias dos membros do grupo com a equipe de assistentes e a falta de confiança nos profissionais.

A SATURAÇÃO DAS CATEGORIAS TEÓRICAS

Quando interromper a coleta de dados? Que critérios usar? A breve resposta padrão da teoria fundamentada à questão dos critérios prescreve: interrompa quando as suas categorias estiverem saturadas. A resposta mais longa é que as categorias estão "saturadas" quando a coleta de dados novos não mais desperta novos *insights* teóricos, nem revela propriedades novas dessas categorias teóricas centras.

As categorias estão "saturadas" quando a coleta de dados novos não mais desperta novos *insights* teóricos, nem revela propriedades novas dessas categorias teóricas centrais.

Conforme sugerido anteriormente, a saturação na teoria fundamentada não é a mesma coisa que testemunhar a repetição dos mesmos eventos ou histórias, embora muitos pesquisadores qualitativos confundam a saturação com a repetição dos eventos, ações e/ou enunciados descritos. O uso trivial do termo saturação infere que não existe nada novo acontecendo. "Continuei encontrando os mesmos padrões."

Ao contrário, Glaser (2001, p. 191) adota uma perspectiva mais sofisticada da saturação que o sugerido na linguagem coloquial de pesquisa.

> A saturação não implica em observar novamente o mesmo padrão por repetidas vezes. É a conceitualização das comparações desses incidentes que produz propriedades diferentes do padrão, até que não surja mais nenhuma propriedade nova do padrão. Isso produz a densidade conceitual que, quando integrada às hipóteses, compõe o corpo da teoria fundamentada gerada com exatidão teórica.

A perspectiva de Glaser sobre a saturação forma a base para a consideração dos conceitos teóricos na teoria fundamentada. Quando você considera as categorias teoricamente, você as eleva a um nível abstrato e geral enquanto preserva as conexões específicas com os dados a partir dos quais você construiu essas categorias. Ao avaliar se você saturou as suas categorias, considere questionar-se quanto às seguintes perguntas:

- Quais comparações você faz entre os dados dentro das categorias e entre estas?
- Como você compreende essas comparações?
- A que elas o conseguem levá-lo?
- De que forma as suas comparações elucidam as suas categorias teóricas?
- A que outras direções, se for este o caso, elas o levam?
- Quais novas relações conceituais, se houver alguma, você poderia observar?

A lógica da teoria fundamentada apresenta a saturação como sendo o critério a ser aplicado às suas categorias. Dessa maneira, alguns pesquisadores adeptos da teoria fundamentada (Glaser, 1992, 1998 e 2001; Stern, 2001) defendem que você continue realizando a amostragem até que as suas categorias estejam saturadas e que essa lógica supera o tamanho da amostra, o qual pode ser muito pequeno.

Outras considerações podem superar o tamanho da amostra. Pondere sobre o quanto as suas pretensões relativas à saturação afetam a credibilidade de seu estudo. Um estudo pequeno com pretensões moderadas poderia permitir a proclamação antecipada da saturação. Os pesquisadores que criam grandes pretensões devem estar amadurecidos em relação à eficácia de seus dados e ao rigor de suas análises. Um estudo de 25 entrevistas pode ser o suficiente para determinados projetos pequenos, mas provocam ceticismo quando as pretensões do autor referem-se, digamos, à natureza humana, ou quando contradizem a pesquisa existente.

A saturação *teórica* é aquilo que os pesquisadores da teoria fundamentada buscam, ou que deveriam buscar, segundo os cânones. Embora os pesquisadores adeptos à teoria fundamentada utilizem o termo "saturação" indiscriminadamente, as divergências surgem quanto ao significado da saturação. Conforme observa Janice Morse (1995), os pesquisadores, muitas vezes, proclamam a saturação sem de fato comprovarem que a alcançaram. Assim como outras abordagens qualitativas, a teoria fundamentada compartilha o risco da pressuposição de que as categorias estejam saturadas quando é possível que isso não se verifique.

Interessam-nos aqui os tipos de questões de pesquisa iniciais e o nível analítico das categorias subsequentes. Questões de pesquisa corriqueiras podem gerar categorias saturadas, porém comuns ou triviais. Por exemplo, uma pesquisadora que questiona se mulheres obesas sofrem estigma pode considerar que todas as suas entrevistas indicam que sim e, a partir disso, alegar que a categoria designada como "vivenciando o estigma" esteja saturada, sem nem começar a analisar o que o estigma significa e como ele se estabelece. O tratamento analítico não crítico ou limitado também pode resultar na saturação antecipada das categorias. Questões novas podem exigir categorias mais complexas e uma investigação melhor sustentada.

Dey (1999) contesta a noção de saturação em dois sentidos: o significado da saturação e as suas consequências. Em primeiro lugar, ele chama a atenção para o fato de que os pesquisadores adeptos à teoria fundamentada geram categorias por meio da codificação parcial, e não exaustiva. Dey considera o termo "saturação" como "mais uma metáfora infeliz" (p. 257) em função de seu uso impreciso. Para ele, o termo saturação é incongruente com um procedimento que "interrompe bruscamente a codificação de todos os dados" (p. 257) e baseia-se na *conjetura* do pesquisador de que as propriedades da categoria estejam saturadas. Em resumo, você não consegue gerar provas que sustentem essa conjetura sem realizar o trabalho. Em vez de estabelecer categorias saturadas pelos dados, Dey argumenta que precisamos ter categorias *sugeridas* pelos dados. Em lugar das alegações quanto a alcançar a saturação, o termo da preferência do autor, "*suficiência teórica*" (p. 257), melhor se adapta ao modo como os pesquisadores realizam a teoria fundamentada.

Em segundo lugar, Dey sugere que seguir os métodos da teoria fundamentada pode levar a consequências imprevistas na saturação das categorias. Ele questiona se a saturação das próprias categorias é um produto da forma como os pesquisadores adeptos da teoria fundamentada enfocam e administram a coleta de dados. Essas considerações despertam novas questões. As nossas alegações quanto a termos saturado as categorias são legítimas? Em caso positivo, em que momento? O método é um sistema teleológico fechado? Quando os pesquisadores tratam as diretrizes da teoria fundamentada como receitas prontas, eles realmente impedem as possibilidades de inovação sem que tenham explorado os seus dados. A matriz da codificação axial de Strauss e Corbin (1990 e 1998) pode impor aos dados uma estrutura preconcebida, o que pode também ocorrer com qualquer conjunto de códigos teóricos de Glaser. A aceitação e a aplicação dessas estruturas retiram a focalização inerente à teoria fundamentada, tornando-a diretiva e prescritiva. Em consequência, os pesquisadores comprometem o valor e a legitimidade de suas análises.

Por extensão, o argumento proposto por Dey complementa as minhas considerações sobre a exclusão de possibilidades analíticas e sobre a construção de análises superficiais. A minha solução para isso? Esteja aberto ao que ocorre no campo e disposto a enfrentar isso. No momento em que você estiver estagnado, volte e recodifique os dados anteriores e veja se você consegue definir novas orientações. Use as diretrizes da teoria fundamentada de modo que elas lhe possibilitem uma compreensão mais clara sobre o material, e não como uma máquina que faz o trabalho por você.

A CLASSIFICAÇÃO TEÓRICA, A REPRESENTAÇÃO GRÁFICA E A INTEGRAÇÃO

A classificação, a representação gráfica e a integração dos seus memorandos são processos inter-relacionados. A sua classificação pode integrar a análise e um diagrama pode, ao mesmo tempo, classificá-la e integrá-la. A imagem visual de um diagrama pode sugerir o conteúdo e a direção da análise, bem como a sua forma. Todos os pesquisadores qualitativos utilizam, em seus dados, estratégias metodológicas como a classificação, a representação gráfica e a integração; no entanto, os pesquisadores adeptos à teoria fundamentada usam essas estratégias em benefício do desenvolvimento *teórico* de suas análises. A seguir, os tópicos da classificação, da representação gráfica e da interpretação são tratados em separado para proporcionar maior esclarecimento, embora estejam entrelaçados na prática da teoria fundamentada.

Classificação teórica

Os memorandos analíticos fornecem o material para a criação dos primeiros esboços de artigos ou capítulos. Redigir memorandos durante cada fase analítica estimula o pesquisador a tornar a análise progressivamente mais forte, mais esclarecedora e mais teórica. Você já elaborou as categorias nos seus memorandos escritos e as denominou com os termos mais concretos, específicos e analíticos possíveis. Agora você está pronto para classificá-las.

A classificação na teoria fundamentada fornece ao pesquisador a lógica para organizar a sua análise e um caminho para a criação e o refinamento das conexões teóricas que o incentivam a estabelecer as comparações entre as categorias.

Na teoria fundamentada, a classificação vai além da primeira etapa da organização de um artigo, capítulo ou livro: a classificação alimenta a sua teoria emergente. Ela fornece ao pesquisador os recursos para a criação e o refinamento das conexões teóricas. Por meio da classificação, você trabalha na integração teórica das suas categorias. Assim, a classificação o impele a comparar as categorias em um nível abstrato.

Considere a lógica da sua teoria emergente. Na minha pesquisa sobre a experiência da doença crônica, ficou claro que determinados eventos repercutiram na consciência das pessoas muito tempo depois de suas ocorrências e tornaram-se pontos críticos. Denominei esses eventos como "eventos significativos" e os tratei como uma categoria principal, pois eles determinaram os significados do tempo e da identidade. A minha forma de tratar[18] a categoria é a seguinte:

> Momentos revividos. Histórias recontadas (...) emoções recorrentes. Os eventos significativos ecoam na memória. Quer represente uma confirmação ou uma ruptura, um evento significativo revela imagens da identidade presente ou possível e desperta emoções. Assim, esses eventos caracterizam o período e tornam-se pontos críticos.
>
> Um evento significativo se destaca na memória em função dos seus limites, da sua intensidade e da sua força emocional. Além disso, um evento significativo apreende, delimita e intensifica as emoções. Frequentemente, essas emoções são de desventura como desorientação, humilhação, degradação, deslealdade ou perda. O evento inflama e determina essas emoções. As repercussões emocionais de um único evento ecoam no presente e no futuro e, portanto, ainda que sutilmente, encobrem as ideias e as emoções em relação à identidade, e alteram os significados do tempo (cf. Denzin, 1984).
>
> Os eventos significativos transcendem os atores dentro deles e o período no qual acontecem. Esses eventos são realidades emergentes, são eventos *sui generis*; eles não podem ser reduzidos a partes componentes (Durkheim, 1951). Desse modo, um evento significativo reflete mais que uma relação ou as ações do outro. Saber quando, onde e como o evento ocorre, e quem participa dele contribui para a força do evento e influencia as interpretações deste. A classificação daquilo que o evento significa e das emoções "corretas" ligadas a ele determina a autoimagem e o autoconceito.

> Um evento significativo congela e amplia um momento no tempo. Em função dos significados inerentes ou potenciais da identidade dentro do evento, as pessoas atribuem a ele qualidades arraigadas. Elas o reificam. Para elas, o evento suplanta os significados anteriores e prenuncia as suas identidades futuras. (Charmaz, 1991a, p. 210)

Na narrativa anterior, expliquei em detalhes as propriedades da categoria. Voltei então a minha atenção para dois processos agrupados por ela: descobrir eventos positivos e recordar eventos negativos. No momento em que os participantes da pesquisa definiram eventos específicos, positivos ou negativos, como pontos críticos que retinham um significado relativo à identidade, passei a tratá-los como eventos significativos. A seguir, considerei a forma como as emoções atuais de uma pessoa estavam ligadas a uma identidade do passado. Nesse caso, a classificação se originou de uma lógica simples, mas tornou-se mais complexa à medida que eu trouxe a análise do passado para o presente com os memorandos sobre as seguintes subcategorias: "vivenciando as emoções atuais e uma identidade do passado" e "transcendendo as emoções do passado".

Os pesquisadores constroem o modo como classificam e compilam os memorandos. Quanto maior a precisão com que a sua classificação refletir a sua descrição do fluxo da experiência empírica, menos confusa ela parecerá tanto para você quanto provavelmente também para os seus leitores. Quando você tem uma lógica que faz sentido, a classificação e a integração dos memorandos se encaixam. Quando você inclui vários processos ou busca múltiplas categorias, pode ser que a forma de classificar e integrar os seus memorandos nem sempre apresente contornos tão nítidos. Experimente várias classificações distintas e considere todos os aspectos de como cada uma delas retrata a sua análise. Quando você estiver elaborando cada uma das formas de classificação, pode ser útil representá-las visualmente.

A classificação, a comparação e a integração dos memorandos parecem etapas simples. Cada memorando sobre uma categoria pode vir a ser uma seção ou subseção do esboço. Nesse caso, a integração dos memorandos pode simplesmente reproduzir a lógica teórica da análise, ou dos estágios de um processo. Porém, a classificação, a comparação e a integração dos memorandos podem ser mais complicadas. Pegue um memorando da sua pilha e o compare com outro, e depois outro (ver também Glaser, 1998). Qual a comparação entre os memorandos? A comparação que você fez desperta ideias novas? Nesse caso, escreva outro memorando. Você percebe novas relações entre os memorandos? Quais orientações você obtém com a classificação dos memorandos? Se isso ajudar, pegue os seus memorandos relacionados e improvise alguns agrupamentos com eles. Como eles se ajustam em conjunto? O que faz mais sentido? Alguns grupos de memorandos ajustam-se tão bem em conjunto que as respostas parecem óbvias. No entanto, em muitas análises, você deve criar uma ordem e fazer as conexões para os seus leitores. O primeiro esboço de seu texto representa a forma como você classifica, compara e integra um conjunto de memorandos dentro de algum tipo de ordem coerente.

Como começar a tratar da classificação, da comparação e da integração dos memorandos?

- Classifique os memorandos pelo título de cada categoria.
- Compare as categorias.
- Considere como a ordem das categorias reflete a experiência estudada.
- Avalie como essa ordem se ajusta à lógica das categorias.
- Crie o melhor equilíbrio possível entre a experiência estudada, as suas categorias e os enunciados teóricos que você elaborou sobre elas.

Alguns conselhos práticos podem ser úteis. Classifique os seus memorandos manuscritos em um local onde você possa vê-los e misturá-los. Por hora, desligue o computador. Usar uma mesa é uma ótima opção; embora você também possa fazer isso no chão, caso você não tenha gatos ou crianças em casa que possam desorganizar o seu material já classificado. Certa vez, enchi as paredes da minha sala de jantar com cartões afixados que continham os títulos dos memorandos. Esteja disposto a experimentar diferentes tipos de organização dos memorandos. Trate esses arranjos como provisórios e brinque com eles. Disponha-os de várias formas. Esboce alguns diagramas para conectá-los. No momento em que um tipo de classificação lhe parecer promissor, anote-o e represente-o em um diagrama.

Continue comparando as categorias enquanto classifica os memorandos. A classificação favorece os seus esforços para refinar as comparações entre as categorias. Em consequência da classificação, você conseguirá perceber melhor as relações entre as suas categorias. Por exemplo, classificar os memorandos relativos ao tempo e à identidade esclareceu um mecanismo principal em relação a como as pessoas portadoras de doenças crônicas viam a si mesmas. Percebi a facilidade com que elas oscilavam entre viver no presente e situar a si mesmas no passado à medida que o presente se tornava mais problemático. As relações entre as categorias formam um esboço do que você abrange e de *como* você o faz. Elas fornecem informações importantes aos seus futuros leitores. Estudar e classificar essas categorias ajuda a descobrir quando e onde você se perde.

Representação gráfica

Os diagramas podem mostrar imagens concretas de nossas ideias. A vantagem dos diagramas é que eles proporcionam uma representação visual das categorias e de suas relações. Muitos pesquisadores que utilizam a teoria fundamentada, em particular aqueles influenciados por Clarke (2003, 2005), Strauss (1987) e Strauss e Corbin (1998), consideram a criação de imagens visuais das suas teorias emergentes como um componente intrínseco dos métodos da teoria fundamentada. Eles utilizam diversas tipos de diagramas, inclusive mapas, gráficos e figuras, para extrair as relações enquanto constroem suas análises e para demonstrar essas relações em seus trabalhos concluídos.

Os diagramas possibilitam que você perceba o poder relativo, o alcance e a direção das categorias em sua análise, bem como as conexões existentes entre elas. Você pode considerar que os diagramas podem servir para objetivos úteis e diversos em todas as etapas da análise. Você pode rever um agrupamento inicial improvisado relativo a uma categoria, transformando-o em uma forma mais exata, como um diagrama que ilustra as propriedades da categoria. Você pode elaborar um mapa conceitual o qual situe os seus conceitos e orienta o movimento que existe entre eles.

Os mapas revelam situações e processos (Clarke, 2003 e 2005). Os mapas conceituais conseguem representar a força relativa ou a fragilidade das relações. Adele Clarke (2003 e 2005) utiliza os mapas para criar análises situacionais sofisticadas que apresentam uma alternativa nova à ênfase inicial da teoria fundamentada em processos sociais básicos. Ela argumenta que já sabemos muito sobre o lugar e os problemas de pesquisa antes de oficialmente coletarmos os dados e que os mapas consistem em um modo de fazer um uso produtivo desse conhecimento.

Pelo mapeamento das situações, dos mundos sociais e suas arenas, e das posturas nos discursos, Clarke pretende desenvolver os métodos da teoria fundamentada de forma a preservar as realidades e as complexidades empíricas sem lançar mão de análises reducionistas ou que dependam inteiramente do modelo de processo social básico extensamente defendido por Glaser (1978) como sendo essencial para a teoria fundamentada. Considere as técnicas de Clarke (veja as Figuras 5.1 e 5.2) para classificar os memorandos convencionais da teoria fundamentada, além da explicação das arenas sociais e dos níveis de análise dos mundos sociais para os quais ela as inventou.

Os mapas situacionais de Clarke consideram seriamente o dito de Glaser (1998) de que "Tudo são dados", pois ela incorpora as propriedades estruturais diretamente nos seus mapas e os situa em mundos e arenas sociais. Os elementos estruturais que determinam e condicionam a situação estudada podem ser representados no mapa. A estratégia utilizada por ela permite nosso deslocamento dos níveis micro para os níveis organizacionais de análise e que possamos tornar visíveis as relações e os processos estruturais imperceptíveis. De modo semelhante, essa abordagem favorece que se tornem visíveis as relações e os processos existentes entre diversos mundos e arenas sociais que normalmente poderiam estar ocultos. A análise situacional que se segue fornece uma teorização provisória, flexível e interpretativa sobre a construção dos mundos sociais estudados.

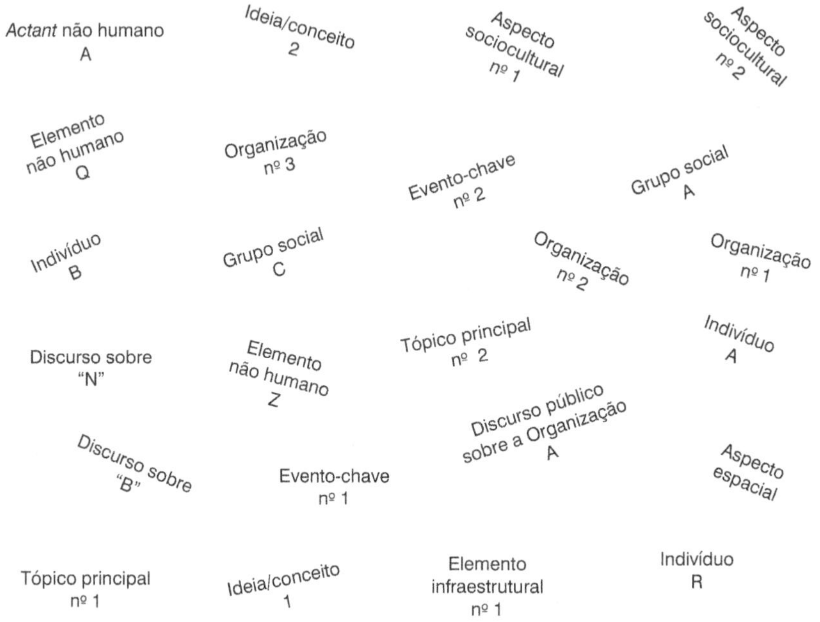

Figura 5.1 Resumo do mapa situacional, versão confusa de trabalho.
Fonte: Clarke, 2003, p. 564 © 2003 Sociedade para o Estudo do Interacionismo Simbólico. Usado com permissão.

Strauss e Corbin (1990, 1998) introduzem a matriz condicional/consequencial como um modo de fornecer uma representação visual das transações observadas no mundo empírico e as suas interações e inter-relações. Em especial, eles oferecem essa matriz como um dispositivo analítico de reflexão sobre as relações macro e micro que poderiam determinar as situações estudadas pelo pesquisador. Eles fornecem, na edição de 1998, um retrato da matriz condicional/consequencial como círculos concêntricos, porém unidos, que coloca o indivíduo no centro (em contraste com a edição de 1990, na qual colocam a ação no centro). Os círculos concêntricos representam unidades sociais cada vez mais amplas.

Um dos objetivos principais da matriz condicional/consequencial é ajudar os pesquisadores a pensarem além das estruturas sociais micro e das interações imediatas, alcançando condições e consequências sociais mais amplas. Strauss e Corbin propõem que a matriz condicional/consequencial possa ajudar os pesquisadores nas tomadas de decisão relativas à amostragem teórica e para situar os contextos nos quais as condições ocorrem, bem como os caminhos existentes entre eles. Eles apresentam essa matriz como o oferecimento de um meio para a elaboração de teoria que expanda o trabalho do pesquisador para além da descrição de fenômenos. A matriz condicional/consequencial é uma técnica a ser *aplicada* e pode, portanto, forçar o deslocamento dos seus dados e da sua análise para uma direção pré-estabelecida. Se, no entanto, a sua análise emergente indicar que fazer o mapeamento das condições, dos contextos e das consequências dessa forma é algo que se ajusta aos seus dados, você poderá usar essa matriz.

ELEMENTOS HUMANOS/ATORES p. ex., indivíduos atores coletivos organizações específicas	ELEMENTOS NÃO HUMANOS p. ex., tecnologias material de infraestrutura conhecimentos especializados "coisas" materiais
ASPECTOS POLÍTICOS/ECONÔMICOS p. ex., o estado atividade(s) econômica(s) específica(s) ordem local/regional/global partidos políticos	ASPECTOS SOCIOCULTURAIS p. ex., meios de comunicação de massa religião afiliação étnica raça
DIMENSÕES TEMPORAIS p. ex., aspectos históricos aspectos sazonais aspectos de crise	DIMENSÕES ESPACIAIS p. ex., geografia
CONSTRUÇÃO(ÕES) DISCURSIVA(S) DE *ACTANTS* NÃO HUMANOS Conforme encontrados na situação	CONSTRUÇÃO DISCURSIVA DE ATORES HUMANOS Conforme encontradas na situação
TÓPICOS/DEBATES PRINCIPAIS (NORMALMENTE CONTESTADOS) Conforme encontrados na situação, e observar o mapa posicional	DIMENSÕES MAIS SIMBÓLICAS p. ex., elementos estéticos elementos afetivos/sentimentais elementos morais/éticos
OUTROS TIPOS DE ELEMENTOS Conforme encontrados na situação	DISCURSOS p. ex., expectativas normativas de atores, *actants* e/ou outros elementos específicos; discursos culturais populares; específicos da circunstância

Figura 5.2 Resumo do mapa de situações, versão de trabalho organizada.
Fonte: Clarke, 2003, p. 564. © 2003 Sociedade para o Estudo do Interacionismo Simbólico. Usado com permissão.

Integração dos memorandos

Como integrar os memorandos? A ordenação do processo é uma das soluções óbvias para integrar cada parte. Se o seu trabalho tiver como base uma categoria principal, então você deve decidir como os memorandos a respeito dessa categoria melhor se ajustam em conjunto. As análises processuais têm uma ordem lógica arraigada, mas as categorias analíticas podem ter uma lógica sutil que fará sentido aos seus leitores. Por exemplo, em minha análise da revelação, fez sentido falar primeiro sobre a questão de as pessoas evitarem a revelação da doença, seguida pela avaliação dos riscos e, então, da revelação da doença. Levando este exemplo para outra esfera, a questão de evitar e arriscar descobertas, sejam elas pessoais, profissionais ou organizacionais, ocorre em todos os tipos de ambientes de trabalho. Um gerente corporativo que tem consciência da possibilidade de demissões pode, primeiramente, evitar a revelação, e então arriscá-la com o pessoal de sua confiança para, posteriormente, fazer anúncios gerais estratégicos. Nesse caso, os dilemas da revelação estão relacionados com o tipo e a extensão da liberação pública de informações ou com as descobertas potenciais de informações ocultadas, e outras condições que influenciam a revelação.

A maior parte da literatura da teoria fundamentada dá ênfase ao fato de escrever sobre uma única categoria. Entretanto, você pode ter de jogar com várias categorias. Nesse caso, então a sua classificação observa o modo como essas categorias se ajustam, ou não, em conjunto. A integração subsequente pode refletir aquilo que você constatou no mundo empírico. A integração torna as relações inteligíveis. Os estudos iniciais de teoria fundamentada salientavam as relações causais, mas hoje em dia muitos estudiosos visam às compreensões interpretativas. Essas compreensões permanecem contingentes em relação às condições contextuais.

Por meio da classificação e da interpretação dos memorandos, você pode explicar os códigos teóricos implícitos que você possa ter adotado sem perceber. Além disso, essas estratégias podem obrigá-lo a considerar todos os aspectos das conexões teóricas entre as categorias que possam ter sido deixados implícitos. A representação gráfica acentua as relações existentes entre as suas categorias teóricas. As três estratégias podem despertar ideias para a elaboração do seu relatório escrito e determinar a introdução e a redação do esquema teórico.

CONSIDERAÇÕES FINAIS

Assim como a codificação e a redação dos memorandos, a amostragem teórica ocupa uma posição crucial na teoria fundamentada. Ela articula uma prática que os melhores pesquisadores devem seguir sem, no entanto, defini-la. O movimento de avanço e recuo entre a categoria e os dados da amostragem teórica promove a elevação do nível conceitual das suas categorias e a ampliação do alcance destas. À medida que desenvolve as suas categorias, você consegue perceber quais delas deve tratar como conceitos principais em sua análise.

Ao dedicar-se à amostragem teórica, à saturação e à classificação, você cria categorias sólidas e análises reveladoras. A apreensão do que você obteve ao elaborar memorandos cada vez mais teóricos lhe fornece a matéria-prima para o primeiro esboço de seu relato de pesquisa. A classificação e a representação gráfica garantem a você o esquema analítico inicial para isso. Agora você está pronto para escrever o primeiro esboço do seu relatório, mas primeiro você pode desejar refletir um pouco mais sobre a teorização da teoria fundamentada.

NOTAS

1 Strauss (ver Strauss, 1987; Strauss e Corbin, 1990 e 1998) destacou a representação gráfica como uma forma de expor as relações conceituais. Desde então, essa abordagem é mais desenvolvida nos trabalhos de Adele Clarke (2003 e 2005). Como estudante de pós-graduação, escrevi um artigo, "Conceptual Mapping" (1969) que tratava das formas de integração das análises teóricas por meio da demonstração das relações entre os conceitos e da apresentação de uma representação visual das suas significações relativas.

2 Entrevista com Jane Hood, 12 de novembro de 2004.

3 O modo como Hood utilizou a amostragem teórica baseou-se diretamente nas diretrizes da teoria fundamentada; entretanto, as estratégias de codificação utilizadas por ela divergiram. Ela iniciou a codificação com códigos abertos e passou rapidamente a um procedimento formal com fichas de códigos para classificar e organizar o material em categorias mais gerais (ver 1983, p. 200-202). Hood afirmou que poderia ter feito algo diferente caso tivesse tido acesso a algo como *The ethnograph*, um programa de computador. Ela disse que utilizou a ficha de códigos como uma forma de "entrevistar" os seus dados e de manter-se responsável em relação à busca por padrões nos dados, bem como de verificar as propriedades das categorias. Embora as fichas dos códigos possam dar a impressão de ser uma codificação de pesquisa quantitativa, ela disse não estar utilizando a codificação quantitativa porque a questão não era contar, mas sim estabelecer os limites da categoria. Os cientistas sociais frequentemente valem-se de várias abordagens metodológicas ao mesmo tempo, dependendo do problema de pesquisa e/ou das inclinações do pesquisador. Alguns pesquisadores da área da enfermagem desdenham desse ecumenismo metodológico como método, desconsiderando-o (ver Baker, Wuest e Stern, 1992).

4 Se os agentes do serviço de atendimento ao consumidor definirem a sua presença como um embuste da direção, eles provavelmente ocultarão as suas preocupações e possivelmente as suas práticas habituais. Além disso, eles podem ver você e a sua pesquisa como uma extensão das formas organizacionais de dominação, o que é condizente com as advertências de Dorothy E. Smith (1999) em relação aos pesquisadores que reproduzem a dominação que os participantes já vivenciam no ambiente. Se eles o virem como um aliado, então você pode obter um quadro distinto, podendo obter ainda uma outra perspectiva sobre aquele cenário se você conversar com os clientes sobre as suas experiências.

5 Os estudantes de doutorado poderiam negociar com os seus orientadores por meio da incorporação de várias etapas de coleta de dados nas suas propostas de pesquisa. Dessa forma, eles podem começar por levar em conta as distribuições populacionais, mas com a intenção de seguirem as orientações nas suas análises emergentes depois disso.

6 Jane Hood editou esta passagem para torná-la mais clara.

7 A ficção pode fornecer excelentes dados para todo o tipo de projetos quando os pesquisadores a tratam como textos a serem analisados, e não como realidades substitutas. Por exemplo, podemos observar o modo como os autores representam mulheres e homens, os valores coletivos ou as indagações individuais durante épocas específicas. Os casos negativos hipotéticos são mais complicados. Interessa, nesse ponto, a extensão do conhecimento dos pesquisadores acerca dos seus mundos empíricos estudados e do modo como eles utilizam esses casos. Um conhecimento superficial e uma investigação posterior escassa podem

arruinar uma análise de teoria fundamentada. Os pesquisadores que se baseiam em casos negativos hipotéticos correm o risco de cair em uma "teorização de poltrona".

8 Charles Sanders Peirce [1878 (1958)] desenvolveu o raciocínio abdutivo. Ele é a base da tradição pragmatista da solução de problemas e sustenta a noção de que as fronteiras entre a descoberta científica e a justificação são indistintas. Strauss foi altamente influenciado por Peirce e John Dewey, bem como por George Herbert Mead. As dimensões criativas e cognitivas do raciocínio abdutivo na teoria fundamentada podem ser mais enfatizadas por Strauss e seus seguidores.

9 Como indiquei nos capítulos anteriores, você pode revisitar e recodificar os dados iniciais a partir do ponto de vista de uma ideia nova, o que acelera a amostragem teórica da sua categoria nova.

10 Decidi tornar a vivência da doença o foco do livro porque, desse modo, seria significativo a um público mais amplo que um livro pontual. Esse foco, no entanto, certamente permitiu a elaboração das análises do tempo e da identidade.

11 Veja em Kerry Daly (2002) um estudo em que mulheres casadas de famílias de classe média nas quais ambos os cônjuges tinham fontes de renda assumiram a liderança nas negociações quanto ao tempo e indiretamente mantiveram o controle sobre as tarefas familiares. Os casais trabalhavam em cargos diretivos ou que exigiam certa qualificação durante 50 horas semanais ou mais. Daly considerou que, ao controlarem o planejamento da família, essas mulheres conseguiam a participação dos seus maridos no cuidado dos filhos e no trabalho doméstico.

12 Gubrium (1993) observou que os moradores de casas de saúde também situam a si mesmos no tempo. Enquanto alguns tinham a percepção das suas vidas como algo pertencente ao passado, outros estavam radicados na experiência da casa de saúde e outros ainda analisavam as suas circunstâncias atuais em relação ao futuro.

13 Elaborei essas subcategorias a partir das representações dos enunciados e das atitudes dos meus participantes. Por essa razão, elas importam menos juízos subentendidos que os conceitos psicológicos de aceitação e negação que permeiam o discurso dos profissionais sobre a doença e a redução da capacidade.

14 A pergunta dela surgiu durante uma apresentação intitulada *"Constructing research through grounded theory"*, no *Center for AIDS Prevention Studies* (CAPS), University of California, San Francisco, em 7 de setembro de 2004.

15 Pesquisadores qualitativos de diversas disciplinas e profissões estão desafiando direções institucionais restritas que impedem as suas pesquisas. Eles estão empenhados em instruir os colegas que aderem a um modelo biomédico quanto às limitações deste para a pesquisa qualitativa. Isso pode provocar mudanças nas políticas éticas e nas revisões institucionais.

16 Comunicação pessoal, 29 de março de 2004. Albas e Albas consideraram que obtiveram alguns de seus dados mais eloquentes por meio desse método e, simultaneamente, aceleraram e fortaleceram as suas análises. Veja também D. Albas e C. Albas (1988, 1993) e C. Albas e D. Albas (1988).

17 A estratégia de Alasuutari assemelha-se ao conselho que Anselm Strauss uma vez me deu sobre não levar muito a sério as prescrições dos livros-textos sobre a realização de entrevistas neutras. Ele considerou que às vezes as questões provocativas funcionavam e que os pesquisadores de campo poderiam utilizá-las, contanto que não acabassem sendo expulsos do ambiente de pesquisa.

18 O editor da publicação alterou o meu estilo de redação final sobre os momentos revividos e as emoções recorrentes sem me consultar. A minha interpretação original encontra-se incluída aqui.

6

Reconstrução da teoria nos estudos de teoria fundamentada

Os pesquisadores que utilizam a teoria fundamentada falam muito sobre a teoria e a construção da teoria, mas a que eles se referem? Neste capítulo, damos uma parada para contemplar o que a teoria significa e como os pesquisadores adeptos à teoria fundamentada empenham-se na teorização enquanto *prática*. Começo com um excerto de teorização na pesquisa da teoria fundamentada e então recuo e questiono: O que é teoria? Ao percebermos as definições gerais de teoria como duas tradições distintas, esclarecemos a forma como os antecedentes da teoria fundamentada construtivista e objetivista refletem essas tradições. Reconsiderar as críticas da teoria fundamentada ajuda a renovar o nosso pensamento e a reafirmar as tarefas teóricas. Para estimular o desenvolvimento da sua sensibilidade teórica, sugiro caminhos por meio dos quais você pode avaliar a profundidade das suas ideias enquanto amplia o alcance da sua teoria. Encaminhamos o encerramento com a análise do modo como três teorias fundamentadas distintas revelam a teorização na prática e concluímos com uma reflexão sobre como os pesquisadores que utilizam a teoria fundamentada constituem um elemento componente de suas teorizações.

O que vale como *teoria* na teoria fundamentada? Como os pesquisadores tornam teóricas as suas análises de teoria fundamentada, isto é, como eles vão do processo de análise à produção de uma teoria fundamentada? Quais as direções caracteristicamente tomadas pelas teorias fundamentadas? Avaliar se, como, por que e quando estudos de teoria fundamentada oferecem teorias *bona fide** exige que se recue uma etapa e se questione: O que é teoria? O termo teoria permanece incerto no discurso da teoria fundamentada. Muitos pesquisadores que utilizam a teoria fundamentada falam de teoria, porém poucos a definem. Diversos desses pesquisadores afirmam construir teoria, mas eles realmente

* N. de T. *Bona fide*: do latim, "boa fé", pode ser entendida, no contexto, como genuína, legítima.

o fazem? Um olhar mais atento pode ajudar. Ao desmembrar diversas teorias fundamentadas, reconstruirei a lógica dessas teorias com você.

Para começar a pensar em reconstruir a teoria da pesquisa na pesquisa de teoria fundamentada, considere o excerto a seguir extraído do meu estudo sobre a experiência da doença crônica. Ele é parte integrante de um trabalho que contém uma lógica teórica explícita. Na análise, concentrei-me em como os portadores de doenças crônicas graves lutavam para ter uma identidade valorizada[1]. Eles se debatiam tanto em relação a como definiam a si mesmos em relação ao modo como as outras pessoas os identificavam. Constatei que as pessoas que passaram por perdas físicas desenvolveram metas de identidade para o futuro, em particular quando essas perdas haviam ocorrido durante um curto período. Fixei-me nesses significados e implicações, às vezes manifestos, porém em geral ocultos, das metas de identidade para elaborar uma interpretação teórica. Diversas pessoas planejavam lutar contra a doença e competir nas esferas de vida convencionais. Elas aderiram a esses objetivos quando a doença e a incapacidade física eram coisas novas. Com o passar do tempo, elas normalmente reduziam as suas metas de identidade. O breve excerto a seguir apreende a lógica da minha teoria substantiva das relações entre as metas de identidade e a hierarquia da identidade emergente.

> Uma hierarquia da identidade se torna evidente à medida que, com o passar do tempo, os doentes escolhem tipos distintos de identidades preferenciais, refletindo uma dificuldade relativa para realizarem aspirações e objetivos específicos. Os tipos de identidades preferenciais constituem determinados níveis de identidade na hierarquia da identidade. Esses níveis de identidade abrangem: (1) a identidade social acima da média, uma identidade que exige realizações extraordinárias nas esferas de vida convencionais; (2) a identidade restabelecida, uma reconstrução das identidades prévias, anteriores à doença; (3) identidade pessoal contingente, uma identidade hipoteticamente possível, embora incerta, por causa de uma nova doença; e (4) a identidade resguardada, a conservação de uma identidade do passado com base em uma atividade ou em um atributo valorizado ao tornar-se fisicamente dependente. Vivenciar uma doença progressiva muitas vezes significa a redução das metas de identidade e a busca por um nível mais baixo na hierarquia da identidade. Em resumo, a redução das metas de identidade significa visar a uma identidade preferencial inferior. (Charmaz, 1987, p. 285)

Na narrativa, chamo a atenção para o fato de que os meus participantes de pesquisa lutavam por uma identidade valorizada porque não queriam ser considerados inválidos. Para eles, ser um inválido significava ser uma pessoa inválida. Essa suposição revelou as metas de identidade que eles tinham e as atitudes que tomavam. Uma importante propriedade da hierarquia da identidade diz respeito à atividade nela existente. Nem sempre as pessoas decaem na hierarquia da identidade; algumas crescem em relação aos níveis de identidade. Observei algumas pessoas portadoras de doenças graves sem muita esperança que, de uma situação em que se encontravam, imersas na doença, passaram à concretização de realizações extraordinárias. Elas podem partir de pontos distintos, dependendo de como definem as suas próprias situações, e podem subir ou descer na hierarquia da identidade de acordo com o curso de suas doenças.

Parte de meu trabalho incluía considerar essas metas de identidade das pessoas cronicamente doentes e das ações que tomavam, se assim o fizessem, para alcançá-las. Por essa razão, procurei cumprir os seguintes objetivos: 1) desenvolver as propriedades de cada categoria da hierarquia da identidade e demonstrar como elas se ajustam em conjunto; 2) especificar as condições nas quais os meus participantes de pesquisa selecionaram uma identidade preferencial; 3) considerar os recursos com os quais puderam contar para a realização das suas metas de identidade; 4) determinar quando eles ascendiam ou desciam na hierarquia da identidade; 5) esboçar os contextos sociais nos quais eles tentavam negociar e estabelecer as suas identidades preferenciais e potenciais; 6) sugerir o modo como os diferentes níveis de identidade pressupõem indivíduos distintos. Esses objetivos analíticos contribuíram para a densidade e o nível teórico da análise. Veja como comecei a entrelaçá-los no trabalho:

> As *expectativas de identidade e pela identidade* de uma pessoa são fontes significativas das suas definições das identidades preferenciais para o futuro. As pessoas mantêm a coerência e a continuidade da identidade por meio das suas expectativas, bem como pelas suas atitudes. A própria idade influencia essas expectativas. Os adultos mais jovens enfrentam todas as questões de identidade habituais das suas faixas etárias agrupadas em torno de temas como carreira, sexualidade e estilo de vida. Esses adultos jovens em geral fizeram esforços heroicos para a concretização das suas identidades preferenciais. Profundamente perturbados com a ameaça de uma vida de invalidez, também a consideravam incompatíveis para pessoas da sua idade. Muitas outras pessoas ecoam o comentário dessa mulher: "Eu até esperava ter uma doença crônica que interferisse na minha vida aos 75 anos, mas aos 29? Quem poderia imaginar algo assim?" (p. 292)

A minha análise do mecanismo de ascensão e queda na hierarquia da identidade adota um tom neutro e objetivo na apresentação das ideias e suas relações. Esses excertos obscurecem o construtivismo presente na minha análise, o qual desde então passou a ser mais visível no meu trabalho. O meu estilo neutro de escrita demonstrado acima separa as minhas ideias relativas à hierarquia da identidade de suas construções analíticas, mas as associa como concepções teóricas. Os tons neutros do discurso analítico de muitas pesquisas qualitativas suprimem as ações interpretativas que as produziram e, além disso, erradicam as ambiguidades tanto nos ambientes estudados quanto no seu tratamento analítico (Charmaz e Mitchell, 1996).

Agora precisamos examinar os excertos anteriores e questionar o que torna a linha de análise deles uma teoria, ou teórica. Qual o tipo de pressuposições relativas à teoria esse tipo de análise admite? Como podemos conciliar o processo criativo do desenvolvimento das teorias fundamentadas com as suas apresentações objetivistas nos relatórios teóricos? Como poderíamos orientar a teoria fundamentada para uma direção construcionista? Para tornar clara a teorização, precisamos observar como os pesquisadores adeptos à teoria fundamentada constroem as suas teorias.

O QUE É TEORIA?

O que significa "teoria" no pensamento social científico? O que deve valer como uma teoria *bona fide* exemplificadora da teoria fundamentada? As divergências em relação a como fazer teoria fundamentada e a como deve ser uma teoria concluída muitas vezes resultam de ideias inconsistentes sobre o que significa a teoria. Essas divergências ressoam com queixas – e conflitos ideológicos – em todas as ciências sociais que fundamentam os pesquisadores sem necessariamente compreenderem as suas bases epistemológicas. Essas divergências podem ser exauridas e intensificadas nas discussões e nas orientações sobre como construir a teoria fundamentada. Quando olhamos sob a superfície, conseguimos perceber significados distintos de teoria entre os pesquisadores da teoria fundamentada. Algumas dessas definições de teoria permanecem fixas, enquanto outras são flexíveis.

Ao refletirmos sobre os conceitos de teoria na teoria fundamentada, pode ser de grande ajuda observar as definições mais amplas de teoria nas ciências sociais. Faço menção às perspectivas teóricas da teoria sociológica clássica e aos estudos culturais para exemplificar essas definições mais amplas e identificar os principais temas neles presentes.

Definições positivistas de teoria

É possível que as definições mais predominantes de teoria procedam do positivismo. As definições positivistas de teoria a tratam como um enunciado entre conceitos abstratos que abrangem uma variedade de observações empíricas. Os positivistas veem os seus conceitos teóricos como variáveis e constroem definições operacionais dos seus conceitos para testar hipóteses por meio da medição empírica precisa e passível de repetição. Essas definições exercem considerável influência por duas razões: 1) elas conseguem atingir todos os campos; e 2) os autores de manuais de pesquisa as adotam e as difundem amplamente.

> A teoria positivista busca as causas, favorece as explicações deterministas e enfatiza a generalidade e a universalidade.

Nessa perspectiva, os objetivos da teoria são a *explicação* e a *previsão*. A teoria positivista visa a alcançar parcimônia, generalidade e universalidade, e reduz ao mesmo tempo os objetos e os eventos empíricos àquilo que possa ser agrupado pelos conceitos. A teoria positivista busca as causas, favorece as explicações deterministas e enfatiza a generalidade e a universalidade. Em resumo, as teorias positivistas consistem de um conjunto de proposições inter-relacionadas destinadas a:

- tratar os conceitos como variáveis;
- especificar as relações entre os conceitos;
- explicar e antever essas relações;
- sistematizar o conhecimento;
- verificar as relações teóricas por meio do teste de hipóteses;
- gerar hipóteses para a pesquisa.

Definições interpretativas de teoria

Uma definição alternativa de teoria enfatiza *a compreensão* e não a explicação. Os proponentes dessa definição veem a compreensão teórica como sendo abstrata e interpretativa; a compreensão absoluta obtida a partir da teoria baseia-se na interpretação do teórico acerca do fenômeno estudado. As teorias interpretativas permitem a indeterminação sem buscar a causalidade, dão prioridade à revelação de padrões e conexões e não ao raciocínio linear. A discussão de George Ritzer e Douglas J. Goodman (2004) sobre os critérios para a teoria sociológica clássica (que pressupõem conceitos gerais e abstratos) ilustra essa perspectiva. Para Ritzer e Goodman, a teoria tem um escopo de amplo alcance, oferece extensas aplicações e trata de questões fundamentais da vida social. Considerando o seu foco na teoria clássica, ela também resistiu à prova do tempo. Eles declaram que essa definição contrasta com as teorias que visam à explicação e à previsão. A definição de teoria de Ritzer e Goodman tem fortes elementos interpretativos em sua ênfase na compreensão e no escopo.

> A teoria interpretativa exige uma compreensão imaginativa do fenômeno estudado. Esse tipo de teoria pressupõe: realidades múltiplas e emergentes; indeterminação; fatos e valores quando associados; a verdade como algo provisório; e a vida social como processo.

A teoria interpretativa exige uma compreensão imaginativa do fenômeno estudado. Esse tipo de teoria pressupõe: realidades múltiplas e emergentes; indeterminação; fatos e valores quando associados; a verdade como algo provisório; e a vida social como processo. Dessa forma, a teoria interpretativa é totalmente compatível com o interacionismo simbólico de George Herbert Mead, o qual compartilha esses pressupostos. Mead adota uma visão sofisticada da ação como ponto de partida para a análise que envolve a compreensão imaginada de uma pessoa sobre o papel e a reação das outras pessoas durante a interação.

Interpretamos os significados e as ações dos nossos participantes e eles interpretam os nossos. A variação interpretativa da teoria passou a ter mais atenção à medida que os princípios construcionistas sociais conseguiram apoiadores entre diversos estudiosos, em especial a partir dos anos de 1960. Essa abordagem teórica destaca as práticas e as ações. Em vez de explicar a realidade, os construcionistas sociais observam múltiplas realidades e, por isso, questionam: *O que* as pessoas entendem como real? Como elas constroem e influenciam as suas percepções da realidade? Desse modo, o conhecimento, e as teorias, estão situados e estabelecidos em determinadas posturas, perspectivas e experiências. Em poucas palavras, a teoria interpretativa visa a:

- conceituar o fenômeno estudado para entendê-lo em termos abstratos;
- articular alegações teóricas relativas ao escopo, à profundidade, ao poder e à relevância;
- reconhecer a subjetividade na teorização e, em consequência, o papel da negociação, do diálogo e do entendimento;
- oferecer uma interpretação imaginativa.

As teorias interpretativas são, muitas vezes, justapostas às teorias positivistas, que é o que faço a seguir na discussão da teoria fundamentada construtivista e objetivista. Por enquanto, considere que a teoria fundamentada como *teoria* que contém tanto inclinações positivistas como interpretativistas. O modo de Glaser (1978, 1992, 1998 e 2003) tratar a teoria contém fortes inclinações positivistas. Ele enfatiza a elaboração das categorias teóricas que servem como variáveis, pressupõe uma abordagem relativa ao conceito de indicador, busca enunciados teóricos sem contexto, mas passíveis de modificações, e visa a "obter parcimônia e escopo na capacidade explicativa" (1992, p. 116). Glaser destaca o trabalho de usar métodos comparativos e atribui o desenvolvimento analítico da teoria à emergência desse trabalho comparativo; no entanto, ele trata as categorias emergentes praticamente como resultados automáticos disso. O ponto da compreensão interpretativa permanece menos claro em sua postura que os elementos positivistas.

A visão de Strauss e Corbin (1998) sobre a teoria tem algumas inclinações positivistas, mas destaca as relações entre os conceitos. Para eles, a teoria significa "um conjunto de conceitos bem elaborados associados por meio de enunciados de relação que, em conjunto, constituem uma estrutura integrada que pode ser usada para explicar ou antever fenômenos" (p. 15). Entretanto, a postura desses autores em relação à construção de teorias também reconhece as perspectivas interpretativistas. Corbin (1998) reconhece que a análise requer que os pesquisadores interpretem os dados, mas sugere que essa interpretação seja uma limitação inevitável. Ela escreve "Como pode ser possível afastar quem e o que a pessoa é de um processo comparativo? Um pesquisador apenas pode fazer comparações com base na forma como ele lê os dados. Alguém poderia ter a expectativa de que ao 'concentrar-se nos dados' o pesquisador seja ignorado no processo interpretativo, mas é altamente improvável que isso ocorra" (p. 123). Strauss e Corbin estabelecem distinções claras entre a teoria e a descrição, a qual eles veem como sendo o uso que uma pessoa faz das palavras para invocar imagens mentais dos objetos, dos eventos e das experiências. Para eles, a teoria é muito mais abstrata e explicativa.

Se nos voltarmos para a teoria cultural, Alasuutari (1996) ainda vai além ao estabelecer distinções entre como as pessoas leigas ordinariamente compreendem os seus mundos e o significado do conceito de teoria. Ao adotar uma visão sofisticada de teoria coerente com Schutz (1967), Alasuutar (1996, p. 382) argumenta que os teóricos analisam as regras de interpretação das pessoas leigas e, por isso, vão além dos conceitos destas.

> Uma pessoa consegue obter algum distanciamento da perspectiva dos participantes não por argumentar que esta seja mais restrita ou incorreta, mas sim ao estudar como ela funciona na constituição das realidades sociais. As teorias são, portanto, desconstruções do modo pelo qual construímos as nossas realidades e condições sociais e a nós mesmos como sujeitos daquelas realidades. Eles não podem competir com o pensamento leigo, pois o objetivo genuíno deles é compreendê-lo em suas várias formas e em estágios distintos.

Alasuutari afasta-se explicitamente de definições de teoria como enunciados genéricos sobre conceitos universais a partir dos quais os pesquisadores deduzem hipóteses para explicar fenômenos locais, específicos. Em vez disso, para ele, as teorias fornecem estruturas interpretativas a partir das quais podemos observar as realidades. Embora o comentário de Alasuutari reconheça que leigos e pesquisadores mantenham estruturas interpretativas distintas, poderíamos observar que ambas obtêm uma compreensão das ideias e ações das pessoas leigas.

A explicação cautelosa de Alasuutari dos cenários locais e dos incidentes específicos, combinadas com a teorização destes, dá ao trabalho do autor alcance e profundidade teóricos. O trabalho dele combina a sensibilidade de um etnógrafo experiente com o tipo de sensibilidade teórica possuída pelos maiores pesquisadores que utilizam a teoria fundamentada.

A retórica, o alcance e a prática da teorização

Quer sejam positivistas ou interpretativas, as teorias são retóricas, embora seja mais provável que os teóricos interpretativos reconheçam este ponto que os seus pares positivistas. Um teórico tenta convencer os leitores de que determinadas conclusões derivam de um conjunto de premissas (Markovsky, 2004). Assim, as teorias apresentam argumentos sobre o mundo e as relações existentes dentro dele, apesar de muitas vezes isso aparecer depurado do seu contexto e reduzido a enunciados aparentemente neutros. Para aqueles que apoiam as noções positivistas de objetividade, tal depuração e neutralidade apenas acrescentam à sua capacidade persuasiva.

Quando consideramos a teoria positivista ou a teoria interpretativa, temos de pensar no seu alcance e vigor teórico dentro das, além das e entre as disciplinas. Randall Collins diz: "A teoria é aquilo de que você se lembra" (2004a; ver também Davis, 1971). As teorias provocam *insights* esclarecedores e dão sentido às reflexões obscuras e aos problemas complicados. As ideias se ajustam. Tornam-se evidentes os fenômenos e as relações existentes entre eles que, anteriormente, você pôde apenas sentir. Entretanto, as teorias ainda conseguem ir além. Uma teoria pode alterar o seu ponto de vista e modificar a sua consciência. Por meio dela, você consegue ver o mundo de um ângulo diferente e gerar novos significados por meio dele. As teorias têm uma lógica interna e, de certa forma, aglutinam-se em contornos coerentes.

A minha preferência pela teorização, e é pela teorização, não pela teoria, é impassivelmente interpretativa. A teorização é uma *prática*, a qual requer a atividade prática de dedicar-se ao mundo e de construir compreensões abstratas sobre ele e dentro dele. A contribuição fundamental dos métodos da teoria fundamentada consiste no oferecimento de diretrizes à prática teórica interpretativa e não no provimento de um esquema para produzir resultados teóricos.

A teorização interpretativa resulta de pressupostos construcionistas sociais que permeiam o interacionismo simbólico, a etnometodologia, os estudos culturais e o discurso fenomenológico, e a análise de narrativa. Essa teorização não se limita aos atores individuais ou às situações micro. Nem isso deve ocorrer. Ao contrário, a teorização interpretativa pode ir além das situações individuais e das interações imediatas. Maines (2001) constrói essa argumentação sobre o interacionismo simbólico e de Alasuutari (1995, 1996 e 2004), com sua perspectiva privilegiada sobre os estudos culturais indica um caminho. Falando da posição sustentada pelos teóricos, Collins (2004b) defende as situações e não os indivíduos como pontos de partida para a teorização das conexões entre a teoria clássica do século XIX e as questões teóricas contemporâneas. Ele analisa o social no indivíduo e explora o modo como a intensidade variada dos rituais determina as formas de participação social e as ideias em níveis locais que envolvem coletivamente as estruturas sociais mais amplas. As análises de Strauss das ordens negociadas (1978; Strauss, Schatzman, Bucher, Ehrlich e Sabshin, 1963) e dos mundos sociais (1978a) dão início à investigação interpretativa em níveis organizacionais e coletivos. Em vez de estudarem a estrutura do hospital como algo estático, Strauss e colaboradores (1963) revelaram a sua natureza dinâmica e processual por meio da análise das negociações entre as pessoas e os departamentos em variados níveis organizacionais. A interpretação deles em relação ao hospital como uma ordem negociada e a análise dessa ordem assumiram um significado considerável, pois Strauss e colaboradores demonstraram como os pesquisadores conseguiram estudar a construção da ação individual e coletiva e as respectivas interseções.

A teorização interpretativa pode mesclar a análise de redes com outras ferramentas para colocar os significados em perspectiva. Tanto Collins (2004b) quanto Clarke (2003, 2005) sugerem estratégias metodológicas para o estudo dos níveis de análise meso e macro. Collins endossa a utilização da análise de redes para o estudo de situações, embora os pesquisadores que utilizam a teoria fundamentada considerem que os métodos de Clarke lhes forneçam mais acesso aos contextos e aos tipos de interações específicos. Ao utilizarem ambos os métodos, os pesquisadores podem considerar que a análise situacional e o mapeamento posicional de Clarke conseguem ampliar a análise de redes e torná-la mais interpretativa.

A TEORIA FUNDAMENTADA CONSTRUTIVISTA E OBJETIVISTA

Ao longo de todo este livro, tratei da utilização dos métodos da teoria fundamentada e da teorização como *ações sociais* as quais os pesquisadores constroem de comum acordo com outras pessoas em determinados locais e períodos. Além dos nossos participantes de pesquisa, colegas, professores, estudantes, conselhos institucionais e inúmeros outros podem habitar as nossas mentes e influenciar o modo como realizamos os nossos estudos muito tempo depois do nosso contato imediato com eles. Interagimos com os dados e criamos teorias sobre eles, mas não vivemos em um vácuo social.

Como os nossos conceitos da teoria e da pesquisa poderiam influenciar aquilo que fazemos e as afiliações teóricas que mantemos? Como sugeri, várias das discussões entre os pesquisadores que utilizam a teoria fundamentada e as críticas por parte dos outros colegas originam-se da postura mantida por diversos autores entre as tradições interpretativas e positivistas.

Expliquei essas diferenças ao argumentar que a teoria fundamentada assumiu formas um tanto distintas desde a sua criação: a teoria fundamentada construtivista e a teoria fundamentada objetivista (Charmaz, 2000 e 2001). A teoria fundamentada construtivista é parte integrante da tradição interpretativa e a teoria fundamentada objetivista deriva do positivismo. Justaponho essas formas aqui para um melhor esclarecimento; porém, julgar que um estudo específico seja construtivista ou objetivista depende da *extensão* em que as suas características-chave estão de acordo com uma ou outra tradição.

Justaponho aqui as formas construtivista e objetivista da teoria fundamentada para um melhor esclarecimento; porém, julgar que um estudo específico seja construtivista ou objetivista depende da extensão em que as suas características-chave estão de acordo com uma ou outra tradição.

Teoria fundamentada construtivista

Condizente com a posição apresentada nos capítulos anteriores, uma abordagem construtivista estabelece a prioridade nos fenômenos do estudo e vê tanto os dados como a análise como tendo sido gerados a partir de experiências compartilhadas e das relações com os participantes e outras fontes de dados (ver Charmaz, 1990, 1995b, 2000 e 2001; Charmaz e Mitchell, 1996). A teoria fundamentada construtivista situa-se justamente na tradição interpretativa.

Uma abordagem construtivista estabelece a prioridade nos fenômenos do estudo e vê tanto os dados como a análise como tendo sido gerados a partir de experiências compartilhadas e das relações com os participantes (ver Charmaz, 1990,1995b, 2000 e 2001; Charmaz e Mitchell, 1996).

Os construtivistas estudam *como,* e às vezes *por que,* os participantes constroem significados e ações em situações específicas. Como expliquei no Capítulo 2, fazemos isso a partir de uma perspectiva o mais próxima possível ao caráter intrínseco da experiência, mas constatamos que não conseguimos reproduzir as experiências dos nossos participantes de pesquisa. Uma abordagem construtivista significa mais que observar como os indivíduos percebem as suas circunstâncias. Ela não apenas teoriza o trabalho interpretativo realizado pelos participantes da pesquisa, mas também reconhece que a teoria resultante é uma interpretação (Bryant, 2002; Charmaz, 2000 e 2002a). A teoria *depende* da percepção do pesquisador; ela não se situa e nem pode se situar fora dela. Sem dúvida, pesquisadores diferentes podem surgir com ideias semelhantes, embora o modo como eles as apresentem teoricamente possa ser distinto.

Os pesquisadores que utilizam a teoria fundamentada podem apropriar-se de um *insight* da observação de Silverman (2004) da análise de conversação. Ele sustenta que apenas depois de estabelecer o modo pelo qual as pessoas constroem os significados e as ações é que o analista poderá compreender por que eles atuam dessa maneira. Certamente, uma análise sofisticada sobre como as pessoas constroem as ações e os significados pode levar um pesquisador adepto à teoria fundamentada a estabelecer algumas razões para isso, embora ocasionalmente o porquê possa vir à tona com o como.

A extensão lógica da abordagem construtivista refere-se a descobrir como, quando e até que ponto a experiência estudada está inserida em posturas, redes, situações e relações mais amplas e, muitas vezes, ocultas. Assim, tornam-se evidentes as diferenças e as distinções entre as pessoas, bem como as hierarquias de poder, comunicação e oportunidade que mantêm e perpetuam tais diferenças e distinções. Uma abordagem construtivista tem o propósito de estar vigilante em relação às condições nas quais essas diferenças e distinções surgem e são mantidas. Dispor de material para ancorar a experiência exige dados relevantes e requer que se tenha conhecimento suficiente para que se percebam as diferenças e as distinções. Quando os estudos de teoria fundamentada são extremamente pequenos, eles correm o risco de estar desconectados dos seus contextos e das suas situações sociais. Assim, os pesquisadores podem reduzir o poder potencial das suas análises ao tratarem a experiência como algo isolado, fragmentado, atomístico.

Os pesquisadores que utilizam a teoria fundamentada construtivista adotam uma postura reflexiva em relação ao processo e à produção da pesquisa, e consideram o modo *como* as teorias se desenvolvem, o que implica em refletir sobre a minha questão anterior de que tanto os pesquisadores quanto os participantes de pesquisa interpretam os significados e as ações. Os pesquisadores que utilizam a teoria fundamentada construtivista pressupõem que tanto os dados quanto as análises são construções sociais que refletem aquilo que é determinado pela produção deles (ver também Bryant, 2002 e 2003; Charmaz, 2000; Hall e Callery, 2001; Thorne, Jensen, Kearney et al., 2004). Nessa perspectiva, qualquer análise está contextualmente situada no tempo, no espaço, na cultura e na situação. Como os construtivistas veem os fatos e os valores como coisas vinculadas, eles reconhecem que aquilo que eles veem, assim como o que não veem, está baseado em valores. Dessa forma, os construtivistas procuram ter consciência de suas pressuposições e lutam com a forma como essas influenciam a pesquisa. Eles percebem que os pesquisadores adeptos à teoria fundamentada podem ironicamente importar ideias preconcebidas para os seus trabalhos ao permanecerem sem ter consciência de suas suposições iniciais. Assim, o construtivismo promove a reflexividade dos pesquisadores em relação às *suas próprias* interpretações bem como às interpretações dos participantes de pesquisa.

Teoria fundamentada objetivista

Uma abordagem objetivista da teoria fundamentada contrasta com a abordagem construtivista. A teoria fundamentada objetivista situa-se na tradição positivista e, portanto, considera os dados como verdadeiros em si mesmos, sem considerar os processos de produção desses dados.

A teoria fundamentada objetivista situa-se na tradição positivista e, portanto, considera os dados como verdadeiros em si mesmos, sem considerar os processos da produção desses dados.

Essa postura suprime o contexto social do qual os dados emergem, bem como a influência do pesquisador e, muitas vezes, as interações entre os estudiosos da teoria fundamentada e os seus participantes de pesquisa. Observe que a maior parte dos excertos de entrevista dos relatórios publicados, inclusive o meu, não proporciona uma compreensão de como os entrevistadores e seus participantes de pesquisa geraram os dados. Um pesquisador adepto à teoria fundamentada objetivista pressupõe que os dados representam fatos objetivos sobre um mundo conhecível. Os dados já existem no mundo, o pesquisador os encontra e "descobre" a teoria a partir deles.

Nessa abordagem, a compreensão conceitual que o pesquisador da teoria fundamentada obtém dos dados deriva dos próprios dados; a significação é inerente aos dados e o pesquisador a descobre (para exemplos, ver Corbin e Strauss, 1990; Glaser, 1978; Glaser e Strauss, 1967). Essa concepção pressupõe uma realidade externa que aguarda pronta para ser descoberta e um observador imparcial que registra os fatos relativos a ela. Os autores adeptos à teoria fundamentada objetivista acreditam que a aplicação cautelosa de seus métodos dê origem à compreensão teórica. Em consequência, o papel desses pesquisadores passa a ser mais o de um conduto ao processo da pesquisa que o de um criador desse processo. Consideradas essas suposições, os proponentes objetivistas defenderiam um rigor maior na adesão às etapas da teoria fundamentada que o fariam os construtivistas[2].

Os pesquisadores que utilizam a teoria fundamentada objetivista permanecem isolados e distantes dos participantes de pesquisa e das suas realidades, embora possam adotar métodos de observação. As afirmações relativas ao caráter de neutralidade e, portanto, de isenção valorativa, assumem, paradoxalmente, uma posição valorativa. Coerente com as suas suposições de neutralidade, esses autores tratam de forma não problemática o modo como retratam os participantes da pesquisa nos relatórios que escrevem. Eles assumem o papel de especialistas inquestionáveis os quais levam à pesquisa uma perspectiva objetiva.

Glaser (para exemplos, ver 1978, 1992, 1998, 2001 e 2003) articula os aspectos fundamentais de uma concepção objetivista, apesar de seu desdém pelas buscas de dados exatos e de sua insistência de que a teoria fundamentada não seja um método de verificação[3]. Concordo com Glaser quanto à questão da verificação. Checar as intuições e confirmar as ideias emergentes, em minha opinião, não equivale à verificação, particularmente se definirmos a verificação como algo que requeira procedimentos quantitativos sistemáticos que pressupõem o estabelecimento de definições rígidas dos fenômenos antes de estudá-los. Observo os pesquisadores que utilizam a teoria fundamentada produzirem relatórios plausíveis, e não a apresentação de conhecimento verificado.

Glaser (2002) trata os dados como algo isolado do pesquisador e sugere que os dados sejam intocados pelas interpretações de um pesquisador qualificado. Se, por acaso, os pesquisadores de alguma forma interpretam os seus dados, Glaser argumenta que, então, esses dados são "traduzidos em dados objetivos" ao observarem-se muitos casos. Esse ponto contradiz a vigorosa defesa feita por Glaser das pequenas amostras na discussão da saturação. Certamente, o número de "casos" pode nem sempre equivaler ao tamanho da amostra, porém, em muitos estudos de teoria fundamentada, eles se aproximam e são minúsculos.

Estudar muitos casos é fundamental, em parte porque os pesquisadores podem tomar conhecimento das suas preconcepções em relação aos seus tópicos. Ainda que um estudo como esse não questione as suas suposições essenciais sobre o mundo, suas formas de compreendê-lo ou de agir nele. Aqui, as suposições firmadas dos pesquisadores aguçam a lente que eles utilizam para enxergar o mundo e filtrar as imagens dele resultantes. *O que* nós definimos como dados e *como* os consideramos é relevante, pois essas ações determinam aquilo que *conseguimos* ver e descobrir. Sem um comprometimento com a reflexividade, os pesquisadores podem elevar as suas próprias suposições e interpretações tácitas ao *status* de "objetivas". As nossas suposições, interações, e interpretações, influenciam os processos sociais que constituem *cada uma* das etapas da investigação.

Glaser está correto quanto à relevância da análise de muitos casos. Muitos teóricos, inclusive aqueles cujas suposições predeterminam o que eles veem, beneficiam-se da observação de vários casos, pois podem reforçar as suas compreensões dos mundos empíricos e perceber a variação em suas categorias. De fato, nós aprendemos à medida que prosseguimos, em particular quando nos empenhamos em descobrir o que os nossos participantes de pesquisa dizem e fazem e sobre como são as suas esferas de vida.

Uma abordagem construtivista não segue noções positivistas de análise de variável ou de descobrir um processo básico único ou uma categoria principal no fenômeno estudado. A concepção construtivista pressupõe um mundo constante, ainda que este se modifique continuamente, mas reconhece esferas locais diversas e realidades múltiplas, e trata de como as ações das pessoas afetam as suas esferas de vida locais ou mais amplas. Desse modo, aqueles que adotam uma abordagem construtivista visam a revelar as complexidades das esferas de vida, das visões e das ações específicas.

A TEORIZAÇÃO NA TEORIA FUNDAMENTADA

Crítica e Renovação

Onde está a teoria na teoria fundamentada? Embora mais pesquisadores reivindiquem a utilização dos métodos da teoria fundamentada do que professem ter elaborado teorias substantivas ou formais, a maior parte deles mantém algum tipo de concepção de teoria. Se você examinar artigos cujos autores alegam a afiliação à teoria fundamentada para observar como eles constroem uma teoria fundamentada concluída, você pode encontrar perspectivas variadas como: 1) uma generalização empírica; 2) uma categoria; 3) uma predisposição; 4) uma explicação de um processo; 5) uma relação entre variáveis; 6) uma exposição; 7) uma compreensão abstrata; e 8) uma descrição. Recentemente, Glaser (2001) descreveu a teoria fundamentada como uma "teoria para explicar uma questão principal" que pode ser teoricamente codificada de muitas formas[4]. São abundantes as afirmações a respeito do que vale como teoria na teoria fundamentada, e isso, naturalmente, complica a avaliação sobre até que ponto os pesquisadores adeptos da teoria fundamentada tenham gerado teorias. Alguns observadores analisam o que os pesquisadores têm feito em nome da teoria fundamentada (ver, por exemplo, Becker, 1998; Charmaz, 1995b; Silverman, 2001) e percebem que a maior parte dos estudos é descritiva e não teórica. Sem dúvida, a descrição está vinculada à conceitualização, porém o tratamento teórico é também analítico e abstrato.

Outros observadores tratam da lógica da teoria fundamentada. Numerosos críticos certamente (para exemplos, ver Atkinson, Coffey e Delamont, 2003; Bulmer, 1979; Dey, 1999, 2004; Emerson, 1983, 2004; Layder, 1998) questionaram as pressuposições e as prescrições que encontraram na teoria fundamentada relativas à preconcepção, à indução pura e aos procedimentos. Naturalmente, pesquisadores que utilizam variantes distintas da teoria fundamentada têm feito críticas às abordagens uns dos outros, como fica evidente ao longo deste livro (para exemplos, ver Bryant, 2002 e 2003; Charmaz, 2000, 2001c e 2005; Clarke, 2005; Corbin, 1998; Glaser, 1992, 2002 e 2003; Melia, 1996; Robrecht, 1995; Stern, 1994a; Wilson e Hutchinson, 1996).

Diversas outras críticas merecem ser discutidas. Burawoy (1991) diz que a teoria fundamentada dá origem a generalizações empíricas que levam a explicações gerais isoladas no tempo e no espaço[5]. Três pontos são relevantes aqui. Primeiramente, em contraste com Burawoy, um dos pontos fortes da teoria fundamentada consiste em sua aplicabilidade em áreas substantivas. Entretanto, devemos reconsiderar *como* e *quando* avançamos a nossa análise e nos questionar quanto a termos conseguido alcançar familiaridade com o fenômeno antes de realizarmos a transposição da análise[6]. Em segundo lugar, Burawoy sustenta que, diferente da teoria fundamentada, o seu método de caso estendido (1991) revela os pormenores das situações, explica como os fundamentos macro as determinam, e fundamenta a reprodução e a manutenção da globalização (Burawoy, 2000). Ele vê a teoria fundamentada como algo que conduza em direção a uma análise estrutural e sugere que os métodos indutivos e as generalizações contextualizadas colaboram para esse resultado.

O que Burawoy sugere que a teoria fundamentada não consegue fazer, e que eu questiono, é exatamente aquilo que a teoria fundamentada fornece os métodos para que façamos (Charmaz, 2005). Uma teoria fundamentada contextualizada pode começar com conceitos sensibilizadores que tratam de conceitos como poder, alcance global e diferença, e terminar com análises indutivas que teorizam as conexões entre as esferas de vidas locais e as estruturas sociais mais amplas.

A questão das análises descontextualizadas suscita outros problemas que Burawoy não menciona. Os pesquisadores adeptos à teoria fundamentada podem produzir análises descontextualizadas quando não consideram o contexto, quando não têm consciência ou, ainda, quando estão inseguros em relação a este. Essas análises mascaram a significação dos elementos construtivistas da teoria fundamentada. Os pesquisadores da teoria fundamentada objetivista empenham-se pela obtenção da generalidade, e o que normalmente resulta disso é a descontextualização. Ao construírem análises descontextualizadas pelo deslocamento entre os campos de ação, esses pesquisadores que utilizam a teoria fundamentada podem, ironicamente, forçar os seus dados às suas generalizações anteriores, uma vez que eles não têm contextualização suficiente com os quais possam fundamentar os novos dados. De modo semelhante, a busca por generalidades descontextualizadas também pode reduzir as oportunidades para a geração da complexidade teórica, pois a descontextualização produz a (super) simplificação. Em terceiro lugar, Burawoy tem razão quanto ao fato de que algumas generalizações empíricas de estudos específicos realmente possam ser consideradas como afirmações *gerais* sobre realidades mais amplas. Poderíamos avaliar até que ponto seja conferido um *status* teórico a essas generalizações. Quem as outorga um *status* teórico, ou não? Para quais propósitos? A ênfase na teorização leva à consideração de quem faz a teorização e com que tipo de pretensão de autoridade ou autorização conferida.

Burawoy afirma que a teoria fundamentada não considera o poder em contextos micro e que "ela reprime as forças macro mais gerais que tanto restringem a variação como geram a dominação na esfera micro" (1991, p. 282). Burawoy está correto ao afirmar que os criadores da teoria fundamentada não consideraram a questão do poder. Ainda que se trate de uma questão totalmente distinta atribuir a deficiência de atenção ao poder como uma fragilidade que repouse dentro do próprio método. O *método*? O método não impede que se considere o poder. Layder (1998, p. 10) levanta uma crítica discutível semelhante no momento em que ele afirma que a teoria fundamentada "é epistemológica (a validade do conhecimento) e ontologicamente (a sua visão da realidade social) comprometida com a negação da existência de fenômenos que não sejam apenas ou meramente comportamentais (como mercados, burocracias e formas de dominação)". Não necessariamente. O simples fato de os autores anteriores não terem contemplado a questão do poder ou das forças macro não significa que os métodos da teoria fundamentada não possam fazê-lo. Isso poderia significar a busca de métodos mistos e formas de coleta de dados que incluam a utilização de documentos. O estudo de Chang (2000) sobre a transformação social de classe na China apresenta valiosas pistas quanto à maneira como os pesquisadores que utilizam a teoria fundamentada poderiam estudar o poder e os processos macro. A adoção dos métodos da teoria fundamentada nessas áreas poderia impor uma nova guinada a uma antiga roupagem teórica.

Burawoy concentra-se nos elementos objetivistas da teoria fundamentada e omite os seus potenciais construtivistas. Em contraste com os argumentos de Burawoy e Layder, afirmo que devemos usar os métodos da teoria fundamentada precisamente nessas áreas, visando a alcançarmos novos *insights* na investigação da justiça social (Charmaz, 2005b). As expansões da teoria fundamentada de Clarke (2005) também incentivam que se busque seguir essas orientações.

Os críticos internos da teoria fundamentada discutem o que deve vigorar como teoria fundamentada e que direções ela deve tomar. Os críticos de fora às vezes reificam os enunciados dos primeiros trabalhos e, então, os convertem em afirmações estáticas, em vez de tratá-los como pontos de partida ou como enunciados agora antigos de um método em desenvolvimento. A maior parte dos críticos não se empenhou em conhecer todos os autores ligados à teoria fundamentada e alguns deles não fazem leituras mais aprofundadas nem vão além da retórica que encontram no livro *Discovery* (Glaser e Strauss, 1967). Outros interpretam o método de forma restrita. Esses críticos normalmente deixam de perceber quatro pontos fundamentais: 1) a teorização é uma atividade; 2) os métodos da teoria fundamentada fornecem formas construtivas de prosseguir com essa atividade; 3) o problema de pesquisa e os interesses de desdobramento do pesquisador podem determinar o *conteúdo* dessa atividade, não o método; e 4) o produto da teorização reflete o modo como os pesquisadores atuaram nesses pontos fundamentais.

As reificações dos críticos quanto à natureza da teoria fundamentada geram ainda mais reificações sobre os supostos limites da teoria. Os críticos em geral reificam os enunciados iniciais da teoria fundamentada. Subsequentemente, as afirmações deles são às vezes reificadas como verdades inerentes acerca do que seja a teoria fundamentada e do que podemos fazer com ela. Essas reificações influenciam outros intérpretes, profissionais e estudantes do método. As noções não comprovadas sobre o que a teoria fundamentada pode estudar geram reificações sobre os limites que circunscrevem o conteúdo dos estudos de teoria fundamentada, assim como a crença de que os pesquisadores adeptos da teoria fundamentada não possam utilizar os seus métodos para teorizar sobre a questão do poder. O conhecimento restrito acerca da forma de investigação adotada pela teoria fundamentada também produz outras espécies de reificações. Tratar a teoria fundamentada como sendo apenas uma análise de variáveis, por exemplo, pode levar a estruturas reducionistas e incentivar o favorecimento daquelas "variáveis" de fácil compreensão. Dessa forma, um estudo superficial pode resultar, o qual apenas foca os limites de uma categoria, sem explicá-la.

Essa geração da teoria continua a ser a promessa não alcançada e o potencial da teoria fundamentada. Como afirma Dan E. Miller (2000, p. 400), "Embora a teoria fundamentada (Glaser e Strauss, 1967) seja muitas vezes invocada como uma estratégia metodológica, ironicamente, muito pouca teoria fundamentada é de fato produzida".

O desenvolvimento da sensibilidade teórica por meio da teorização

Assim como outros textos recentes (ver Glaser, 1998; Goulding, 2002; Locke, 2001; Strauss e Corbin, 1998), este livro esclarece a lógica e a sequência dos métodos da teoria fundamentada. Os primeiros pesquisadores adeptos da teoria fundamentada atribuem a construção da teoria ao desenvolvimento da "sensibilidade teórica" (Glaser, 1978), mas de que maneira os pesquisadores da teoria fundamentada podem adquiri-la? Que indícios conseguimos descobrir por meio da análise das ações dos pesquisadores da teoria fundamentada? O que implicam as ações da teorização?

Teorizar significa parar, considerar e repensar de uma nova maneira. Suspendemos o fluxo da experiência estudada e a isolamos. Para alcançarmos a sensibilidade teórica, observamos a vida estudada a partir de múltiplas perspectivas privilegiadas, fazemos comparações, seguimos pistas e exploramos ideias. Como você traça a sua direção por meio das ações da teorização, pode não conseguir antever os pontos finais ou as paradas ao longo do caminho.

Quando você teoriza, você consegue chegar aos fundamentos e às abstrações, e se aprofunda na análise da experiência. O conteúdo da teorização atinge a essência da vida estudada e propõe novos questionamentos a respeito desta.

As ações envolvidas na teorização favorecem a *observação* das possibilidades, o *estabelecimento* de conexões e *a formulação* de questões. Os métodos da teoria fundamentada fornecem aberturas teóricas que evitam a importação e a imposição de imagens cristalizadas e respostas automáticas. O modo como você executa a teorização e a forma como constrói o conteúdo da teorização variam, dependendo do que você encontra no campo. Ao teorizar, você consegue chegar aos fundamentos e às abstrações, e se aprofunda na análise da experiência. O conteúdo da teorização atinge a essência da vida estudada e propõe novos questionamentos a respeito desta.

Embora as ferramentas possam contribuir, a construção da teoria não é um processo mecânico. Entra em cena a capacidade de brincar com a teoria. A extravagância e o encantamento podem levá-lo a perceber o extraordinário no ordinário. A abertura ao inesperado amplia a sua perspectiva da vida estudada e subsequentemente das possibilidades teóricas. O seu trabalho intenso retém aquelas ideias que melhor se ajustam aos dados, levando-as à fruição.

Coerente com as diretrizes de Glaser (1978), destaquei o uso dos gerúndios na codificação e na redação dos memorandos. A adoção dos gerúndios promove a sensibilidade teórica porque essas palavras nos impelem a sair de tópicos estáticos e entrar em processos ordenados[7]. Os gerúndios nos induzem a refletir sobre as ações, sejam elas grandes ou pequenas. Se conseguir concentrar a sua codificação nas *ações*, você disporá de uma matéria-prima pronta para a observação das sequências e para fazer as conexões. Se os seus gerúndios rapidamente derem lugar à codificação por tópicos, você poderá sintetizar e resumir os dados, mas as conexões entre eles permanecerão mais implícitas. Desse modo, sugiro a ênfase renovada nas ações e nos processos, e não nos indivíduos, como uma estratégia da construção de teoria e para ir além da categorização dos tipos de indivíduos[8]. Em minha análise dos níveis de identidade em uma hierarquia da identidade, as categorias se originam dos objetivos e das ações das pessoas em vez de serem imputadas a determinados indivíduos. Os indivíduos podem oscilar, e de fato oscilam, verticalmente na hierarquia e determinadas condições sociais promovem esse movimento enquanto outras o impedem.

Uma olhada mais atenta às análises processuais pode ajudá-lo em seus esforços para construir a teoria[9]. Estudar um processo impulsiona suas tentativas de construir a teoria porque você define e conceitua as relações existentes entre as experiências e os eventos. Então poderá definir os aspectos principais e concentrar-se nas relações que existam entre eles. Os eventos principais, e muitas vezes o compasso, podem estar claros quando você estuda um processo identificável, como ao passar a fazer parte de uma categoria profissional[10]. Os programas de pós-graduação em serviço social, por exemplo, têm começos e fins bem definidos e você consegue perceber claramente o ritmo e o andamento estabelecidos. Desde o início, você conhece o caminho e pode estar atento aos seus marcadores e às suas transições. Outros processos, como ser dispensado do trabalho ou estar morrendo de câncer, podem não ser tão evidentes, ao menos para aqueles que vivenciam esses processos e para os pesquisadores que os estudam. Nesse caso, você pode ter de fazer um considerável trabalho analítico e de observação para definir aspectos que promovam uma compreensão empírica e teórica.

Em sua teoria fundamentada substantiva sobre a perda, Hoga, Morse e Tasón (1996) delineiam os processos de enfrentamento da morte de um familiar próximo. Eles apresentam a teoria enquanto processos principais relativamente sequentes que podem se sobrepor ou reemergir:

1. Recebendo a notícia.
2. Descobrindo.
3. Encarando as realidades.
4. Afundando no sofrimento.
5. Emergindo do sofrimento.
6. Seguindo com a vida.
7. Vivenciando o crescimento pessoal.

Esses autores classificam o processo de acordo com o fato de a pessoa falecida ter vivenciado uma doença ou ter tido uma morte súbita. Os sobreviventes de uma pessoa que teve morte súbita iniciavam o processo da perda na segunda fase principal, descobrindo, enquanto aqueles cujo familiar morreu de uma doença vivenciavam o choque do diagnóstico terminal e de um processo de cuidados. Hogan e colaboradores associam as representações da dor motivada pelo luto a fases específicas do processo, e a subprocessos que constituem determinada fase. Dessa forma, eles tratam a "desesperança contínua", o "vivendo no presente" e o "revivendo o passado" como elementos componentes do "sentir falta, desejar, sentir saudade", que caracteriza o modo como as pessoas desoladas pela perda dos parentes vivenciam o processo de estarem mergulhados no sofrimento. Observe a forte semelhança entre esses processos e a minha análise de 1991 sobre a experiência de doenças crônicas graves. Ambos os estudos abordam as fases fundamentais do sofrimento e as propriedades dos significados da perda.

Se os pesquisadores adeptos à teoria fundamentada têm métodos para construir teoria, por que muitos estudos permanecem descritivos? Codificar os temas, e não as ações, contribui para a permanência nesse nível descritivo. Em contraste, os pesquisadores da teoria fundamentada têm as ferramentas para explicar as ações que constituem um processo, conforme demonstra Clarke em *Disciplining reproduction* (1998). Ela persiste na análise dessas ações em seu modo de tratar cada fase do processo ambíguo de alguns cientistas ao estabelecerem os seus campos como uma disciplina legítima e ao exercerem autoridade sobre os corpos femininos. Esses trabalhos mantêm o *ímpeto analítico* e, assim, ampliam mais os seus alcances teóricos do que os quais identificam um processo e delineiam os seus estágios, para então descrevê-los. Um risco das abordagens da teoria fundamentada é a construção de uma lista de processos associados, mas subanalisados.

Star (1989) mantém o ímpeto analítico de sua análise da determinação da certeza científica entre os primeiros pesquisadores da mente que acreditavam que as funções mentais estavam situadas em áreas específicas do cérebro. Em sua discussão sobre as táticas usadas por esses pesquisadores para desqualificar os oponentes que argumentavam que as funções mentais eram difusas, ela simultaneamente revela as estratégias dos pesquisados localizacionistas e teoriza sobre como as ações deles estabeleceram a predominância científica. Observe como Star (1989, p. 140) mantém o seu ímpeto analítico conforme discute os seguintes processos:

> *A manipulação das hierarquias de credibilidade*
> Uma hierarquia de credibilidade refere-se ao peso diferencial dado à palavra de pessoas ou organizações com *status* distintos. Isto é, uma pessoa ou instituição que esteja no topo de uma hierarquia é intrinsecamente mais "confiável" que alguém que esteja na base (Becker, 1967). Sendo que isso vale para tudo, a palavra de um ganhador do Prêmio Nobel provavelmente será considerada mais plausível do que a de um andarilho, mesmo que o conteúdo das afirmações seja o mesmo.
> Os debates científicos que manipulam as hierarquias de credibilidade não são sancionados pelo método científico, ainda que sejam comuns. O debate da localização não foi vencido pelo fato de os localizacionistas terem sido mais sarcásticos ou mais *ad hominem* que os difusionistas. Em vez disso, os localizacionistas puderam manipular mais efetivamente as hierarquias de credibilidade à medida que obtiveram autoridade profissional na medicina e na psicologia.
>
> *"Mais científicos que vós"*
> Entre os tipos de alegações que manipulam as hierarquias de credibilidade estão alegações por parte de um ou outro lado quanto à (maior) cientificidade. Essas alegações dizem respeito a um procedimento ou abordagem ser mais cientificamente viável, ou mais tecnicamente perspicaz que a outra. Essas alegações em geral se opõem a designações como "metafísica", "poética", "impressionista", "ciência vaga...".

Star começa com uma definição clara da categoria "manipulando as hierarquias de credibilidade", e logo constrói a sua estrutura ao demonstrar como os localizacionistas constroem a arquitetura do argumento deles. Por isso, ela consegue se aprofundar em seus dados e revela como os localizacionistas determinaram que eram "mais científicos que vós", como uma tática que sustenta a categoria mais geral "manipulando as hierarquias de credibilidade". Posteriormente, ela adapta em conjunto este ser "mais científico que vós" com outras táticas que sustentam e especificam a categoria mais ampla, incluindo "argumentos de autoridade" e "ignorar, censura e sarcasmo". Em cada caso, ela mostra como os localizacionistas utilizaram essas táticas e fornece motivos pelos quais eles as invocaram. Como Star dá imaginação e substância às suas categorias e subcategorias, ela constrói uma afirmação teórica densa da qual os leitores recordam. Este excerto revela como o estilo de escrita e a significação teórica mesclam-se na narrativa. O estilo atraente de Star persuade os leitores, absorvendo-os em seus argumentos teóricos.

Para manter o ímpeto analítico, tente permanecer aberto às possibilidades teóricas. Recorde que Glaser (1978 e 1998) aconselha você a iniciar o processo analítico perguntando "Estes dados representam um estudo de quê?" (1978, p. 57). Se fizermos essa pergunta a *cada* etapa do processo analítico e buscarmos a resposta que se encaixe de forma mais essencial, poderemos descobrir que determinados significados e ações do nosso mundo em estudo sugerem conexões teóricas a ideias contundentes que não nos tinham ocorrido. À medida que seguimos as possibilidades teóricas, podemos fazer conexões entre as nossas ideias e as categorias teóricas acerca da essência da experiência humana. Nesse caso, o nosso estudo pode tratar de visões e valores fundamentais como aqueles que dizem respeito a aspectos como natureza humana, individualidade, autonomia e fixação, vida moral e responsabilidade, e legitimidade e controle, e convicção e verdade. Por exemplo, meu estudo da luta do indivíduo na hierarquia da identidade associou individualidade, autonomia, e legitimidade e controle.

Qualquer campo compreende temas fundamentais e ideias questionadas, tenham elas já sido teorizadas ou não. À medida que codificamos os dados e escrevemos os memorandos, podemos refletir sobre quais deles, se houver algum, os nossos materiais sugerem e sobre como as nossas teorias concluídas os contemplam. Na minha área da sociologia, esses temas compreendem:

- Personificação e consciência.
- Ação individual e coletiva.
- Cooperação e conflito.
- Escolha e restrição.
- Significados e ações.
- Pontos de vista e diferenças.
- Ritual e rito.
- Posições sociais e redes.
- Poder e influência.
- Estrutura e processo.
- Oportunidades e desigualdades.
- Direitos e recursos.
- Vida moral, ação moral e responsabilidade moral.

A percepção das conexões entre esses temas abre possibilidades para a teorização. O que os flexiona? Os pontos de partida analíticos são relevantes. Os primeiros textos de teoria fundamentada prescreviam a descoberta de um processo básico único. Se ocorrerem numerosos processos sociais "básicos" em um ambiente, a tarefa de determinar "o" processo mais essencial pode ser desanimadora, mesmo para um pesquisador adepto à teoria fundamentada objetivista. Enquanto não tivesse nenhuma dificuldade para definir a perda da identidade (Charmaz, 1983b) como sendo mais fundamental que "controlando a doença" ou "descobrindo a doença" em meu estudo da experiência da doença crônica, não poderia definir apenas um processo básico que unificasse tudo o que eu descobria. Durante vários anos lutei com a tentativa de identificar um processo social básico que apreendesse tudo o que eu havia descoberto acerca da vivência da doença[11]. Tentei identificar um processo mais específico do que "vivenciando a doença"; entretanto, as pessoas passam por muitos processos que se estendem desde o aprender a conviver com a doença crônica à vivência do tempo de novas maneiras e à recriação ou restabelecimento de uma identidade que elas pudessem aceitar.

Uma vez que o trabalho analítico seja iniciado, todos os problemas potenciais mencionados acima podem surgir. Desse modo, algumas teorias fundamentadas padecem com aquilo que John Lofland (1970) denomina "*interruptus* analítico" da pesquisa qualitativa. O trabalho analítico começa, mas chega a uma conclusão desconexa. Essa disjunção aparece entre o nível analítico desses estudos de teoria fundamentada e o objetivo da teorização. Cathy Urquhart (2003, p. 47) atribui essa disjunção no seu campo de sistemas de informação aos elementos subjetivos da codificação. Ela afirma:

> A experiência com a utilização dos métodos da teoria fundamentada revela que se trata essencialmente de um método de codificação "ascendente". Portanto, não é incomum que os pesquisadores considerem que os métodos da teoria fundamentada forneçam-lhes uma teoria de baixo nível a qual eles avaliam como difícil de "escalar" adequadamente.
>
> Uma questão então, na nossa utilização dos métodos da teoria fundamentada nos sistemas de informação, é identificar claramente o propósito da utilização destes: a) um método de codificação, ou b) um método de geração de teoria. Na literatura de sistemas de informação, há ampla evidência da primeira utilização e bem menos da segunda. Um efeito colateral útil do uso dos métodos da teoria fundamentada nos sistemas de informação poderia ser uma consideração muito mais detalhada do papel da teoria, além da geração de nossas próprias teorias específicas para a área dos sistemas de informação.

A avaliação astuciosa de Urquhart aplica-se a muitos pesquisadores da teoria fundamentada de todas as disciplinas que interrompem o trabalho analítico após a codificação e a construção das categorias elementares. No entanto, em contraste com Urquhart, sustento que a abordagem ascendente confere vigor à teoria fundamentada. A subjetividade do observador propicia um *modo* de analisar. Em vez de deter a análise na etapa da codificação, os pesquisadores podem elevar as suas categorias principais a conceitos.

As categorias podem ser maiores ou menores. Quais categorias um pesquisador eleva ao *status* de conceitos teóricos? Coerente com a lógica da teoria fundamentada, você eleva as categorias que representam os dados mais efetivamente. Clarke vê essas categorias como detentoras de "capacidade de transposição", pois transportam uma carga analítica substancial[12]. Essas categorias contêm propriedades essenciais que tornam os dados significativos e levam a análise adiante. Decidimos elevar determinada categoria a um conceito em função de aspectos como alcance teórico, caráter incisivo, capacidade para o uso geral e relação com outras categorias. Elevar categorias a conceitos compreende submetê-las a um novo refinamento analítico e implica a demonstração das suas relações com outros conceitos. Para os objetivistas, esses conceitos servem como variáveis essenciais e detêm poder de explicação e de previsão. Para os construtivistas, os conceitos teóricos servem como estruturas interpretativas e apresentam uma compreensão abstrata das relações. Os conceitos teóricos agrupam categorias menores e, em comparação, detêm mais significação, explicam mais dados e normalmente estão mais evidentes. Tomamos uma série de decisões em relação a essas categorias após as termos comparado a outras categorias e aos dados. As nossas ações determinam o processo analítico. Em vez de descobrir uma ordem *dentro* dos dados, criamos uma explicação, organização e apresentação *dos* dados (Charmaz, 1990).

A ANÁLISE DE TEORIAS FUNDAMENTADAS

Tendo em mente os significados de teoria e as práticas da teorização, podemos lançar um novo olhar à construção da teoria nas diversas teorias fundamentadas previamente apresentadas. Cada teoria carrega consigo a marca dos interesses e das ideias do seu autor e reflete o seu contexto histórico, bem como o desenvolvimento histórico das ideias, e da teoria fundamentada, da sua disciplina de origem. Cada uma das teorias publicadas nos anos de 1980 reflete a forma e o estilo daquele período. Antes do desafio pós-moderno de Clifford e Marcus (1986), em *Writing culture*, a maioria dos pesquisadores qualitativos esforçava-se para ser objetiva e positivista. Como sugere Van Maanen (1988), Glaser e Strauss (1967) elaboraram métodos que competiram com as ciências naturais e proporcionaram aos pesquisadores uma defesa contra as acusações de subjetividade[13].

A teoria substantiva de Jane Hood

O livro de Jane Hood (1983) se destaca porque ela delineia as condições teóricas específicas que explicam os problemas e os processos substantivos. Em comparação aos dias de hoje, mais mulheres trabalhadoras de classe média com filhos casavam-se com seus parceiros na época em que Hood coletou seus dados, e menos mulheres casadas sentiam-se obrigadas a voltar ao trabalho após terem tido filhos. Hoje, muitas mulheres, casadas ou não, precisam trabalhar e os valores culturais anteriores que tanto dissuadiram as mães de trabalharem como promoveram a falta de envolvimento dos pais no trabalho doméstico alteraram-se.

Conforme indicado no capítulo anterior, Hood constatou que a consciência dos maridos e o reconhecimento do valor das contribuições significativas das esposas para as finanças da família tornaram-se condições subjacentes para o compartilhamento do trabalho familiar. Aqueles maridos que valorizavam a contribuição financeira de suas esposas participavam do trabalho doméstico e do cuidado com os filhos. Por outro lado, aqueles maridos que não viam as suas esposas como coprovedoras não enxergavam o trabalho doméstico e o cuidado dos filhos como um esforço conjunto.

Assim, as definições do marido sobre a circunstância e especialmente sobre a contribuição financeira da esposa tornaram-se variáveis sobre as quais se baseiam os resultados. Observe que Hood especifica o que ocorre quando o marido reconhece e valoriza a contribuição financeira da esposa *e* o que ocorre quando ele não o faz.

Hood foi influenciada por Glaser e, consequentemente, o modo de análise dela reflete essa influência. Como outras teorias fundamentadas do início da década de 1980, a análise de Hood tem uma inclinação objetivista. Ela busca explicações e apresenta prognósticos. Embora envolva os participantes em discussões intensas e levante eventuais questões intencionais, ela apresenta avaliações concisas e diretas dos seus dados a partir da perspectiva privilegiada de um especialista. Hood identifica as variáveis, especifica as condições nas quais ocorrem os eventos e as ações, e analisa as consequências. Os enunciados dela são parcimoniosos e integrados e ela deduz hipóteses testáveis a partir deles. Hood mostra o que as pessoas fazem e identifica a origem da nova ação. Ela mantém o ímpeto analítico em toda a pesquisa. À medida que estudou os dados e empregou a amostragem teórica, Hood tornou a sua teoria mais densa ao considerar tópicos como maior ou menor probabilidade que os cônjuges voltados para o trabalho tinham de permanecer juntos, que tipos de esposas permaneceram no mercado de trabalho, como os seus relativos comprometimentos com o trabalho e as suas proporções salariais influenciaram em suas capacidades de negociação, e que categorias de maridos aumentaram de forma correspondente as suas responsabilidades no trabalho doméstico. Considere este conjunto de hipóteses que Hood (1983, p. 138) deduziu após ter articulado a teoria:

1. As esposas que trabalham por razões "pessoais", em vez de razões "familiares", terão maior probabilidade de permanência no trabalho após a redução da necessidade de seus rendimentos.

2. Os casais com objetivos antagônicos vivenciarão mais tensão do que aqueles com objetivos complementares.
3. O elevado comprometimento com o trabalho por parte de uma esposa (acompanhado pela redução da parcela de companheirismo que ela consegue oferecer ao marido) causará mais problemas nos casamentos mais centrados no marido, e no casal, e menos nos casamentos centrados nos filhos.
4. As esposas que trabalham por razões pessoais, e que são casadas com homens que são pessoas voltadas para o trabalho, têm maior probabilidade de agir com o objetivo de obtenção de reconhecimento como coprovedoras (e de aumentar as suas proporções salariais).
5. Os casais que são mais ambivalentes em relação às suas definições da responsabilidade da esposa como provedora solucionarão essa incongruência ou com a esposa parando de trabalhar ou com a aceitação dela como coprovedora.
6. Os maridos trabalhores terão maior facilidade para aceitar o aumento do comprometimento das suas esposas com o trabalho que os maridos que seguem uma carreira.
7. Os maridos voltados para o trabalho e as famílias com crianças mais jovens terão maior probabilidade de aumentar o compartilhamento das responsabilidades com o cuidado da casa, enquanto os maridos que seguem uma carreira e pais de filhos mais velhos terão menor probabilidade.
8. Apesar de sua cota de participação na renda familiar, a melhora do poder de negociação de uma esposa ocorrerá por meio do aumento da autoestima e com o crescimento do apoio social fora do casamento.

Essas hipóteses seguem a teoria de Hood da função do processo de negociação baseado em sua análise dos resultados relativos a determinados participantes da pesquisa. Se realizássemos um estudo semelhante nos dias de hoje poderíamos traçar uma rede inicial mais ampla para descobrir se, como, quando e até que ponto outros fatores como raça ou identificação étnica, crenças religiosas e localização geográfica poderiam influenciar o que ocorre durante o processo de negociação e, a partir da emergência de padrões, verificar depois a forma como esses fatores ocupariam um lugar na análise. No que diz respeito a esse assunto, interessa-nos observar sobre o que negociam os casais contemporâneos e descobrir se, e até que ponto, eles reorganizaram essas questões desde o estudo original de Hood. É provável que um pesquisador contemporâneo observe a extensão da variação do processo de negociação e situe a análise subsequente.

Uma nova investigação do tipo de análise de Hood demonstra a sua utilidade na definição *do que* aconteceu e na teorização das implicações disso. Ela revela como as regras implícitas e os acordos tácitos em relação aos direitos e obrigações determinam a negociação. Ela mostra que os participantes da pesquisa compartilham um acordo tácito de que a mulher não pode esperar ter ajuda com os trabalhos domésticos a menos que ela tenha que trabalhar pela sobrevivência da família. Os filhos, ao contrário, geram responsabilidades conjuntas que os cônjuges devem cobrir caso um deles não possa cumprir com as suas tarefas. Os casais de Hood partiam do princípio do que as crianças devem receber determinada quantidade de atenção dos pais e, assim, o cônjuge sentia-se compelido a manter aquele nível proporcional ao envolvimento reduzido do seu parceiro com os filhos.

Os dados de entrevista podem fornecer relatos que indicam *como* os casais negociam o trabalho familiar a partir das perspectivas dos homens e das mulheres envolvidas, mas as entrevistas nada mais são do que isto, relatos retrospectivos sujeitos à reconstrução em função dos objetivos e das necessidades circunstanciais. Apesar disso, os métodos múltiplos de coleta de dados usados por Hood fazem de tudo para neutralizar as limitações das entrevistas. Os relatos de entrevista indicam condições hipotéticas em relação a *quando* a negociação seja possível. Descobrimos *por que* as esposas podem ser eficazes ou ineficazes para a obtenção da participação de seus maridos no trabalho familiar. Conseguimos uma compreensão sobre *de quem* são as perspectivas e prerrogativas que prevalecem em primeiro lugar, mas não sabemos até que ponto as mulheres, cujos maridos não participavam do trabalho doméstico, consideravam que eles deveriam participar. Nem sabemos o quanto essas mulheres possam ter tentado impor as suas interpretações. Curiosamente, Hood realmente descobriu que a participação masculina no trabalho familiar teve como consequência o fato de os casais tornarem-se mais próximos. Os dados dela podem não esclarecer esse processo de aproximação, mas com certeza indicam o caminho para uma nova pesquisa investigar o modo como esse processo possa ser desdobrado.

A análise de Hood revela com notável clareza as condições sociais em jogo. Hood não apenas mantém o ímpeto analítico, mas também se mantém firme em seu foco. Uma vez que ela descobre as variáveis principais, passa a delinear com cuidado as permutações e as implicações dessas variáveis e a integrá-las em uma estrutura logicamente precisa. Os seus enunciados hipotéticos fornecem ferramentas para fazer prognósticos e para transportar a análise ao estudo de outros tipos de situações. Por exemplo, podemos observar se, e até que ponto, a análise é válida para casais sem filhos em que os dois cônjuges tenham uma carreira profissional.

Ao elaborar enunciados condicionais integrados, Hood consegue passar a sua análise de generalizações empíricas sobre uma pequena amostra a uma teoria substantiva de um problema empírico. O nível conceitual dessa teoria é específico e imediato. Hood revela como podemos teorizar relações concretas de modo a fornecer um meio útil para avaliar situações reais.

Hood incorporou as comparações iniciais em sua pesquisa as quais lhe deram a base para estabelecer distinções e buscar diferenças em relação aos seus temas principais da sobrecarga da função desempenhada e da igualdade marital. Coerente com a ênfase atual de Glaser em estudar como as pessoas solucionam um problema urgente em suas vidas, ela manteve a análise de se e como as mulheres trabalhadoras podem negociar o frequente problema do trabalho familiar. Tenha em mente que Hood concluiu o estudo dela muito antes da publicação das afirmações definitivas de Glaser (1998) quanto ao estudo de como as pessoas solucionam um problema.

Em função da abordagem sistemática utilizada por ela para a coleta dos dados, para estabelecer comparações e para a amostragem teórica, Hood pôde gerar as condições que caracterizaram a sua teoria substantiva emergente e tais condições contribuíram para a coalescência desta. A sua teoria permite que os pesquisadores e os leitores, sem dificuldade, verifiquem igualmente os casos empíricos. Hood realizou seu estudo com um projeto de pesquisa independente, embora possamos facilmente antever o transporte da abordagem dela para um amplo projeto de métodos múltiplos que combine a pesquisa qualitativa com levantamentos quantitativos nacionais abrangentes. Esse estudo sugere como determinadas abordagens qualitativas fundamentadas podem funcionar bem com equipes de pesquisa multidisciplinares que utilizem métodos múltiplos e que abordem problemas de pesquisa específicos.

A teoria de Patrick Biernacki de um processo social básico

O trabalho do Patrick Biernacki, intitulado *Pathways from heroin addiction** (1986), apresenta uma explicação teórica de um processo social básico, de modo coerente com os primeiros textos da teoria fundamentada (Glaser, 1978; Glaser e Strauss, 1967). A sua teoria explica a transformação da identidade de "usuário" para "ex-usuário" entre indivíduos que não buscaram tratamento. A sua teoria demonstra as fases do processo, tratando-as como categorias conceituais. Ele chega a essas categorias ao reunir os processos definidos nos seus códigos. Apresento um diagrama (Figura 6.1) para mostrar a lógica da teoria processual de Biernacki, porém detalho apenas a última fase crucial do processo, a qual discuto adiante.

A teoria de Biernacki tem uma clara base objetivista com alguns elementos interpretativistas. Ele traça a sequência dos eventos e mostra como os subprocessos baseiam-se uns nos outros. Depois que os ex-usuários dominaram as suas ânsias pela droga e ficaram abstinentes, Biernacki demonstra que eles sofreram processos psicológicos sutis que envolveram as reconstruções simbólicas e sociais das suas vidas e dos seus mundos. Essas reconstruções exigiram a criação de um espaço no mundo convencional. Essas reconstruções simbólicas

* N. de T. Tradução literal: "Caminhos para deixar a adição da heroína".

e sociais normalmente apresentavam os usuários com problemas angustiantes e preocupações contínuas, porém, a superação destes permaneceu como pré-requisito para a transformação completa de suas identidades. Desse modo, a categoria "tornando-se e sendo 'comum'" (p. 141) passou a ser um conceito integrante da teoria de Biernacki. Ele revela como os participantes da pesquisa dele vivenciaram essa fase do processo de transformação. Os usuários em recuperação tiveram de adotar e manter vidas convencionais, ainda que tenham se sentido relutantes quanto à interação com pessoas convencionais e tivessem, simultaneamente, enfrentado opiniões estereotipadas, considerando-os indivíduos repugnantes e indignos de confiança.

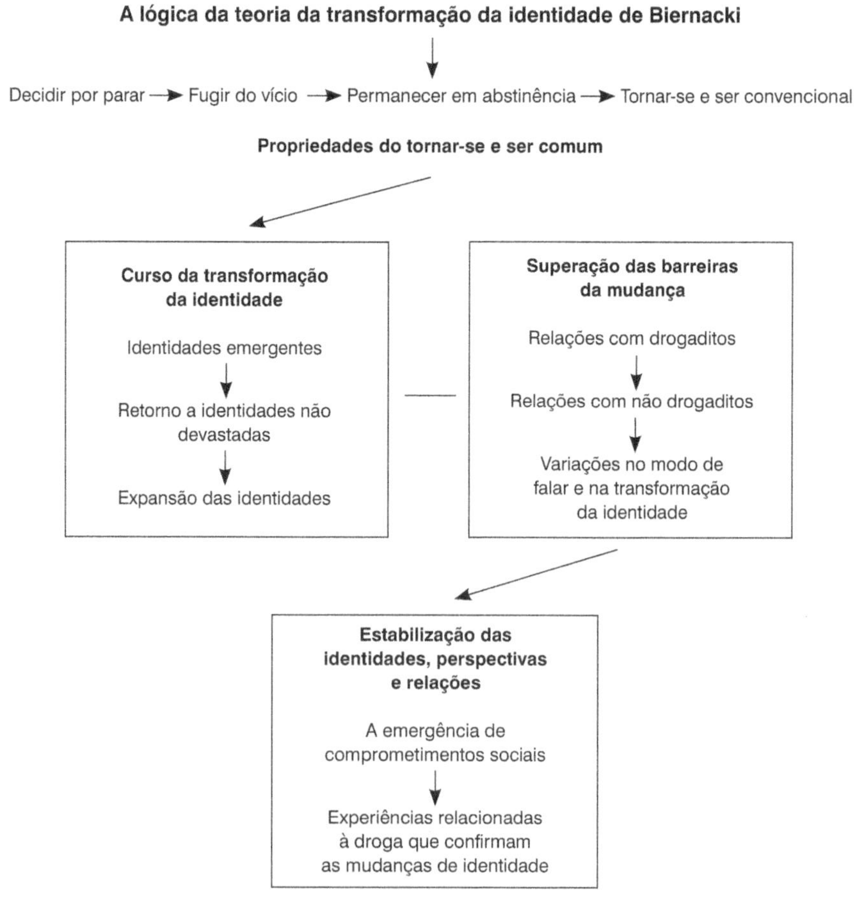

Figura 6.1 Teoria de Patrick Biernacki sobre a transformação da identidade na recuperação do usuário sem tratamento.

Para fazer a sua teoria coalescer, Biernacki precisou explicar o papel fundamental desempenhado pelo "tornando-se e sendo 'comum'" no processo de recuperação para *teorizar* a respeito de como a transformação de identidade dos usuários tornou-se realidade. O que permitiu essa transformação? Como as circunstâncias sociais e as escolhas pessoais solidificaram-se de modo a levar a uma transformação completa da identidade? As categorias de Biernacki apresentadas abaixo referem-se a três caminhos distintos de identidade atravessados pelos usuários para se tornarem pessoas comuns:

- identidades emergentes (p. 144-148);
- retorno a identidades não devastadas (p. 149-155);
- expansão das identidades (p. 155-160).

Assim, no primeiro caso, as novas identidades dos viciados em recuperação emergiram no momento em que eles adotaram novas atividades que absorveram as suas atenções e geraram uma mudança de identidade. No segundo caso, a construção de uma identidade convencional antiga, consequentemente, permitiu que abandonassem a identidade de usuários de drogas. E, no terceiro, a expansão de uma identidade não devastada que havia permanecido intacta durante o período deles como viciados gerou possibilidades para uma mudança de identidade. As identidades emergentes se desenvolveram por meio das circunstâncias e das atividades, normalmente sem premeditação. O retorno a uma identidade não devastada e a expansão de uma identidade atual tenderam mais a resultar de escolhas conscientes. Cada categoria mapeia um caminho para se tornar e ser uma pessoa comum.

As categorias da identidade de Biernacki esgotam a variedade de exemplos empíricos que ele descobriu no campo. Dessa forma, o conceito dele "tornando-se e sendo 'comum'" tem origem nos indicadores empíricos e os considera. Biernacki precisou analisar processos simultâneos para fazer com que a teoria dele coalescesse. Ao empenharem-se nesses tipos de trabalhos ligados à identidade, os viciados ocuparam-se da "superação das barreiras da mudança", que consiste no próximo problema principal que Biernack identifica na transformação deles. Por último, os ex-viciados tiveram de estabilizar as suas identidades, perspectivas e relações novas ou renovadas (p. 161-180). Se olharmos com mais atenção à categoria de Biernacki da "superação das barreiras da mudança", e analisarmos o modo como ele a considera, podemos observar como ele combinou os dados, códigos e categorias em uma explicação teórica que se estabelece diretamente a partir dos dados. Os viciados, durante a recuperação, precisaram renunciar às tentações oferecidas pelos seus pares no vício e, além disso, resistir ao poder e à capacidade invasora do mundo da droga e do seu discurso. Entretanto, os viciados tiveram de superar o estigma de usuários de drogas nas esferas de vida convencionais e provar que haviam mudado. Biernacki já definiu *quando* a superação dessas barreiras se torna fundamental. A seguir, ele observa como os ex-drogaditos forneceram uma comprovação de suas identidades modificadas.

> Como isso pode ser feito? Bom, a comprovação poderia ser constatada com a manutenção, por parte dos viciados, em alguns dos envolvimentos tidos como característicos de uma vida comum "convencional" durante um período prolongado. Por exemplo, espera-se que eles estejam firmemente empregados, que mantenham os seus lugares de residência e que tenham horários razoavelmente "normais". Eles devem também possuir coisas materiais que são comuns na esfera de vida não viciada, digamos, uma televisão e um aparelho de som. Os ex-viciados devem evitar, ou ao menos evitar que sejam vistos em locais "de desvio", em especial aquelas regiões que são sabidamente frequentadas por usuários de drogas. Eles devem frequentar lugares "normais", como cinemas, restaurantes ou eventos esportivos, e quando o fazem, devem pagar as suas próprias despesas.
>
> Estas preocupações podem parecer pequenas, mas são importantes porque vão contra a ideia estereotipada que as pessoas que não são viciadas têm dos viciados (...) Pelas atitudes dos usuários de drogas, e até mesmo suas posses, os outras avaliam a veracidade de suas alegações de que não estejam mais usando drogas e de que modificaram as suas vidas. (Biernacki, 1986, p. 166-167)

Biernacki apresenta uma teoria substantiva integrada da modificação da identidade entre viciados que não recebem tratamento. A teoria dele é abstrata o suficiente para cobrir o conjunto de situações empíricas. Biernacki lida com o conceito teórico da identidade ao construir sistematicamente categorias que sintetizam e explicam os relatos dos participantes da pesquisa acerca de suas experiências. À medida que definiu e conceituou padrões nos dados, ele buscou novos dados para especificar as condições que influenciaram a recuperação. Conforme esperado, Biernacki descobriu que um dos principais fatores foi o grau em que a participação de uma pessoa no mundo da droga excluía as atividades convencionais. No entanto Biernacki não parou por aí. Ao contrário, ele também justapôs a imersão no mundo da droga novamente em contraste com o acesso e os custos, e descobriu o modo como estes variavam. Biernacki constatou que a imersão dos viciados no mundo da droga parecia ser mais completa quando os custos da droga eram altos e o acesso era difícil. Posteriormente, ele iniciou a amostragem teórica entre médicos e enfermeiras. Esses profissionais dispunham não apenas de drogas com baixos custos e de acesso relativamente fácil, mas também de identidades valorizadas que requeriam um envolvimento exigente. Ao procurar padrões nos seus dados, Biernacki explica *por que* certos viciados se recuperam sem tratamento.

O alcance teórico da análise de Biernacki estende-se além do vício. Ele examina um processo genérico de transformação de identidade em uma determinada categoria de pessoas que poderíamos transportar para outros campos para elaborar mais os conceitos. Outras formas de comportamento desviante, como a delinquência e a prostituição, oferecem possibilidades para o desenvolvimento ou para a modificação da teoria de Biernacki.

A teoria construtivista de Kathy Charmaz

A discussão a seguir esclarece como a abordagem construtivista estimula o pesquisador a teorizar na tradição interpretativa. A teorização interpretativa pode ocultar os processos manifestos, mas também aprofunda os significados e processos implícitos e, logo, é mais evidente. Para seguir o meu raciocínio, dê outra olhada na categoria "vivendo um dia de cada vez". A ideia de viver um dia de cada vez apareceu em meus dados como parte integrante do discurso considerado natural entre os portadores de doenças crônicas. As pessoas afirmaram essa necessidade de viver um dia de cada vez como um fato óbvio, mas não entravam em detalhes com relação a isso. A abordagem construtivista leva você a explorar e interpretar essas afirmações ou atitudes implícitas.

> *Vivendo um dia de cada vez*
> Viver um dia de cada vez significa lidar com a doença a cada dia, mas apenas um por vez. Ao agirem assim, as pessoas mantêm suspensos os planos futuros e até mesmo as atividades habituais. Para a maior parte das pessoas, viver um dia de cada vez é um reconhecimento tácito de suas fragilidades.
> Viver um dia de cada vez também permite que as pessoas concentrem-se na doença, no tratamento e na vida metódica sem serem dominadas por suas esperanças desapontadas ou expectativas contrariadas. A adoção dessa postura proporciona diretrizes para atuar a cada dia e confere alguma sensação de controle. Ao concentrar-se no presente, a pessoa consegue evitar ou minimizar o fato de pensar na incapacidade e na morte.
> A necessidade sentida de viver um dia de cada vez pode alterar drasticamente a perspectiva de tempo de alguém. Viver um dia de cada vez induz a pessoa a voltar a atenção para o presente e empurrar para mais longe os futuros uma vez projetados. As visões anteriores do futuro recuam sem rupturas e desaparecem, possivelmente quase despercebidas. O presente é imperioso e o futuro pode parecer gratificante. Nesse caso, o conteúdo das modificações relativas ao tempo, os momentos, tornam-se mais longos e mais plenos.
> Viver um dia de cada vez é uma estratégia para administrar a doença crônica e para estruturar o tempo. Além disso, também proporciona uma forma de controle da identidade ao enfrentar a incerteza. É uma estratégia que dá a sensação de controle sobre as ações da pessoa e, por extensão, uma sensação de controle de si mesmo e da situação. Adotar essa estratégia também altera a perspectiva do tempo. (...)
> Viver um dia de cada vez revela emoções inerentes à experiência da doença. Muitos doentes, especialmente pessoas mais idosas, expressam um medo maior da dependência, da debilidade e do abandono que da morte. O fato de viverem um dia de cada vez os ajuda a reduzirem os seus medos de que o futuro será pior que o presente. No decurso de uma série de retrocessos, Mark Reinertsen

> resmungou, "Tento viver um dia de cada vez porque é simplesmente menos assustador". Depois ele observou, "Eu poderia simplesmente ficar fixado naquilo que poderia acontecer (a morte ou uma maior deterioração), uma vez que tanta coisa aconteceu nos últimos seis meses (complicações múltiplas e doença iatrogênica). Mas que bem isso faz? Só consigo controlar o dia de hoje?". (1991a, p. 178, 180-181)

Este excerto representa um exemplo de análise construtivista porque reúne e interpreta os significados implícitos que constituem a categoria, demonstrando, por meio disso, como uma afirmação corriqueira faz referência a um conjunto de significados e experiências. Chamo a atenção para as atitudes que as pessoas tomam embora o conteúdo da categoria *dependa* do modo como reúno essas ações e emoções declaradas e da interpretação que dou aos enunciados e às atitudes dos participantes. Quando nos aprofundamos nos significados tácitos, nem todas as pessoas com quem conversamos estão habilitadas a descrevê-los ou a associar as suas atitudes a esses significados. Desse modo, o pesquisador pode desenvolver estratégias metodológicas e analíticas especiais para descobrir sobre os significados e as ações relevantes.

A narrativa acima reúne experiências desiguais na categoria e elucida a variação dos seus significados tácitos. Uma análise interpretativa solicita a participação do leitor nas experiências relacionadas por meio da *versão teórica* da categoria. Neste sentido, a compreensão teórica da categoria cria a sua significação; sem ela, as afirmações não explicadas dos participantes da pesquisa com relação a viver um dia de cada vez permaneceriam sem ser examinadas, salvo se viessem a ocorrer durante o curso da conversação. A descrição pura, por outro lado, atrai os leitores para as situações e invoca o interesse e, muitas vezes, a identificação com os relatos dos participantes de pesquisa. A significação da experiência é normalmente franca, como quando Hood e Biernacki apresentam descrições reveladoras das suas pesquisas. As descrições deles sublinham a plausibilidade das suas explicações.

Coerente com a abordagem construtivista, a minha visão dos dados é um elemento componente de sua interpretação. Isso também é verdadeiro nas teorias fundamentadas de Hood e Biernacki, a questão é apenas o grau em que isso ocorre. As duas teorias cobrem eventos determinados com marcadores claros e experiências tangíveis. Outros observadores experientes em suas respectivas áreas poderiam observar e traçar processos semelhantes, caso fizessem os respectivos passos iniciais empíricos e conceituais que Hood e Biernacki fizeram. (No caso de Hood, isso significou deslindar as razões pelas quais as mulheres trabalhadoras recebiam pouca ajuda dos maridos com os trabalhos domésticos e, no caso de Biernacki, se e como os viciados em heroína recuperavam-se da dependência sem tratamento.)

A minha análise anterior continua mais intuitiva e impressionista do que as análises de Hood ou Biernacki. A opinião quanto a se a estrutura interpretativa da análise a fortalece ou a fragiliza é algo que tem relação com as afiliações dos críticos à abordagem construtivista ou objetivista da teoria fundamentada. Outros pesquisadores teriam formulado a relação entre o passado e o futuro ou a teriam tratado como uma estratégia para manter o controle emocional? Seria concebível, se eles já possuíssem alguma sensibilidade teórica em relação aos conceitos de identidade, tempo, emoções e rupturas na vida. Caso contrário, é difícil dizer por que as propriedades da categoria permanecem implícitas até que a amostragem teórica e a versão interpretativa as tornem explícitas. Quanto mais prosseguimos na experiência implícita, mais tempo leva para a realização desses saltos empíricos e conceituais. Outros pesquisadores poderiam ter visto coisas diferentes na experiência e, por extensão, na categoria? Sim, é possível. Talvez os tipos de sensibilidades teóricas que o pesquisador leva para a esfera de vida em estudo assumam aqui uma significação especial. A análise resulta do envolvimento do pesquisador em cada aspecto do processo de pesquisa.

Parte do trabalho interpretativo consiste em estar vigilante às possibilidades para deslocar a análise além da evidência conclusiva que você tiver no momento. É por isso que a introdução posterior ou reintrodução na experiência *é* fundamental. Em vez de perceber esse "viver um dia de cada vez" como um *slogan* conveniente, fiz novas amostragens para descobrir se e como as pessoas tinham influência sobre isso. Os observadores podem conseguir entrar novamente na situação de pesquisa; os entrevistadores podem buscar apenas acesso a histórias que possam esclarecer a categoria. Nesse caso, a amostragem teórica passou a ser um meio para a obtenção do acesso a essa experiência específica. Ao retornar e explorar questões novas, os fragmentos da experiência tomavam forma.

Qual posição as categorias ocupam nas análises construtivistas? Embora as categorias não sirvam como variáveis principais, os pesquisadores podem demonstrar as relações existentes entre elas. Nesse caso, informei como a minha categoria "vivendo um dia de cada vez" estava associada a três conceitos principais: "As perspectivas do tempo", "As estruturas do tempo" e "Situando a identidade no tempo". Assim, viver um dia de cada vez determina a estrutura do tempo dos dias e das semanas de uma pessoa. Adotar essa postura durante longos períodos altera a perspectiva do tempo da pessoa à medida que o passado desbota e o futuro definha. Como consequência, a pessoa situa a si mesma no presente.

Como Hood e Biernacki, especifico as condições, mostro as relações conceituais e projeto as consequências. Em vez de fazer proposições teóricas explícitas, combino-as na narrativa. Embora a teoria seja mais difusa que as teorias elaboradas por Hood ou Biernacki, ela é, simultaneamente, mais abstrata e mais geral. O conteúdo da investigação certamente influencia os resultados teóricos. A natureza elusiva das minhas ênfases duais na identidade e no tempo contribui para o modo como desenvolvi os meus enunciados teóricos. Entretanto, uma teoria fundamentada construtivista instruiu a minha análise emergente e inspirou o estabelecimento de novas conexões teóricas.

CONSIDERAÇÕES FINAIS

Ao longo de todo este capítulo, delineei fronteiras sólidas entre a investigação positivista e a interpretativa, a teoria fundamentada construtivista e a objetivista, e as distinções e as direções subsequentes que elas propõem. Na prática de pesquisa, no entanto, essas fronteiras podem não ser tão claras. Os pesquisadores positivistas podem explorar tópicos elusivos com significados efêmeros. Os pesquisadores da teoria fundamentada construtivista podem investigar processos manifestos com um detalhamento minucioso. Na prática da pesquisa, teorizar significa ser eclético, utilizar aquilo que funciona e determinar o que se ajusta (ver também Wuest, 2000). No que diz respeito a essa questão, nem positivistas nem construtivistas podem pretender que os leitores vejam as suas teorias fundamentadas escritas como *Teoria*, envolta em toda a sua mística imponente, ou em suas normas de teorização. Em vez disso, eles estão apenas fazendo teoria fundamentada, seja qual for o modo como a compreendem.

Entretanto, tal como os primeiros pesquisadores da mente do estudo feito por Star, os pesquisadores da teoria fundamentada, às vezes, invocam uma forma hostil de comparação no estilo "mais teórico que vós". Uma teoria parcimoniosa elegante pode apresentar proposições claras, mas ter um alcance limitado. Uma teoria imaginativa difusa pode despertar explosões de *insights*, mas oferecer estruturas interpretativas com contornos porosos. Cada uma pressupõe objetivos distintos e favorece determinadas maneiras de conhecer e determinados tipos de conhecimento. Uma teoria permite-nos transcender as explicações e compreensões comuns e observar determinadas realidades e não outras. As teorias não podem ser avaliadas como extratos bancários, embora possamos estabelecer critérios para os diferentes tipos de teorização. O equilíbrio entre as proposições teóricas "se/então" e o número e a densidade das abstrações depende do público-alvo do pesquisador que utiliza a teoria fundamentada, do seu propósito, bem como das suas inclinações teóricas. Como revelam as minhas argumentações anteriores sobre a teorização na teoria fundamentada, as teorias servem a diversos objetivos e diferenciam-se por suas qualidades de inclusividade, precisão, nível, alcance, generalidade e aplicabilidade.

A subjetividade e a ambiguidade que retratei na teoria fundamentada construtivista permeiam também a abordagem objetivista. Essas abordagens mascaram a subjetividade e a ambiguidade por meio de suposições compartilhadas sobre o mundo e de formatos estabelecidos para a realização da pesquisa. Ao final, a investigação nos leva para fora, ainda que refletir a respeito dela nos puxe para dentro. Posteriormente, a teoria fundamentada nos leva de volta ao mundo para um novo olhar e uma reflexão mais profunda, reiteradamente. As nossas versões imaginativas daquilo que vemos e conhecemos são interpretações que emanam da dialética da reflexão e da experiência. Se aderirmos a tradições positivistas ou interpretativas, não obteremos uma teoria autônoma, ainda que receptiva à modificação. Em vez disso, seremos *parte* de nossa teoria construída e essa teoria refletirá as perspectivas privilegiadas inerentes às nossas experiências variadas, quer estejamos nós ou não conscientes destas.

NOTAS

1 Após concluir um capítulo inteiro sobre a análise desse material antes de 1983, a versão final foi publicada em 1987. Eu havia exposto as ideias centrais na minha tese (1973), mas, nesse ínterim, reuni mais dados para refinar as categorias.

2 Para uma demonstração mais completa dos contrastes que distinguem a teoria fundamentada construtivista e a objetivista, ver Charmaz, 2000; 2006a.

3 Concordo com Glaser (1992) quanto à questão da verificação, apesar da forma como ela aparece no livro *Discovery* (1967). Checar as intuições e confirmar as ideias emergentes, em minha opinião, não equivale à verificação. Observo os pesquisadores que utilizam a teoria fundamentada produzirem relatórios plausíveis, e não a apresentação de conhecimento verificado.

4 Glaser (2001) agora argumenta que os pesquisadores identificam essa questão principal, o que representa uma renúncia significativa em relação à sua afirmação (1992) de que os pesquisadores devem analisar a questão principal no ambiente de pesquisa e que os participantes informarão a eles sobre qual ela seja.

5 Posteriormente, Burawoy expressa a necessidade de "globalizações fundamentadas" (2000, p. 341) e de uma pauta para a "fundamentação da globalização" em seu trabalho *Global ethnography* (2000, p. 337-373). Embora seus conceitos aludam à teoria fundamentada, ele não a emprega ou cita.

6 Aqui, a minha questão complementa o argumento de Silverman (2004) mencionado anteriormente.

7 Essa ênfase nos gerúndios pode parecer um ponto insignificante; ao contrário, vejo isso como um ponto fundamental, mas que nem sempre é adotado pelos pesquisadores da teoria fundamentada. É possível que o fato de haver, na língua inglesa, uma ênfase muito maior na estrutura do que no processo faça parecer estranho o raciocínio por meio dos gerúndios; no entanto, os pesquisadores em geral consideram que os gerúndios se ajustam à maior parte dos seus dados de maneiras que eles não tinham, e nem poderiam ter, previsto completamente.

8 Aprender a manter o foco nos processos e não nos indivíduos e nos tópicos foi uma das primeiras lições nos nossos seminários de análise da teoria fundamentada durante os meus anos de pós-graduação. Aprendemos a ir além da tipologia estática da rotulação dos indivíduos na análise dos processos sociais básicos para dar ao fenômeno estudado um tratamento analítico mais completo. Muitos estudos qualitativos daquela época baseavam-se na rotulação dos indivíduos, logo o desenvolvimento de análises explícitas dos processos sociais na teoria fundamentada caracterizou um progresso evidente.

9 Muitos estudos de teoria fundamentada oferecem observações perspicazes da experiência subjetiva ou dos processos organizacionais (para exemplos, ver Hogan, Morse e Tasón, 1996; Lempert, 1996; Melia, 1987; Thulesius, Håkansson e Petersson, 2003; Tweed e Salter, 2000) e cada vez mais estudos de teoria fundamentada apresentam formas úteis para tratar dos processos sociais mais amplos (ver, por exemplo, Clarke, 1998; Star, 1989, 1999).

10 O nível da análise ocupa aqui um lugar de destaque. Embora muitos pesquisadores da teoria fundamentada estudem o processo conforme indicado nas narrativas ou nos ambientes naturais, até onde sei, nós não examinamos as sequências interacionais de forma tão rigorosa quanto os analistas de conversação (ver, por exemplo, Maynard, 2003; Silverman, 1997). O estudo de Urquhart, que explora a análise de sistema, adota medidas neste sentido.

11 Em minha tese (1973), que tratou da mesma área substantiva, utilizei a "remobilização" como processo principal. Além de ser uma palavra desagradável que evoca ideias mecanicistas e militaristas, o termo não representou todo o alcance da experiência. Essa limitação categórica ficou cada vez mais evidente no momento em que coletei dados adicionais e mais completos após a tese. Naquela altura, eu havia aperfeiçoado as minhas habilidades de entrevista e normalmente gravava as entrevistas.

12 Comunicação pessoal, 28 de fevereiro de 2005.

13 Nos anos de 1960, muitos estudiosos desprezaram a pesquisa qualitativa, tendo-a como impressionista, não sistemática e subjetiva.

7

Redação do manuscrito

Uma jornada pela teoria fundamentada estende-se ao processo da produção textual, como você verá neste capítulo. A redação do seu manuscrito apresenta oportunidades para traçar novas descobertas a cada revisão e deixar a sua marca na sua área com graça e estilo. Sugiro maneiras para unir as partes do seu manuscrito, construir um argumento eloquente que se ajuste à sua teoria fundamentada e verificar novamente as suas categorias para avaliar precisamente o modo como elas formam a essência do manuscrito. Após esboçarmos a teoria fundamentada, enfrentamos a discutida revisão bibliográfica e muitas vezes um esquema teórico problemático. Apresento soluções para a tensão entre essas exigências acadêmicas tradicionais e a teorização fundamentada que será útil à sua análise teórica e ao argumento que você desenvolve sobre ela. O capítulo se encerra com a apresentação de estratégias e artifícios retóricos usados por escritores para expor a sua teoria fundamentada de forma acessível e torná-la relevante.

A redação da teoria fundamentada mantém e expõe a forma e o conteúdo do trabalho analítico. Em vez de concentrar-se nos atores ou nos autores, a teoria fundamentada estabelece as ideias e os esquemas como foco central. De certa forma, os nossos conceitos passam a ser os "atores" que produzem a análise das ações nos ambientes de pesquisa. Quais tensões surgem entre a construção das nossas análises de teoria fundamentada e as nossas tarefas de produção textual? Como poderíamos retomar a plenitude dos eventos por meio das nossas interpretações analíticas? De que forma podemos combinar as exigências analíticas da teoria fundamentada com os critérios da redação de boa qualidade?

Como afirmei antes, o potencial ponto forte da teoria fundamentada consiste em sua capacidade analítica para *teorizar* o modo como são construídos os significados, as ações e as estruturas sociais. Os memorandos analíticos captam a atenção dos leitores. Esses memorandos rompem as nossas compreensões e contestam as preconcepções que temos sobre estas. Podemos reunir esses memorandos em uma análise integrada que teoriza o campo da ação estudada.

As teorias fundamentadas exploram profundamente o empírico e constroem estruturas analíticas que alcançam o hipotético. Desse modo, as categorias simples acerca de experiências comuns destacam-se com significados radiantes, nas nossas interpretações analíticas. Meu excerto a seguir descreve experiências comuns sobre o fato de ser portador de uma doença crônica por meio de uma lente analítica que enfoca e intensifica as nossas concepções a respeito dessas experiências. Considere a ampla incidência das doenças crônicas comuns. Muitos adultos têm conhecimento sobre os primeiros sintomas, a progressão, os tratamentos correntes e assim por diante. Nesse caso, eles não conseguiriam antever o que acarreta ser portador de uma doença? O que poderia ser mais comum do que compreender o que significa ter uma doença crônica? No entanto, não é tão fácil saber o que isso significa. A pesquisa de teoria fundamentada pode esclarecer *como* as pessoas descobrem a diferença entre ter um diagnóstico e ter a doença. Ao estudarmos o modo como as pessoas tomam conhecimento da cronicidade, também obtemos ideias sobre o que significa para elas o fato de serem portadoras da doença[1].

> *Descobrindo a cronicidade*
>
> Semanas e meses de sintomas incessantes informam os doentes quanto à cronicidade. Além disso, aprender sobre a cronicidade significa descobrir os seus efeitos na vida cotidiana. Ao tentarem conduzir as suas atividades habituais, os doentes descobrem o significado das suas alterações corporais. Após o seu primeiro ataque cardíaco, Harry Bauer recordou que "quando eu estava deitado lá (no hospital), falei ao médico que iria trabalhar. Ele disse, 'De jeito nenhum'. Ele falou, 'Quando sair daí, você vai descobrir o quanto está fraco'. Antes, eu conseguia pegar 45 kg em cada mão. Quando saí de lá, descobri o que ele quis dizer, eu mal conseguia me manter em pé".
>
> O significado da deficiência, da disfunção ou da diminuição da capacidade se torna real na vida cotidiana. Até ser submetida à prova das rotinas diárias, uma pessoa não consegue saber o que é ter um corpo alterado. Heather Robinson não vivenciou nenhum episódio grave até 10 meses após o diagnóstico, mas os outros confundiam o fato de ter um diagnóstico com o de lidar com a doença. Ela relatou:
>
> "As pessoas diziam, 'você lida com isso tão bem (imediatamente após o diagnóstico)'. Eu só dizia, 'Não lidei com isso de fato porque não fiquei doente'. O que eu quero dizer é que você não consegue lidar com uma coisa até que tenha vivenciado algo, você não precisa lidar com nada. Então, assim que fiquei doente e precisei lidar com isso naquele momento, penso que foi aí que constatei que eu tinha EM (esclerose múltipla) (...) agora estou aprendendo onde posso ir e o quanto posso fazer sem me anular".

> A avaliação das distâncias a serem percorridas, das tarefas a serem concluídas e dos planos a serem feitos se dá com base em padrões de medida relativos ao passado, e não a um presente e um futuro alterados. Os ensinamentos sobre a cronicidade vêm com as descobertas de que aquelas medidas do passado impõem padrões árduos ou impossíveis.
> Frequentemente, os doentes se veem obrigados a abandonar as suas esperanças e os seus planos, e a renunciar às suas antigas atividades. A doença e a invalidez forçam a diminuição das expectativas do indivíduo, ao menos durante algum tempo. Ainda que isso assuste e perturbe as pessoas. No seu livro, o psiquiatra Clay Dahlberg relata as sensações dele ao ficar sabendo que poderia ir para casa após ter tido um AVC (acidente vascular cerebral): "Foi um dia maravilhoso. Comecei a planejar todas as coisas que poderia fazer com a incrível quantidade de tempo livre que teria. Todas aquelas pequenas tarefas que eu havia adiado, museus e galerias para visitar, amigos com quem queria sair para almoçar, tantas coisas alegres. E foi só vários dias mais tarde que constatei que simplesmente não poderia fazer nenhuma daquelas coisas. Eu não tinha energia mental ou física e entrei em depressão" (Dahlberg e Jaffe, 1977, p. 30).
> A diferença entre as atividades relativas ao passado e ao presente destaca-se nitidamente, ainda que o passado esteja tão próximo... (Charmaz, 1991a, p. 21-22)

O exemplo acima combina afirmações analíticas com uma descrição e uma ilustração de apoio e, assim, recua e avança entre a interpretação teórica e a evidência empírica. Os trabalhos de teoria fundamentada podem ser escritos de várias maneiras. Quais atividades aceleram a finalização de um relatório de teoria fundamentada? Como você administra as tensões entre uma teoria fundamentada indutiva e a lógica dedutiva própria dos formatos convencionais da escrita acadêmica? Quais estratégias de produção textual realçam a elaboração de uma teoria vigorosa e de uma narrativa expressiva? Qual a melhor maneira de lidar com a redação do seu relatório?

SOBRE A REDAÇÃO

Deixar a sua marca

Como dizer algo original? Os novos acadêmicos precisam deixar as suas marcas nas suas respectivas disciplinas. Os acadêmicos mais antigos precisam comprovar que ainda estão à altura das marcas que deixaram. Acadêmicos experientes e novatos desejam demonstrar que acertaram a marca nos seus campos. Robert F. Murphy apresenta a sua "Primeira Lei de Murphy das Carreiras Acadêmicas", a qual consiste de duas fases: "Na primeira, os jovens acadêmicos estão ansiosos sobre se serão ou não descobertos; na segunda, os acadêmicos já estabelecidos estão preocupados sobre se serão ou não desmascarados".

O que significa uma "contribuição original"? Se oferecer uma compreensão nova ou mais aprofundada dos fenômenos estudados, você pode fazer uma contribuição original. Com frequência as afirmações dos pesquisadores quanto a uma teoria fundamentada original correspondem a uma lista repetitiva de relatos do senso comum (ver também Silverman, 2000). Naturalmente, aquilo que vale como original depende em parte do público. Os autores recorrem a várias estratégias para a reivindicação da originalidade. Eles fornecem 1) uma análise em uma área nova; 2) uma obra original em uma área estabelecida ou enfraquecida; e 3) uma ampliação das ideias em vigor.

No passado, diversos estudiosos deixaram as suas marcas ao explorarem um novo terreno significativo. Como primeiros exploradores de praias remotas, eles se apropriaram do terreno, e por isso têm sido citados desde então. Esse novo terreno pode ser um campo como a sociologia das emoções ou um tópico intrigante como o trabalho de cientistas de laboratório (Clarke, 1998; Latour e Woolgar, 1979; Star, 1989). Entretanto, à medida que um campo se desenvolve, restringem-se as áreas nas quais os estudiosos podem alegar originalidade. Em muitas disciplinas, há muito se foi o tempo em que um autor podia fazer uma grande inovação ao construir um novo campo.

Os pesquisadores da teoria fundamentada podem contribuir para um campo especializado e simultaneamente ampliar as interpretações teóricas gerais que transcendem os campos. As ideias teóricas veementes conseguem ir além do tratamento de um problema empírico específico. As questões de Patrick Biernacki (1986) quanto às noções admitidas sobre a recuperação do uso de drogas não apenas resultou em uma contribuição para o estudo do abuso das drogas, mas também para o nosso conhecimento acerca da mudança da identidade. As novas questões introduzidas por Biernacki produziram novos *insights* em duas áreas estabelecidas. Se você não pode disputar um novo terreno, pode conseguir explorar uma área negligenciada.

Alguns acadêmicos elaboram teorias fundamentadas originais em áreas que contaram com outras formas de estudo ou outros métodos de investigação. Carolyn Wiener (2000) levou a teoria fundamentada para o campo da prestação de contas hospitalares, uma área dominada pelos economistas e pela quantificação. O estudo etnográfico de teoria fundamentada da Monica Casper (1998) iniciou o campo da bioética no qual os filósofos haviam estudado casos hipotéticos e não circunstâncias empíricas.

Quer você tenha se aprofundado em uma área nova ou irrompido uma área já estabelecida, agora é a hora de identificar precisamente as ideias originais de sua análise. Posteriormente, utilize essas ideias para construir um argumento que seja significativo ao público que você pretende atingir.

O esboço das descobertas

Na teoria fundamentada, o processo da descoberta se estende às etapas de escrever e reescrever. Você conseguirá novos *insights* e originará mais ideias sobre os seus dados enquanto estiver escrevendo. Você perceberá com mais clareza as conexões entre as categorias e conseguirá tirar conclusões a partir delas. Assim, escrever e reescrever tornam-se fases essenciais do processo *analítico*. Escrever exige mais do que a mera elaboração de um relatório. Ao escrever e reescrever os esboços, você consegue apresentar argumentos implícitos, fornecer o contexto desses argumentos, fazer conexões com a bibliografia existente, analisar criticamente as suas categorias, apresentar a sua análise e fornecer dados que sustentem os seus argumentos analíticos. Cada esboço consecutivo se torna mais teórico e abrangente.

> Deixe que as suas ideias emerjam *antes* de decidir quanto ao que fazer com o manuscrito. Quer você pretenda escrever um trabalho acadêmico ou um livro de teoria fundamentada, esboce-o primeiro. Decida o que fazer com o manuscrito e como fazê-lo *após* você ter um esboço analítico sólido.

Princípios semelhantes se aplicam à redação do seu manuscrito, bem como à realização da própria análise de teoria fundamentada. Deixe que as suas ideias emerjam *antes* de decidir quanto ao que fazer com o manuscrito. Quer você pretenda escrever um trabalho acadêmico ou um livro de teoria fundamentada, esboce-o primeiro. Decida o que fazer com o manuscrito e como fazê-lo *após* você ter um esboço analítico sólido. Dê um passo de cada vez. Ao reavaliar o seu manuscrito posteriormente, você pode descobrir que ele pode servir para um objetivo mais grandioso. O trabalho acadêmico da teoria fundamentada pode vir a ser uma excelente proposta a ser inscrita em um processo de seleção. Após passar por uma revisão, um capítulo de uma tese poderia funcionar como um artigo para uma revista científica. Pode-se reescrever uma dissertação de modo a adaptá-la a uma série específica de uma editora.

> Os formatos exigidos muitas vezes pressupõem uma organização lógico-dedutiva tradicional. Dessa forma, temos de adaptar o formato em vez de vertermos o nosso trabalho para as categorias convencionais. Faça isso de modo que este se aplique às suas ideias sem comprometer a sua análise.

O caráter emergente da redação da teoria fundamentada pode ser incompatível com o trabalho acadêmico ou com as exigências da tese. Os resíduos da predominância positivista se fazem sentir no modo como estruturamos os nossos relatórios de pesquisa, algumas vezes de forma bastante intensa. Os formatos exigidos muitas vezes pressupõem uma organização lógico-dedutiva tradicional.

Assim, precisamos reconsiderar o formato e adaptá-lo às nossas necessidades e objetivos em vez de vertermos o nosso trabalho para as categorias convencionais. Reconsidere e adapte o formato prescrito de um modo que este se aplique às suas ideias sem comprometer a sua análise.

A REVISÃO DOS MANUSCRITOS INICIAIS

Um segredo profissional: a escrita da pesquisa qualitativa é um processo ambíguo. Escrever as nossas análises requer mais do que a simples elaboração de um relatório. Podemos não compreender o que temos ou não saber aonde vamos chegar. A teoria fundamentada fornece-nos mais diretrizes e, é claro, mais fundamentação do que a maioria das abordagens, embora possamos ter a sensação de pisar um terreno instável. É possível que questionemos o valor da análise que elaboramos. Nesta etapa, aprenda a tolerar a ambiguidade, mas continue atuante no processo. Isso irá mantê-lo avançando em direção aos seus objetivos. Você descobrirá recompensas ao final. Aprender a confiar no processo da redação, se não em nós mesmos, é como aprender a confiar no processo analítico da teoria fundamentada: assim como as nossas análises, a nossa escrita é emergente. O envolvimento nesses processos pode nos levar aonde precisamos ir.

Semelhante à construção de uma análise de teoria fundamentada, a redação do relatório final pode ser cheia de ambiguidades e incertezas. O trabalho concluído é repleto de controle das sensações à medida que as vozes de escritores transpiram certeza e autoridade (Charmaz e Mitchell, 1996). Os escritores publicados muitas vezes agem como se prosseguissem em um caminho único com um destino bem definido desde a seleção dos seus tópicos à redação de suas conclusões. É mais provável que o caminho não seja único, nem o destino seja tão claro. Hoje em dia você também pode escrever sobre os tombos que ocorrem no caminho.

Unindo as partes

Pesquisadores entusiásticos podem reunir três memorandos fascinantes e alinhavar uma breve introdução e uma conclusão. Esse recurso pode gerar uma apresentação brilhante, mas não é suficiente para um relatório bem acabado ou um artigo publicado. Memorandos minuciosamente classificados e selecionados fornecem um conteúdo contundente para uma apresentação. O modo como você apresenta o material é relevante. Em uma apresentação oral, você comunica a significação por meio do ritmo e do compasso do seu discurso, das suas *nuances* emocionais e de seu entusiasmo, da sua linguagem corporal e do contato visual que mantém com o público. Em um trabalho escrito, desaparecem as ideias vigorosas, os significados sutis e as transições graciosas tão evidentes em sua fala. O que aconteceu? As palavras faladas desbotam e enfraquecem ao serem transportadas para os textos escritos. A sua análise forneceu-lhe um material soberbo com o qual trabalhar, mas que ainda exige muito trabalho. O que você deve fazer?

Disponha os seus memorandos de acordo com a lógica da sua classificação e com os diagramas e agrupamentos mais expressivos que você desenvolveu. Estude-os. Então reúna os memorandos em um primeiro esboço que os integre e demonstre as relações existentes entre eles. À medida que você trabalha com o material, tente tornar a análise mais abstrata. A partir disso você formula a essência do seu relatório. Desenvolva a sua teoria fundamentada o quanto puder antes de trabalhar nas outras seções.

Observe a sua teoria e reflita sobre as seguintes questões:

- As definições das categorias principais estão completas?
- Consegui elevar as categorias principais ao *status* de conceitos na minha teoria?
- Até que ponto consegui ampliar o alcance e a profundidade da análise neste esboço?
- Estabeleci conexões teóricas sólidas entre as categorias e entre as categorias e as suas respectivas propriedades, além dos dados?
- Até que ponto ampliei a compreensão do fenômeno estudado?
- Quais são as implicações desta análise para a modificação dos limites teóricos? Quanto ao seu alcance e amplitude teóricos? Quanto aos métodos? Quanto ao conhecimento substantivo? Quanto às ações e às intervenções?
- Esta análise está mais estritamente associada com que problemas teóricos, substantivos ou práticos? Qual tipo de público poderia interessar-se mais por ela? Aonde conseguirei chegar com esta análise?
- Até que ponto a minha teoria representa uma contribuição nova?

Comece então a escrever uma introdução e uma conclusão que considerem esses problemas. Essas seções serão um rascunho em estado bruto. Prossiga apenas refinando-as. O seu primeiro esboço de uma introdução ou conclusão nada mais é que isso, um esboço. Você pode, e deve, reelaborar cada uma das seções por diversas vezes. Nada fica perfeito nas etapas iniciais[2]. Ao reelaborar o seu esboço por várias vezes, você percebe as afirmações vagas e as frases confusas e, além disso, consegue tecer afirmações mais rigorosas e convincentes.

Agora você pode trabalhar com o esboço completo. Você pode ter criado uma análise de teoria fundamentada envolvente, mas ela pode não conter um objetivo ou argumento explícitos. Pesquisadores atuantes muitas vezes pressupõem que os seus objetivos são óbvios e os seus argumentos claros. Porém, pode ser que estejam enganados. Autores novos podem julgar que o objetivo que orientou os estudos deles seja suficiente para sustentar a argumentação e fazer uma contribuição disciplinar. É pouco provável que isso ocorra. Para fazer uma contribuição, você precisa situar a sua análise em um propósito específico que oriente o seu argumento para *este* manuscrito. Todos nós nos confundimos quanto ao propósito e ao argumento no momento em que estamos imersos no trabalho. Apenas esteja consciente de que confundir um objetivo inicial com uma contribuição e pressupor que o argumento fale por si mesmo são ciladas comuns.

A construção dos argumentos

Muito da redação acadêmica consiste de argumentação, quer seja ela explícita ou implícita. As análises de dados pretensamente objetivas dependem dos argumentos e invocam dispositivos retóricos para constituí-los. Persuadimos os leitores a aceitarem uma nova teoria ou interpretação. Convencemos os pesquisadores de que temos dados sólidos e análises confiáveis. Um argumento forte persuade o leitor a aceitar o ponto de vista do escritor. Reflita sobre por que um leitor deveria estar atento às suas ideias, e mais ainda, aceitá-las.

Você pensa que tem um argumento. O material o fascina; portanto, você supõe que qualquer pessoa desejaria lê-lo. Mas por qual motivo o seu leitor deve se interessar? E daí?

> Os escritores devem considerar a questão do "E daí?". Um argumento forte fornece uma resposta à questão do "E daí?" porque você afirma explicitamente por que a sua teoria fundamentada faz uma contribuição significativa.

Os escritores devem considerar a questão do "E daí?". Um argumento forte fornece uma resposta à questão do "E daí?" porque você afirma explicitamente por que a sua teoria fundamentada faz uma contribuição significativa. Entretanto, responder a essa questão pode levar a dilemas porque os argumentos podem ser evasivos, ou antiquados. Isso implica encontrar o seu argumento e torná-lo original e significativo.

É muito provável que você tenha soterrado a argumentação nos esboços iniciais. Encontre-a. Consiga apoio para encontrá-la. O seu argumento real provavelmente se distingue daquele do qual você partiu originalmente, o que é perfeitamente aceitável. Isso demonstra que você evoluiu. Um objetivo inicial leva você ao estudo, mas raramente é suficiente como argumento para um manuscrito final. Autores novos muitas vezes confundem os seus objetivos iniciais com um argumento elaborado ao submeterem manuscritos para a publicação. Você pode construir um argumento mais intrigante agora; portanto, siga em frente, revise e organize o seu esboço em torno disso. Incorpore o seu argumento em cada seção, ponto a ponto, passo a passo. Os nossos argumentos não estão estacionados como carros, esperando que os encontremos. Raramente começamos com um argumento primordial que orienta a nossa escrita. Se isso acontecer, aproveite a boa sorte. Caso contrário, não pare e espere que um argumento surja subitamente e monte as peças de sua análise para você.

Em vez disso, trabalhe na sua análise e o seu argumento emergirá. Ele se desenvolve conforme o seu pensamento evolui. Um argumento é fruto do fato de lidar com o material. Redigir breves memorandos sucessivos sobre o seu argumento emergente pode ajudar você a enfocá-lo. Neste ponto, alguns pesquisadores obtêm resultados positivos ao falarem em voz alta sobre as suas ideias. Falar consigo mesmo pode dar forma a argumentos nebulosos. Leia atentamente o seu manuscrito e escreva:

- O meu argumento aqui é que ____________________.
- O meu raciocínio é ____________________.
- Sustento este argumento pela inclusão ____________________.

Durante o processo da escrita, é mais arriscado falar com outras pessoas do que dialogar consigo mesmo. Eles podem incentivá-lo a dizer aquilo que você já sabe ou você pode se concentrar no que eles desejam saber, e não no seu trabalho analítico remanescente com o argumento. Meu conselho? Se você precisar falar com outras pessoas, explique-lhes a lógica de sua análise e leve um gravador de áudio. Durante a conversa, você pode captar a essência de um argumento, bem como a sua ordenação, que você não havia exposto ou havia deixado implícito em seu manuscrito.

> Um argumento é fruto do fato de lidar com o material. Você o cria a partir de ideias inseridas na sua análise.

Você cria o argumento a partir das ideias inseridas na sua análise. Delinear o seu trabalho de acordo com o ponto principal de cada parágrafo pode ajudá-lo a identificar um argumento nascente. Às vezes isso pode ajudar a começar um argumento inicial provisório. Continue refinando-o; observe até que ponto ele funciona. Entretanto, não se comprometa com esse argumento até que você tenha certeza de que ele represente as suas ideias mais importantes. Você pode abandonar o argumento com o qual iniciou, pois não há nada de errado nisso. Você conseguirá obter um argumento muito mais criterioso do que havia previsto ao discutir as ideias.

Questões para ajudá-lo a encontrar argumentos:

- Qual a compreensão que você pretende que o leitor tenha desse processo ou dessa análise?
- Por que isso é significativo (até mesmo escritores experientes muitas vezes pressupõem a significação dos seus trabalhos em vez de esclarecê-la e explicitá-la)?

- O quais você disse aos leitores que pretendia fazer? Por que você disse isso?
- Em quais frases ou parágrafos as suas questões principais coalescem?

Volte e encontre o(s) seu(s) argumento(s) e codifique-o(s) com marcadores coloridos. Ou, melhor ainda, delineie-o(s). Quais são os seus subargumentos? Em qual medida eles estão estreitamente associados com o seu argumento principal? São essenciais a ele? Se os subargumentos parecem estar vagamente associados ao argumento principal, você poderia suprimi-los sem alterar o argumento? Em caso afirmativo, faça isso. Recupere-os em outra parte do trabalho. Caso isso não seja possível, esclareça e reforce as conexões com os argumentos principais.

Encontre a frase ou o parágrafo revelador que fazem com que as suas questões fundamentais coalesçam. É aí que você encontrará o seu argumento. Os escritores podem não perceber o que é significativo em suas análises. O seu argumento pode estar escondido onde você menos imagina, entranhado na conclusão. Você articulou o seu argumento no último minuto. Agora tente encaixá-lo no primeiro momento, no início da introdução, e desenvolva-o ao longo de todo o trabalho.

Para fortalecer o seu argumento, forneça uma descrição, exemplos e evidências significativos que *revelem* a questão, em vez de dizer ao leitor qual ele seja. Meras asserções aborrecem os leitores, pois não os convencem. Considere o fornecimento equilibrado de afirmações analíticas ancoradas em exemplos empíricos concretos. Você consegue perceber a diferença entre o excerto apresentado no início deste capítulo ("Descobrindo a cronicidade") e o excerto apresentado a seguir? Qual deles você considera mais teórico? Qual excerto é mais persuasivo?

> *Descobrindo o significado da doença*
> Para estar doente, a pessoa tem de sentir-se adoentada. O simples fato de ser informado de que tem uma doença raramente basta. Até que uma pessoa defina claramente as mudanças na percepção ou na função física, ele ou ela podem adiar o fato de terem de lidar com um diagnóstico, mesmo se tratando de um diagnóstico grave e, subsequentemente, ignorar as recomendações e orientações médicas. A doença não parece ser real. A pessoa pode então alegar que o diagnóstico está errado, que é secundário ou que é inconsequente, o que pode provocar a deterioração das relações com os profissionais da saúde.
> As pessoas descobrem que a doença existe por meio da forma como a vivenciam (Charmaz, 1991; Davis, 1963). As lições a respeito da cronicidade vêm com as pequenas experiências cotidianas como a dificuldade para abrir uma lata, inclinar-se para pegar um jornal, dobrar os lençóis ou limpar o jardim. As comparações com as antigas realizações dessas tarefas sem muito esforço podem ser chocantes. Esses golpes mais tarde tornam-se referenciais explicitamente buscados e então avaliados... (Charmaz, 1999, p. 282)

Sem dúvida, os dois excertos representam gêneros distintos e servem a públicos distintos. O primeiro foi escrito para um livro *cross-over* publicado por uma editora universitária que apresenta o estudo original. Os livros *cross-over* não apenas apresentam um conhecimento sólido, mas são selecionados para atingirem públicos gerais e também especialistas acadêmicos. O segundo excerto resume a questão em um manual projetado para auxiliar cientistas sociais da área da saúde e profissionais médicos. Após escrever uma teoria fundamentada, você pode apresentar as suas ideias em textos subsequentes para objetivos distintos, como fica evidente no segundo fragmento. O modo como você adapta cada versão depende do seu objetivo ao escrevê-la e do público leitor a qual se destina.

Para manter a sua análise na vanguarda, escreva visando a satisfazer o seu público e padrões profissionais *após* ter determinado o seu argumento e armazenado os seus dados empíricos. Registre os esboços sucessivos. A cada esboço, adote palavras mais simples e diretas, bem como uma lógica e um estilo linguístico mais rigorosos. Como consequência, você aperfeiçoará a precisão analítica, a clareza e o fluxo do trabalho.

O exame das categorias

Inspecione novamente as suas categorias para ver como elas se ajustam nesse manuscrito. Examine essas categorias observando aspectos como vigor, objetivo e padrão. Em seguida, você pode depurá-las e torná-las mais claras e concisas. As categorias eloquentes permitem uma nova compreensão do seu material. Seja criterioso no uso das categorias; não abuse delas nem dos seus leitores. Uma cilada da teoria fundamentada é a sobrecarga do seu trabalho com um jargão deselegante. Aguce e suavize essas categorias e converta aquelas mais significativas nos seus conceitos para *esse* manuscrito.

Você já deu um tratamento analítico às categorias por diversas vezes. A cada memorando sucessivo, as suas ideias se tornaram mais fortes e mais coerentes. Assim, você já tem um ritmo e uma fluência para a maior parte de seu trabalho. Os métodos da teoria fundamentada impelem você a fazer conexões dentro das e entre as categorias como parte inerente do processo analítico. Dessa forma, as suas frases já fluem em conjunto para criar uma seção.

Agora analise as suas categorias quanto aos seus aspectos de vigor, objetivo e padrões. Considere desistir daquelas categorias as quais não têm vigor. Questione-se: qual objetivo elas cumprem *aqui*? Se você não precisa delas para *essa* análise, para *esse* argumento ou para *esse* público, desista delas. No excerto de um memorando inicial apresentado no Quadro 7.1, as minhas categorias estão dispostas como uma lista e soam como uma preleção. Porém, elas de fato revelam como organizei e integrei as ideias na narrativa.

Quadro 7.1 Excerto extraído de um memorando inicial sobre a revelação

Os dilemas de revelar a doença

Os portadores de doenças crônicas muitas vezes indagam-se quanto ao que devem contar e o que precisam contar aos outros sobre a doença. Como Kathleen Lewis, que tem lúpus eritematoso, afirma no início do livro dela, "'Como você vai?' pode possivelmente passar a ser a pergunta mais difícil que um doente crônico precisa aprender a responder (p. 3) (...)"

Evitar a revelação

Considerados os custos potenciais, evitar completamente a revelação pode ser uma reação natural à doença. As circunstâncias sociais e as relações específicas podem determinar ou intensificar a propensão de uma pessoa a evitar a revelação. É possível que a razão mais básica para evitar a revelação gire em torno de se a pessoa outorga algum nível de realidade à doença e, nesse caso, qual o tipo de realidade (...)

Formas de contar

Contar significa relacionar os pensamentos, as ações e as emoções e explicá-los claramente. Aqui, contar normalmente inclui o anúncio e a narração detalhada das explicações dos profissionais acerca da doença de uma pessoa e do prognóstico (...)

1. A revelação

Revelar representa uma forma subjetiva de contar que traz para o primeiro plano a vivência de uma pessoa e as impressões do indivíduo. Uma revelação exibe fatos e sentimentos cruciais do indivíduo em relação a si próprio. Podem emergir aqui as opiniões particulares do indivíduo em relação a si próprio e aos seus assuntos pessoais que dificilmente são tornados públicos na vida americana de classe média. O simples processo da revelação é arriscado (...)
Identifiquei dois tipos de revelação nos dados: revelações defensivas e revelações espontâneas (...)

2. A informação

Ao informarem, ao contrário, os doentes adotam uma posição objetiva, como se os seus corpos e os seus estados de saúde permanecessem separados deles (...) Informar reduz os riscos emocionais. Em comparação com a revelação, informar permite maior controle sobre as emoções, sobre as reações das outras pessoas e sobre os possíveis rótulos negativos.

3. O anúncio estratégico

Ao fazerem anúncios estratégicos, os doentes ampliam os seus controles sobre a informação, sobre si próprios e sobre a reação do outro. Eles planejam o que dirão, a quem dirão e quando o irão fazê-lo. O anúncio estratégico pode proteger o indivíduo, controlar a interação e conservar o poder.

4. A ostentação da doença

A extensão lógica de fazerem-se anúncios estratégicos é a ostentação da doença. Ao ostentarem a doença, as pessoas ampliam ainda mais o controle sobre a reação do outro e tentam extrair uma reação específica, normalmente de choque ou culpa, de um determinado público (...)

As estratégias de revelação

Os doentes desenvolvem estratégias de revelação que protegem os outros, eles próprios e as suas relações. Eles podem não desejar evitar a revelação. No entanto, eles podem não querer lidar com a reação do outro, em particular se esta tiver ligação com profundos sentimentos de raiva, remorso ou o próprio medo. As estratégias dos doentes giram em torno do que eles revelam e de como eles revelam (...)

continua

1. O conteúdo da revelação

O abrandamento da notícia passa às outras pessoas uma perspectiva moderada da doença. Pessoas doentes, como profissionais, suavizam a notícia realçando os aspectos positivos, evitando falar de impressões obscuras, sustentando uma postura diligente em relação ao tratamento (...)

2. A estruturação das revelações defensivas

A estruturação das revelações defensivas abrange a utilização de quatro estratégias: 1) invocar a ajuda das outras pessoas; 2) preparação do terreno; 3) elaboração de indícios progressivos; e 4) informação seletiva (...)

As categorias apresentadas no Quadro 7.1 são diretas e a disposição delas tem lógica. Elas compreendem experiências que incentivam os leitores a estabelecerem comparações. Todas elas precisaram fazer revelações problemáticas de algum tipo. Avalie a familiaridade dos seus leitores com experiências análogas e o entendimento que eles possam ter das categorias. A seguir, decida se é possível prescindir da denominação e do tratamento formal de cada categoria. O Quadro 7.2 mostra como as categorias foram descartadas na versão publicada.

Quadro 7.2 A versão publicada do memorando sobre a revelação

Os dilemas de revelar a doença

As pessoas portadoras de doenças crônicas muitas vezes indagam-se quanto ao que devem contar e o que precisam contar aos outros sobre a doença (...)

Evitar a revelação

Considerados os custos potenciais, evitar completamente a revelação pode ser uma reação natural à doença (...)

Perdas e riscos potenciais

Além dos riscos básicos da perda de aceitação e da autonomia, os doentes enfrentam os riscos interacionais imediatos: 1) ser rejeitado e estigmatizado por revelar e por ter uma doença; 2) ser incapaz de lidar com as reações das outras pessoas; e 3) perder o controle sobre as próprias emoções (...)

Formas de contar

Contar significa relacionar pensamentos, ações ou emoções com clareza suficiente de modo a tornar isso compreensível. Contar normalmente inclui o anúncio e a narração detalhada das explicações dos profissionais sobre a doença de uma pessoa e do prognóstico. Como a revelação representa uma forma subjetiva de contar, a vivência de uma pessoa, as impressões do indivíduo são trazidas para o primeiro plano. Podem emergir as opiniões particulares do indivíduo em relação a si próprio e aos seus assuntos pessoais, coisas que dificilmente são tornadas públicas na vida americana de classe média (...). (Charmaz, 1991a, p. 109-119)

Use as suas categorias como ferramentas para construir o contexto. Faça com que cada subcategoria se ajuste aos seus títulos principais. Considere então a inclusão de subtítulos para as subcategorias. Uma vez elaboradas de forma minuciosa, as categorias da teoria fundamentada funcionam bem como cabeçalhos em trabalhos acadêmicos e publicações profissionais. Os artigos de periódicos profissionais e das ciências sociais incluem múltiplos cabeçalhos. Os ensaios apresentam menos intervalos formais, se apresentarem. Em uma rápida leitura, um editor pode eliminar todos os subtítulos. Como as indicações desaparecem, altera-se o estilo da narrativa. Desaparece o estilo científico direto e desenvolve-se um estilo mais literário. Certifique-se de que todas as categorias que você usa como indicações estejam adequadas à narrativa.

As categorias não funcionam bem quando são genéricas ou óbvias. Por que dar-se ao trabalho de incluí-las? Agora você já pode prescindir de tudo aquilo que se desvia do seu objetivo. Categorias menos numerosas, mas que sejam originais, proporcionam poder de escrita e tornam-se conceitos dos quais os leitores recordarão.

Considere incluir somente aquelas subcategorias que representem títulos explícitos que explicam ideias novas. Aproveite as ideias, mas submeta-as ao título ou ao objetivo principal. Neste ponto, analise se a inclusão de diagramas poderá esclarecer a sua análise e o seu argumento para o leitor. À medida que passamos da escrita analítica à comunicação com um determinado público, aquilo que precisamos fazer para nós mesmos enquanto escritores e analistas é diferente do que precisamos escrever para o nosso leitor. Você pode desfazer subcategorias, condensar descrições e dispensar afirmações óbvias e, no entanto, acrescentar um diagrama para assinalar as relações conceituais que estão completamente claras para você, mas não para o leitor.

À medida que passamos da escrita analítica à comunicação com um determinado público, aquilo que precisamos fazer para nós mesmos enquanto escritores e analistas é diferente do que precisamos escrever para o nosso leitor.

Quando incluímos todas as nossas subcategorias, as nossas vozes se tornam enfadonhas e a nossa escrita, empolada. É claro, podemos gerar subcategoria após subcategoria para lidar com o trabalho. No entanto, lidar com o trabalho não é a mesma coisa que escrever para os e pelos nossos leitores. Pense em como seria ler uma análise com cada código axial minuciosamente articulado.

Uma advertência. Utilizar as subcategorias como subtítulos explícitos é produtivo quando se trata de um terreno pouco conhecido. Ideias não convencionais e esquemas conceituais abstratos exigem mais indicações. Por exemplo, não dispomos de uma linguagem desenvolvida para falar sobre o modo de vivenciar o tempo. Neste caso, recusei-me a deixar que o editor automaticamente removesse os subtítulos (e o editor geral concordou). Os subtítulos apresentados a seguir não apenas servem como indicações, mas também revelam como os portadores de doenças crônicas se referem ao tempo. Esses subtítulos servem como categorias conceituais e fundamentam a análise nos contextos e nas ações.

> *A doença como um marcador do tempo*
> Muitas pessoas usam a doença para marcar o tempo e dividir os períodos de suas vidas (Roth, 1963). Eles celebram determinados marcadores como aniversários para observar uma modificação positiva. Os marcadores também podem ser expressos como pontos de apoio comparativos para avaliar a doença, a saúde, a identidade (...)
>
> *A criação de uma cronologia*
> Os doentes observam como o tempo, dentro daquelas fases de suas vidas, está diretamente relacionado à identidade. As cronologias das suas doenças tornam as suas experiências mais compreensíveis. Eles se valem de suas cronologias para ajudá-los a explicar o que aconteceu, por que pioraram ou melhoraram, e o que a doença significou para eles (...)
>
> *O estabelecimento de marcadores*
> Quais são os pontos de referência do tempo? Por que alguns eventos sempre se destacam enquanto outros se confundem no passado?
>
> *Os marcadores como sistemas de medida*
> Quando as pessoas marcam o tempo pela doença, o que os marcadores significam? O que existe entre os eventos marcados? Ao compararem-se as visões relativas à identidade durante a doença com outras perspectivas sobre a identidade, pode-se avaliar a identidade atual. Pode-se avaliar o quanto a pessoa está "doente" ou o quanto está "bem". De modo semelhante, marcar o tempo de uma maneira prospectiva atinge um aspecto distinto da observação dos marcadores retrospectivos (...) (Charmaz, 1991a, p. 198-206)

Use as suas categorias principais como títulos das seções. A teoria fundamentada proporciona uma vantagem decisiva no desenvolvimento de um relatório completo. As suas categorias concentram o leitor no tópico, orientando-o do início ao fim da análise. Elas prenunciam o conteúdo e enfatizam a lógica daquele fragmento. As categorias relativas à ação envolvem muito mais o leitor que "as descobertas" ou "a análise dos dados". Se você precisar adotar um formato tradicional de pesquisa quantitativa, então inclua as seções tradicionais no início do relatório: "Introdução", "Revisão bibliográfica", "Esquema teórico" e "Métodos e dados". Uma vez que tenha feito um excelente trabalho nessas áreas, você terá construído uma base sólida para a sua análise, e obtido algum escopo. Aproveite bem isso. Exiba a seção da análise com as *suas* categorias e faça desta a seção mais eloquente e extensa do seu relatório.

Use as suas categorias principais como títulos das seções. A teoria fundamentada proporciona uma vantagem decisiva no desenvolvimento de um relatório completo. As suas categorias concentram o leitor no tópico, orientando-o do início ao fim da análise. Elas prenunciam o conteúdo e enfatizam a lógica daquele fragmento.

O RETORNO À BIBLIOTECA: REVISÕES BIBLIOGRÁFICAS E ESQUEMAS TEÓRICOS

O que ocorre quando você retorna à biblioteca para escrever a revisão bibliográfica e o esquema teórico? Você entrevê um acadêmico objetivo que trabalha arduamente no material para apresentar uma análise imparcial? Embora os acadêmicos possam vestir o manto da objetividade, pesquisar e escrever são atividades inerentemente ideológicas. A revisão da literatura e os esquemas teóricos são terrenos ideológicos nos quais você declara, situa, avalia e defende a sua postura (ver também Holliday, 2002). Essas duas partes do relatório devem conter muito mais que resumos. Em vez disso, demonstre por que você corrobora determinados argumentos, que indícios você aceita ou rejeita e como chegou às conclusões examinadas. O que você precisa levar em conta? Como você conduz isso?

Embora os acadêmicos possam vestir o manto da objetividade, pesquisar e escrever são atividades inerentemente ideológicas. A revisão da literatura e os esquemas teóricos são terrenos ideológicos nos quais você declara, situa, avalia e defende a sua postura (ver também Holliday, 2002).

Comece pelas exigências formais e pelos costumes informais que determinam o seu trabalho. Os limites entre uma revisão bibliográfica e um referencial teórico são muitas vezes obscuros. Optar por fazer ou não distinções bem definidas entre eles dependerá da tarefa que você tem nas mãos e do que ela requer. Os projetos de pesquisa de estudantes de todos os níveis em geral exigem tanto uma revisão bibliográfica como um referencial teórico. Outros tipos de trabalhos assumem formatos variados. Na maior parte das disciplinas, um livro diferencia-se de uma tese. Um relatório de pesquisa elaborado para uma agência de financiamento difere dos livros e das teses. Um artigo de periódico pode ter como base todos os capítulos de uma tese, mas pode não reproduzir nenhum dos capítulos específicos. Um capítulo de uma compilação pode ainda assumir outro formato.

As disciplinas e os gêneros também determinam como, onde e até que ponto você "revê" a bibliografia e "utiliza" as teorias existentes. Os cursos e os orientadores variam em suas exigências quanto à abrangência da bibliografia e do referencial teórico. Os requisitos de um curso podem exigir longos capítulos separados para cada um deles; enquanto outro curso pode requerer que os estudantes elaborem a pesquisa bibliográfica e a argumentação teórica ao longo das suas análises.

Se você planeja submeter a sua teoria fundamentada à publicação, primeiro analise onde aparecem estudos relacionados. Depois, observe criteriosamente as revistas acadêmicas e os seus editores, pois as suas políticas editoriais podem ajudá-lo a avaliar o interesse potencial de cada editor no seu estudo. Você consegue verificar essas políticas nas declarações dos editores dos periódicos logo no início das normas editoriais e nas diretrizes do periódico. As editoras, muitas vezes, os publicam em seus *websites*. Pode ser produtivo estudar artigos e livros relacionados quanto a aspectos como tópicos substantivos, estilo e nível analítico, abordagens de pesquisa e públicos leitores. Após analisar essas políticas e práticas editoriais e avaliar os trabalhos dos autores, você consegue selecionar várias possibilidades de publicação para o seu trabalho. Analise como os autores apresentam as suas revisões bibliográficas e como escrevem o referencial teórico nos periódicos ou nas editoras as quais você pretende atingir. Analise o estilo retórico dos melhores autores, porém sem deixar de desenvolver o seu próprio estilo.

Os melhores escritores podem não ser aqueles pesquisadores de maior renome. Uma vez que um pesquisador tenha uma reputação estabelecida, um editor pode aceitar o seu trabalho mesmo que este não apresente uma escrita tão proeminente. Apesar disso, alguns pesquisadores mais experientes lapidaram as suas habilidades e escrevem com clareza, graça e estilo. O trabalho deles não apresenta os jargões tortuosos e as frases enroladas dos seus colegas mais jovens (Derricourt, 1996). Esses autores são dignos de uma apreciação atenta pelo seu estilo de produção textual e pelas suas ideias, pois a proporção da relevância da escrita elevou-se nas últimas quatro décadas e afeta diferencialmente os autores mais novos. Escolha bem os seus modelos de produção textual.

Quando planejar submeter o seu trabalho a uma revisão externa, utilize as convenções substantivas admissíveis e o estilo de manuscrito específico do periódico ou do editor o qual você pretende atingir. Os trabalhos publicados diferenciam-se conforme as disciplinas quanto ao modo como os autores tratam os tópicos e organizam as narrativas. Uma determinada disciplina pode valorizar a cobertura exaustiva da literatura precedentes; outra pode enfatizar um panorama sucinto e restrito. Um editor pode solicitar que você cite os trabalhos relevantes ao longo de um capítulo; outro pode pressupor que você utilize notas de fim. Os artigos de muitos periódicos acadêmicos incluem citações com pouca discussão sobre a maior parte dos trabalhos. Alguns desses periódicos têm políticas que se opõem ao uso das notas de fim, mas pressupõem que os autores terão um grande número de citações. A cobertura da bibliografia pode aparecer na introdução. Os capítulos precedentes de um livro podem formar a base para uma discussão sobre as teorias existentes que aparecem após a análise, e não antes dela.

Esboce a revisão bibliográfica e o referencial teórico *em relação à sua teoria fundamentada*. Você pode utilizá-la para orientar a forma como você faz a crítica dos estudos e das teorias anteriores e para estabelecer comparações com esses materiais.

Os estilos variados o deixam com opções infinitas? Não. Esboce a revisão bibliográfica e o referencial teórico *em relação à sua teoria fundamentada*. Você pode utilizá-la para orientar a forma como você faz a crítica dos estudos e das teorias anteriores e para estabelecer comparações com esses materiais. Busque expressar as suas ideias em afirmações claras. Então, revise as seções de modo a adaptá-las a este trabalho específico. Escreva visando ao seu público leitor e aos padrões profissionais *depois* que você tiver desenvolvido a sua análise.

O método comparativo constante da teoria fundamentada não termina com a conclusão da análise dos dados. A revisão bibliográfica e o referencial teórico podem servir como valiosas fontes de comparação e análise. Por meio da comparação das evidências e ideias de outros estudiosos com a sua teoria fundamentada, você pode apontar onde e como as ideias deles esclarecem as suas categorias teóricas e o modo como a sua teoria amplia, transcende ou questiona as ideias predominantes em seu campo.

A DISCUTIDA REVISÃO BIBLIOGRÁFICA

Em qual momento você deve aprofundar a pesquisa da bibliografia? Como começar a tratar da revisão bibliográfica? O que você precisa abranger? O lugar da revisão bibliográfica na pesquisa de teoria fundamentada há muito tempo vem sendo discutido e mal compreendido. Recorde que os autores clássicos da teoria fundamentada (Glaser e Strauss, 1967; Glaser, 1978) defendem o adiamento da revisão bibliográfica até que a análise esteja concluída. Eles não querem que você veja os seus dados pela lente das ideias anteriores, o que é geralmente conhecido como "teoria recebida".

Glaser e Strauss levantam uma questão valiosa, embora problemática. É bastante comum que os professores avaliem os estudantes em relação ao grau em que conseguem expressar apropriadamente as teorias-chave em seus campos. Alguns programas de pós-graduação têm a expectativa de que os alunos produzam teses que demonstrem a sua capacidade de execução das aplicações das teorias e dos métodos bem estabelecidos. E ponto final. Os novatos podem ficar encantados com as ideias de outras pessoas; pesquisadores estabelecidos podem ficar fascinados pelas próprias ideias. Em ambos os casos, tanto os pesquisadores experientes quanto os novatos podem forçar os dados em categorias preexistentes. O objetivo buscado com o adiamento da revisão bibliográfica é evitar a importação de ideias preconcebidas e a imposição destas ao seu trabalho. Protelar a revisão incentiva você a articular as *suas* ideias.

Na sua luta para libertar os novos pesquisadores dos grilhões das ideias antigas, Glaser e Strauss exageraram nas suas posturas ou divergiram sobre elas. Para Strauss, os pontos-chave do livro *Discovery* eram retóricos[3]. Strauss e Corbin (1990, p. 48) esclareceram os seus posicionamentos ao afirmarem, "todos levamos à investigação um considerável pano de fundo relativo à literatura profissional e disciplinar". A posição de Glaser (1992 e 1998) quanto ao conhecimento prévio é um tanto ambígua. Ele segue sugerindo que os pesquisadores da teoria fundamentada podem, e devem, manter-se não contaminados pelas ideias existentes. Ainda que em *Theoretical sensitivity* (1978) Glaser trate da posse de conhecimentos anteriores ao apresentar a sua discussão dos códigos teóricos. Ele escreve, "É necessário que o pesquisador adepto à teoria fundamentada conheça muitos códigos teóricos a fim de que esteja sensível para interpretar explicitamente as sutilezas das relações existentes em seus dados" (p. 72). Como podemos saber esses códigos se eles não estiverem incorporados ao nosso repertório? E se estiverem, não saberíamos alguma coisa dos trabalhos principais a partir dos quais eles se originaram?

Outros acadêmicos rejeitaram a afirmação original de Glaser e Strauss e continuam procedendo dessa forma. Por exemplo, Bulmer (1979), Dey (1999) e Layder (1998) pressupõem que Glaser e possivelmente Strauss viam ingenuamente o pesquisador como uma *tabula rasa*. Apesar dos primeiros trabalhos, nem todos os pesquisadores adeptos à teoria fundamentada compartilham essa concepção. O termo perspicaz "agnosticismo teórico", de Karen Henwood e Nick Pidgeon (2003, p. 138), oferece uma postura útil a ser adotada ao longo do processo de pesquisa. Eles argumentam que os pesquisadores devem adotar uma postura crítica em relação às teorias anteriores. A postura deles é coerente com a posição de Glaser (1978) quanto à necessidade de os conceitos existentes sofrerem adaptações para se ajustarem à narrativa. Considere a hipótese de tratar os conceitos existentes como problemáticos e, então, observe até que ponto as suas características são vividas e compreendidas, e não como figuram nos livros-texto.

As exigências de uma proposta de pesquisa ou um financiamento provavelmente o levaram à biblioteca meses antes da realização de seu estudo. Essa proposta exigiu um conhecimento sofisticado da condução dos estudos e das teorias em seu campo. Nesse caso, você pode deixar que esse material permaneça intocado até que tenha desenvolvido as suas categorias e as relações analíticas existentes entre elas. Então, comece situando o seu trabalho dentro da literatura relevante. Desde que começou o seu estudo, você deve ter percorrido novos terrenos substantivos e escalado alturas teóricas não imaginadas. Se necessário, satisfaça seus professores delineando o seu caminho, mas, em primeiro lugar, dedique-se à redação de sua teoria fundamentada.

Protelar a revisão da literatura não significa escrever uma revisão escassa. Nem esse adiamento justifica uma cobertura desatenta. As afirmações ou a falta de atenção por parte de alguns pesquisadores que utilizam a teoria fundamentada refletem uma atitude soberba em relação aos trabalhos anteriores. Certos acadêmicos detestam reconhecer as ideias rivais, ou quaisquer ideias cruciais, dos colegas, e que possam vir a enfraquecer a postura mantida por eles. Outros ainda citam trabalhos menores dos concorrentes em vez de mencionarem as suas contribuições mais significativas. Os acadêmicos negligentes deixam de citar os pontos mais significativos de convergência e divergência. Dê aos trabalhos anteriores aquilo que lhes é devido. Realizar uma revisão bibliográfica completa e com um foco bem definido fortalece a sua argumentação, além da sua credibilidade. Para os pesquisadores da teoria fundamentada, escrever uma revisão bibliográfica completa, porém focada, muitas vezes significa percorrer os campos e as disciplinas (para exemplos excelentes, ver Baszanger, 1998; Casper, 1998; Clarke, 1998 e 2005; Wiener, 2000).

Muitos relatórios de pesquisa exigem um formato padrão rigoroso. O truque é utilizá-lo sem deixar que isso reprima a sua criatividade ou sufoque a sua teoria. A revisão bibliográfica pode servir como uma oportunidade para preparar o terreno para o que você vai apresentar nas seções ou capítulos subsequentes. Analise os trabalhos mais significativos relacionados àquilo que você abordou em sua teoria fundamentada agora já elaborada. *Avalie* e *critique* a literatura a partir dessa perspectiva privilegiada. A sua revisão bibliográfica pode fazer mais pelo seu trabalho do que meramente listar, resumir e sintetizar os principais trabalhos.

Os pontos-chave extraídos da literatura e das teorias anteriores muitas vezes aparecem na introdução de um artigo ou relatório. Na introdução do artigo "*The other side of help: the negative effects of help-seeking processes of abused women*", Lora Bex Lempert (1997, p. 290-291), examina os estudos-chave da literatura e apresenta a sua argumentação, contrastando-a com as teorias anteriores. O excerto abaixo ilustra a lógica da autora:

> Neste artigo apresento uma análise de algumas ações sociais significativas adotadas por mulheres vítimas de violência doméstica para conseguirem acesso ao apoio de recursos das redes informais, inicialmente visando a preservar os seus relacionamentos e, posteriormente, para abandoná-los. As representações coletivas da "agressão contra a esposa" reduzem essas relações a atos de violência e consideram que as mulheres vítimas de violência doméstica devam solucionar o problema da violência abandonando os seus cônjuges violentos (Loseke, 1992). As mulheres vítimas de

violência doméstica, no entanto, mantêm interpretações muito mais complexas sobre os seus cônjuges e os seus relacionamentos. Elas têm convicção de que os seus parceiros representam as suas fontes primárias de amor e afeto e, simultaneamente, são as pessoas mais perigosas das suas vidas (Walker, 1979; Lempert, 1995). É essa simultaneidade que deve ser analiticamente compreendida para que se entenda quando, por que e como as mulheres vítimas de violência buscam ajuda para enfrentar, modificar e/ou abandonar os seus relacionamentos.

As teorias desenvolvidas para explicar a "violência doméstica" e/ou a "agressão contra a esposa" contribuíram para uma compreensão do conjunto da dinâmica complexa (ver Walker, 1979, 1989, sobre o ciclo psicossocial da teoria da violência; Strauss, Gelles e Steinmets, 1980, sobre a cultura da teoria da violência; Pagelow, 1984, sobre a teoria do aprendizado social; Gilles-Sims, 1983, sobre a teoria geral dos sistemas; Dobash e Dobash, 1979, e Martin, 1976, sobre a teoria do conflito; e Straus, 1977, sobre a teoria do recurso familiar; MacKinnon, 1993, sobre a teoria da erotização da violência). Ainda assim, nenhuma está completa.

Com poucas exceções (Dobash e Dobash, 1981; Ferraro e Johnson, 1983; Mills, 1985; Loseke, 1987; Chang, 1989), os pesquisadores que trabalham com o tópico da violência contra a esposa concentraram-se no que as mulheres que se encontram em relações violentas *fazem* e não na forma *como* as mulheres vítimas de violência interpretam as ações ou os eventos violentos e no modo *como* essas interpretações geradoras de significado afetam os seus processos de busca de ajuda. A maior parte da pesquisa sobre o tema do processo de busca de ajuda por parte de mulheres vítimas de agressão física tem se concentrado nas instituições formais, fundamentalmente nas respostas médicas e da polícia (ou na falta destas) e nos abrigos comunitários (Berk et al. 1983 e 1984; Berk e Loseke, 1980/81; Bowker e Maurer, 1987; Edwards, 1987; Ferraro, 1987 e 1989; Schechter, 1982; Stark e Flitcraft, 1983 e 1988; Loseke, 1992).

A minha análise tem como foco fundamental as ofertas informais de busca de ajuda a mulheres que vivenciam relacionamentos agressivos, ou seja, que estão inseridas em contextos contraditórios, porém simultâneos de amor e violência, e isso compreende as consequências imprevistas dessas ofertas. Ao direcionar uma observação analítica a alguns dos efeitos negativos dos esforços bem-intencionados de ajuda, este trabalho amplia os relatórios dos pesquisadores anteriores e destaca tanto os processos de busca de ajuda como as suas consequências imprevistas. O trabalho chama a atenção ainda para as maneiras as quais classificações ou as lógicas binárias de cada uma delas impedem tanto os processos de busca de ajuda como de provimento de ajuda.

O envolvimento com a bibliografia vai além de uma breve seção de um artigo ou de um capítulo de uma tese. Entrelace a sua discussão bibliográfica ao longo de todo o trabalho. A exigência de uma seção ou capítulo o induz a estabelecer a base desta discussão. Você poderia ver isso como um estímulo para fazer o seguinte:

- esclarecer as suas ideias;
- fazer comparações intrigantes;

- provocar o leitor a iniciar uma discussão teórica;
- demonstrar como e onde o seu trabalho se ajusta ou amplia as bibliografias relevantes.

Posteriormente, você cria um diálogo e toma parte das trocas de ideias atuais em seu campo (ver também Silverman, 2000). Tornar-se parte integrante de uma troca de ideias sofisticada em uma área substantiva indica que os leitores poderão vê-lo como um acadêmico sério.

Quadro 7.3 A redação da revisão bibliográfica

Uma revisão bibliográfica oferece um espaço para se dedicar às ideias e à pesquisa nas áreas contempladas pela sua teoria fundamentada. Ela serve também como um modo de avaliar a sua compreensão dessas áreas. A revisão bibliográfica oferece a você a oportunidade de cumprir os seguintes objetivos:

- Demonstrar a sua compreensão dos trabalhos relevantes.
- Mostrar a sua habilidade para identificar e discutir as ideias e descobertas mais significativas apresentadas nesses trabalhos.
- Incentivá-lo a fazer conexões explícitas e contundentes entre o seu estudo e os estudos anteriores.
- Permitir que você faça afirmações a partir da sua teoria fundamentada.

Utilize a revisão bibliográfica para analisar os trabalhos relevantes em relação ao seu problema de pesquisa específico e a sua teoria fundamentada agora já elaborada. Use a revisão bibliográfica para realizar as seguintes tarefas:

- Empregue o seu argumento conceitual para conceber, integrar e avaliar a bibliografia.
- Avalie os estudos anteriores.
- Especifique quem fez o que, quando, por que, e como o fez.
- Revele as lacunas no conhecimento existente e explique como a sua teoria fundamentada as contempla.
- Situe o seu estudo e esclareça a sua contribuição.

Em vez de resumir, discorra sobre por que os leitores devem examinar os trabalhos citados, em relação aos seus objetivos com o relatório. Até que ponto a revisão bibliográfica precisa ser exaustiva é algo que depende das exigências do seu trabalho. Seja como for, dedique-se aos trabalhos principais, quer eles sustentem ou não a sua teoria fundamentada e mostrem tanto pontos de divergência quanto de convergência. Considere demonstrar como o seu trabalho transcende trabalhos específicos mais tarde, na conclusão. Elabore uma revisão bibliográfica pertinente e focada. Uma revisão bibliográfica exaustiva não significa uma lista infinita de resumos. Se o seu professor ou o seu curso tem a expectativa de uma revisão bibliográfica exaustiva, enfoque e organize os seus comentários. Novamente, use a sua teoria fundamentada para organizar o modo como você dispõe a revisão.

Pense além da área substantiva imediata para fazer as conexões com outras áreas. Aproveite ao máximo as suas contribuições analíticas inovadoras. Aproveite também a oportunidade para contribuir com um tópico novo, para estudar um novo grupo de participantes de pesquisa ou para criar novos métodos.

ESCREVENDO O REFERENCIAL TEÓRICO

De que forma um pesquisador adepto da teoria fundamentada que realizou um estudo indutivo consegue escrever um referencial teórico exigido? Esse esquema não poderia atrapalhar em vez de esclarecer? É possível. Esse esquema não sugeriria que você usou uma lógica dedutiva? Não necessariamente. Você poderia recusar-se e depois tropeçar no referencial teórico. Em vez disso, utilize-o para proporcionar um apoio ao leitor e para demonstrar como a sua teoria fundamentada *refina, amplia, contesta* ou *suplanta* os conceitos existentes. Desse modo, o referencial teórico vai além de apresentar e resumir a base de sustentação do manuscrito.

Na teoria fundamentada, os esquemas teóricos diferenciam-se da pesquisa quantitativa tradicional. Não usamos as teorias para deduzir hipóteses específicas antes da coleta dos dados. Os conceitos do interacionismo simbólico visam a informar a minha concepção do mundo. Assim, esses conceitos influenciam o que eu vejo e como o vejo, semelhante ao modo como as perspectivas de outros pesquisadores os influenciam. Contudo, esses conceitos permanecem como pano de fundo até que se tornem relevantes aos problemas analíticos imediatos.

O seu argumento revela a forma como você quer que os leitores considerem a sua análise. O referencial teórico situa o argumento específico que você elabora. Nesse ponto, o modo como você utiliza e desenvolve um referencial teórico dá uma nova guinada: ele emerge de sua análise e de seu argumento em relação a ele. Em comparação, os pesquisadores que utilizam um plano quantitativo tradicional invocam uma teoria estabelecida e deduzem as hipóteses a partir dela antes de realizarem os seus estudos. Para eles, a teoria a ser utilizada no referencial teórico já está ali.

O seu argumento revela a forma como você quer que os leitores considerem a sua análise. O referencial teórico situa o argumento específico que você elabora.

Ao contrário disso, em um estudo de teoria fundamentada, você faz com que os seus conceitos sensibilizadores e códigos teóricos funcionem no referencial teórico. Esses códigos e conceitos situam o seu manuscrito nas disciplinas e nas discussões relevantes. Os conceitos sensibilizadores justificam o seu ponto de partida. Os códigos teóricos podem ajudá-lo a explicar o modo como você conceitua o esquema das ideias-chave.

Escreva um referencial teórico sólido o qual seja adequado à sua teoria fundamentada. Como você pode começar a trabalhar nisso? Considere utilizar o referencial teórico para:

- explicar a sua lógica e a sua orientação conceitual;
- dedicar-se às ideias principais;
- reconhecer os trabalhos teóricos anteriores;

- situar a sua nova teoria fundamentada em relação a essas teorias;
- explicar o significado de seus conceitos originais;
- ajustar a sua tarefa de escrita imediata e os seus leitores.

Os referenciais teóricos não são todos iguais. Eles precisam estar adaptados ao público que você pretende atingir e cumprir a tarefa iminente. Por exemplo, o que você precisa escrever para um periódico pode ser algo distinto no caso de outro. Escrevi o referencial teórico apresentado abaixo para um artigo para o *The sociological quarterly*, um periódico cujos leitores são bem versados no que diz respeito à psicologia social interacionista simbólica. Esse referencial teórico considera as relações entre o corpo, a personalidade e a identidade quanto à adaptação à doença e à deficiência.

O referencial teórico

Este artigo adota uma perspectiva interacionista simbólica sobre a identidade (Blumer, 1969; Cooley, 1902; Lindesmith, Strauss, e Denzin, 1988; Mead, 1934; e Strauss, 1959) e baseia-se na literatura emergente sobre o corpo (DiGiacomo, 1992; Frank, 1990, 1991a, 1991b; Frankenberg, 1990; Freund, 1982, 1988, 1990; Gadow, 1982; Glassner, 1988, 1989; Kotarba, 1994; Olesen, 1994; Olesen, Schatzman, Droes, Hatton e Chico, 1990; Sanders, 1990; Scheper-Hughes e Lock, 1987; Zola, 1982, 1991). Valho-me da explicação da relação entre o corpo e o ser fornecida pela filósofa Sally Gadow (1982) e dos meus trabalhos anteriores sobre a identidade na doença crônica (Charmaz, 1991a) e as consequências da perda sobre a identidade (Charmaz, 1987).

De acordo com o interacionismo simbólico, a identidade pessoal significa o modo com um indivíduo define, situa e diferencia a si mesmo em relação aos outros (ver Hewitt, 1992). De acordo com Peter Burke (1980), o conceito de identidade considera implicitamente as formas como as pessoas *desejam* definir a si mesmas. Os desejos são baseados tanto nas emoções quanto nos pensamentos. Se possível, os doentes normalmente tentam converter os seus desejos em intenções, objetivos e ações. Dessa forma, estão motivados para concretizar as identidades futuras e são às vezes obrigados a reconhecer as identidades relativas ao presente. Entretanto, eles desenvolvem implicitamente metas de identidade. Aqui, defino as metas de identidade como *identidades preferenciais* que as pessoas assumem, desejam, esperam ou planejam (Charmaz, 1987). O conceito das metas de identidade pressupõe que os seres humanos criam significados e agem propositalmente conforme interpretam as suas experiências e interagem no mundo. As metas de identidade de algumas pessoas são implícitas, não declaradas e compreendidas; outras pessoas apresentam identidades preferenciais explícitas. Tal como outras categorias de pessoas, alguns indivíduos portadores de doenças crônicas pressupõem que poderão concretizar as suas identidades preferenciais; outros mantêm um olhar atento às suas identidades futuras à medida que vivenciam a identidade presente (ver também Radley e Green, 1987).

Gadow (1982) pressupõe que a existência humana significa essencialmente a personificação e que o eu é inseparável do corpo. Concordo. A mente e a consciência dependem de estar em um corpo. Por sua vez, as sensações físicas afetam a mente e a consciência. E, ainda, conforme assinala Gadow, o corpo e o eu, embora inseparáveis, não são idênticos. A relação entre o corpo e o eu se torna particularmente problemática para aquelas pessoas cronicamente doentes que constatam terem sofrido perdas físicas permanentes. A natureza problemática dessas constatações se intensifica para aqueles doentes que anteriormente haviam buscado e mantido uma juventude contínua por meio do controle e da preparação dos seus corpos (Turner, 1992). Dessa forma, os significados da perda estão inseridos nas suposições e nos discursos sobre o corpo. Os indivíduos não apenas supõem o controle físico por meio de práticas racionais, mas também supõem que as suas práticas alcancem e, um tanto literalmente, corporifiquem a individualidade (Shilling, 1993).

Como observa Victor Kestenbaum (1982), a doença ameaça a percepção de uma pessoa acerca da integridade do eu e do corpo, e do eu e do mundo. As pessoas que são portadoras de doenças crônicas graves percebem que as perdas progressivas ameaçam-lhes reiteradamente o corpo e a própria integridade. Eles correm o risco de se tornarem socialmente identificados e autodefinidos exclusivamente por seus corpos debilitados (Bury, 1988; Goffman, 1963; Locker, 1983; MacDonald, 1988). Assim, as pessoas portadoras de doenças crônicas que conseguem superar a perda e transcender os rótulos negativos estigmatizantes definem-se como sendo muito mais do que os seus corpos e muito mais do que uma doença (Charmaz, 1991[a]).

Gadow sustenta que a doença e o envelhecimento provocam a perda da unidade original do corpo e do eu e fornecem os recursos para recuperá-lo em um novo nível. A autora supõe a existência anterior de uma unidade original e sugere que a perda e a recuperação da unidade sejam um processo único. Porém, o que a unidade significa é algo que só pode ser definido subjetivamente. Algumas pessoas podem não ter se definido como tendo experienciado tal unidade antes da doença, ou como tendo experienciado apenas parcialmente. Além disso, a cada nova, e normalmente inesperada, redução na capacidade física, os portadores de doenças crônicas vivenciam *reiteradamente* a perda de qualquer unidade entre o corpo e o eu que eles tinham previamente definido ou admitido. Assim, em cada ponto em que eles vivenciam e definem a perda, as questões da identidade e as mudanças de identidade podem emergir ou reocorrer. Ao longo deste artigo, lido com a perda da unidade eu-corpo e sua respectiva recuperação por meio do reconhecimento da experiência física e da abertura de si mesmo à busca da harmonia entre o corpo e o eu.

Para entender como ocorre a perda e a recuperação da unidade eu-corpo, devemos entender os significados atribuídos pelos doentes às suas experiências físicas e aos contextos sociais nos quais estas ocorrem (Fabrega e Manning, 1972; Gerhardt, 1979; Radley e Green, 1987; Zola, 1991). Esses significados surgem em relação dialética às suas biografias (Bury, 1982; 1988 e 1991; Corbin e Strauss, 1987 e 1988; Dingwall, 1976; Gerhardt, 1989; Radley, 1989; Radley e Green, 1987; Williams, 1984) e são mediados pelas interpretações deles das experiências contínuas. Coerente com a psicologia social interacionista

> simbólica, os significados relativos ao presente do corpo e do eu doentes desenvolvem-se a partir dos discursos do passado e das identificações sociais do presente – porém, sem serem determinados por estes (Blumer, 1969; Goffman, 1963; Mead, 1934).
> À medida que a doença crônica invade as suas vidas, as pessoas descobrem que ela deteriora não apenas a saúde, mas também as suas identidades preferenciais pressupostas. Além disso, elas podem constatar que a doença e a incapacidade física evidentes podem deixá-las com um *status* superior, anulando a identidade estigmatizada. Em função de suas perdas físicas, as pessoas reavaliam quem elas são e quem elas podem passar a ser. Subsequentemente, estabelecem metas de identidade conforme tentam reconstruir vidas normais na medida do possível (Charmaz, 1987; 1991a). Com frequência, os indivíduos portadores de doenças crônicas inicialmente planejam e têm a expectativa de retomar as suas vidas sem que estas tenham sido afetadas pela doença, ou até mesmo superar as suas metas de identidade anteriores. Enquanto testam os seus corpos e a si mesmos, os doentes precisam fazer, em determinados momentos, trocas de identidade ou até mesmo reduzir sistematicamente as suas metas de identidade até que estas se equiparem às suas capacidades reduzidas. Em outros momentos, quando alcançam algum êxito, eles podem aumentar gradualmente as suas expectativas e elevar progressivamente as suas metas de identidade. Portanto, tanto as metas de identidade elevadas como as reduzidas determinam uma hierarquia implícita da identidade que os doentes desenvolvem conforme se adaptam à perda e à mudança física (Charmaz, 1987). (Charmaz, 1995a, p. 659-660)

Observe que me comprometi diretamente com os argumentos de Sally Gadow (1982). Eles são centrais para o meu argumento e para a análise que se segue. O argumento filosófico de Gadow apresenta uma explicação fundamental para a compreensão do que busco fazer no artigo; a psicologia social interacionista simbólica apresenta a outra. Como os leitores do periódico *The sociological quarterly* já têm um entendimento das teorias da identidade na perspectiva do interacionismo simbólico, assinalo os trabalhos significativos, mas não preciso explicá-los. A quantidade e a profundidade da explicação que você apresenta em um artigo publicado dependem do periódico e dos seus respectivos leitores. Um trabalho acadêmico ou uma tese permanece sendo uma questão totalmente distinta, pois, em vez de escrever visando a um leitor que compartilha o seu conhecimento, você deve provar que consegue explicar, criticar e utilizar as teorias existentes.

Pense em utilizar o referencial teórico para informar um argumento específico em uma determinada parte do trabalho, e não em todo o seu projeto de pesquisa. Você pode ter diversos artigos com argumentos diferentes. No que diz respeito a isso, você pode elaborar diversas teorias fundamentadas que se originam a partir dos mesmos dados. As ideias de Sally Gadow tornaram-se significantes à medida que desenvolvi os conceitos sobre a "adaptação à redução da capacidade". Tanto Gadow como eu consideramos a experiência física como algo real e associado à identidade. A minha argumentação amplia a argumentação da Gadow ao enfatizar o significado pessoal, a perda reiterada e a recuperação da unidade eu-corpo, bem como a reconstrução da identidade dentro de uma hierarquia implícita da identidade.

A APRESENTAÇÃO DO TEXTO

O texto reflete as escolhas feitas pelos autores. O estilo de escrita dos autores que utilizam a teoria fundamentada, em geral, se baseia no relatório convencional. Os pesquisadores registram as suas teorias fundamentadas e descrevem os "fatos" para sustentá-las. Entretanto, você pode ampliar a variedade de possibilidades, assim como de locais de publicação, ao dedicar-se especialmente à sua produção textual. Conforme afirma Laurel Richardson (1990), a escrita faz a diferença[4]. Você pode fazer uso dos artifícios retóricos e das estratégias de redação que refletem o modo como você construiu a sua teoria fundamentada. Adotar essa tática pode ajudá-lo a elaborar melhor a sua teoria fundamentada e acentuar o vigor do seu texto. Várias estratégias e exemplos podem ser úteis.

Vá além de uma análise das ações e dos fatos. Pense nas coisas que são relevantes e que mesmo assim se encontram difusas no pano de fundo de sua análise. O contexto cultural? Os antecedentes históricos? O ambiente organizacional? A atmosfera emocional? Veja como a exposição explícita disso no texto altera a sua escrita, e faz a sua análise ir além do relatório. Em meus estudos, a gama de emoções matiza os cenários e as afirmações. Dessa forma, invoco a sensação empírica por meio da apresentação desta no texto, *como parte da análise e dos dados*. Essa estratégia inclui levar o leitor para dentro da história e transmitir-lhe a sua atmosfera por meio do estilo linguístico e da exposição narrativa. Essas abordagens poupam o seu texto do formato científico tradicional sem transformá-lo em ficção, drama ou poesia. Forjei definições e distinções-chave em palavras que reproduziram o ritmo e a atmosfera da experiência:

> *Viver* um dia de cada vez ocorre quando uma pessoa mergulha em crises contínuas que dilaceram a vida. (Charmaz, 1991a, p. 185)
> Outros esperam para mapear um futuro. E apenas esperam. Eles monitoram os seus corpos e as suas vidas. Buscam sinais que indiquem os próximos passos a serem tomados. Traçam um futuro ou deslocam-se ao próximo ponto do mapa apenas quando têm certeza de que a fase pior da doença já passou. Essas pessoas traçam um futuro ou deslocam-se ao próximo ponto quando se sentem suficientemente distantes da doença para dar vazão aos sentimentos a ela associados. (p. 191)

As analogias e as metáforas podem explicar as significações e emoções tácitas agrupadas dentro de uma categoria (ver também Charmaz e Mitchel, 1996; Richardson, 1994). No primeiro dos excertos apresentados a seguir, eu quis que o leitor percebesse os constrangimentos pelos quais passam determinados portadores de doenças crônicas. No segundo excerto, busquei transmitir o modo como se dava a percepção da duração do tempo.

> Esses homens e mulheres sentem-se coagidos a viver um dia de cada vez. Eles impõem a si mesmos essa atitude, quase com os dentes cerrados. Aqui, viver um dia de cada vez é parecido com estudar uma lição estranha e enfadonha no ensino fundamental; é um pré-requisito incômodo para manter-se vivo. (1991a, p. 179).
>
> O tempo que se vive à deriva, em comparação (ao tempo arrastado), se estende. Como um leque, o tempo vivido à deriva se desdobra e se expande no decurso da imersão em uma doença grave. (p. 91)

A linguagem simples e as ideias diretas tornam a teoria legível. Mais uma vez, o grau em que você usa esses artifícios depende da sua tarefa de produção textual e do seu público leitor. Para um setor que tem a expectativa de que você escreva livros, e não teses, a adoção dessas estratégias acelera o seu trabalho. Para um artigo teórico de reserva, utilize-as menos. A questão quanto à teoria permanecer inserida na narrativa ou ganhar destaque depende da sua tarefa e da sua apresentação da teoria. Uma vez inserida na narrativa, a teoria torna-se mais acessível, porém menos identificável enquanto teoria.

Várias outras estratégias contribuem para tornar o seu texto acessível. A apreensão do ritmo empírico e da sua respectiva coordenação temporal permite reproduzi-los dentro do texto:

> Do embaraço à mortificação. Do desconforto à dor. A eterna incerteza. O que vem a seguir? Arregimentação. (p. 134)
>
> Os dias se esvaem. O mesmo dia fica se esvaindo. As durações do tempo se estendem uma vez que muito poucos eventos irrompem o dia, a semana ou o mês. A doença parece ter uma duração única, longa e contínua. (p. 88)

Definições e afirmações inesperadas têm o poder de captar a atenção dos leitores.

> A linguagem do hábito é silenciosa. (Charmaz, 2002b, p. 31S)
>
> A teoria fundamentada serviu na linha de frente da "revolução qualitativa" (Denzin e Lincoln, 1994, p. ix). (Chamaz, 2000a, p. 509)

O uso de questões ajuda a vincular as ideias principais ou a redirecionar o leitor. As questões retóricas aceleram o ritmo e enfocam os pontos subsequentes. Você também pode utilizar as questões de maneiras inovadoras. Considere a possibilidade de adotar o papel ou o ponto de vista dos leitores ou dos participantes da pesquisa e faça perguntas tal como eles fariam.

> É câncer? Poderia ser angina? As angústias da incerteza surgem quando os sintomas presentes, frequentemente não diagnosticados, podem significar uma doença crônica grave. (Charmaz, 1991a, p. 32)

Tente contrabalançar a lógica da exposição com a lógica da experiência teorizada. Os escritores usam uma lógica linear para organizar as suas análises e para tornar a experiência compreensível. Ainda que a experiência não seja necessariamente linear e nem apareça sempre convenientemente demarcada com limites bem-definidos. Por exemplo, a vivência da doença, e muito menos toda a sua espiral de consequências, nem sempre se ajusta adequadamente em um processo progressivo linear. Os trabalhos anteriores de teoria fundamentada (Glaser e Strauss, 1967; Glaser, 1978) enfatizam a descoberta e a análise de *um* processo básico, o que pode não funcionar no seu caso.

Examine cuidadosamente o ritmo e o tom do seu trabalho. Reflita sobre como e quando você precisa alterá-los. Estabeleça o tom à medida que você orienta o leitor a respeito do tópico. Forneça dados que se ajustem ao seu tom e ao seu ponto fundamental. O excerto a seguir abre um capítulo intitulado "A doença intrusiva". Busquei demonstrar a forma como os sintomas e a redução da capacidade física invadem a vida cotidiana e, portanto, não podem ser facilmente descartados. Neste ponto, participantes de pesquisa como John Garston identificaram "dias bons" e "dias ruins". Ele disse,

> O que é um dia bom agora? Não há dia bom (...) Bem, agora um dia bom é uma espécie de dia neutro. Quer dizer, sabe, não há mais dias em que eu tenha (...) quase nunca há dias em que eu tenha muita energia e muitos subterfúgios! (...) Realmente não presto muita atenção (ao meu corpo), nem nunca prestei. Presto, de fato, mais atenção agora porque sou limitado (por um grave enfisema) (...) não sei se se pode dizer que controlo, eu observo (*risos*). É, sou obrigado a observar. (Charmaz, 1991a, p. 41)

Para os pesquisadores adeptos à teoria fundamentada, uma narrativa não se baseia em si mesma. Em vez disso, usamos as narrativas em benefício de nossas análises. O vigor de uma obra depende do escopo, da incisividade e da utilidade da análise. A minha afirmação analítica sobre um "dia bom" diz o seguinte:

> Um dia bom significa a menor intrusão possível da doença, o controle máximo sobre a mente, o corpo e as atividades, e uma maior opção de atividades. Durante um dia bom, os doentes concentram-se apenas minimamente nos sintomas e na vida metódica, ou lidam com eles de uma forma leve e eficiente. A doença fica no pano de fundo das suas vidas. Os horizontes espaciais e temporais expandem-se e podem até mesmo se tornar extensos durante um dia bom. Quando a doença atenua, as pessoas têm dias muito melhores; como ex-presidiários que acabaram de sair da cadeia, eles podem desejar compensar todo o tempo perdido de uma vez. (p. 50)

Repare como a afirmação franca de John Garston determina o tom da análise, o modo como ela complementa a incisividade da análise e oferece um contraponto ao ritmo da minha voz autoral. A categoria "um dia 'bom'" foi inserida na análise mais ampla da vivência de uma doença intrusiva e incorporada em oposição a "um dia ruim". O posicionamento analítico da categoria "um dia 'bom'" me permitiu estender a distância entre a afirmação de John e a sua respectiva explicação teórica. Reflita sobre aquelas passagens em que você tem maior liberdade de expressão em comparação com aquelas nas quais você precisa que a evidência empírica esteja exatamente ali.

Agora considere uma observação sobre a voz do escritor. Nos capítulos anteriores, chamei a atenção para o fato de que a ênfase analítica da teoria fundamentada pode levar a uma autoria oculta repleta de neutralidade presumida, com pretensões objetivistas e um autor ausente (Charmaz e Mitchell, 1996). Contudo, as teorias fundamentadas concluídas não precisam ser registros objetivados, destituídos de voz. Podemos tecer os nossos pontos de vista dentro do texto e retratar uma sensação de encantamento, fantasia e drama.

Os meus exemplos anteriores sugerem ainda que os pesquisadores que usam a teoria fundamentada não precisem escrever como técnicos desincorporados. Podemos trazer o texto evocativo para as nossas narrativas. Nos excertos apresentados, a minha voz permeia as passagens e persuade o leitor embora eu permaneça em segundo plano como uma intérprete das cenas e situações (ver também Charmaz e Mitchell, 1996). A interpretação dos escritores acerca da experiência passa a ser deles próprios por meio da escolha, do tom e do ritmo das palavras. A voz ecoa o envolvimento do pesquisador com os fenômenos estudados; ela não reproduz os fenômenos. No entanto, por meio do empenho para apresentar a experiência dos nossos participantes de pesquisa, podemos constatar o coletivo no subjetivo.

Preste atenção à diferença entre as duas passagens apresentadas a seguir:

> Os *níveis de identidade* são objetivos implícitos ou explícitos da identidade pessoal e/ou social que as pessoas portadoras de doenças crônicas visam tornar realidade. Esses níveis de identidade refletem o tipo de indivíduos que eles desejam compor ou selecionar, as suas identidades preferenciais. Por isso, a concretização dessas identidades nega ou anula as identificações derivadas da doença. Os esforços desses portadores de doenças crônicas para a construção de identidades preferenciais surgiram da experiência deles enquanto *indivíduos doentes*. Quase nenhum dos meus respondentes originou os seus objetivos de identidade de qualquer grupo organizado de outros semelhantes (cf. Anspach [2]). Então esses doentes construíram os seus níveis de identidade em relação às suas esperanças, desejos ou sonhos justapostos com as suas expectativas e definições das suas circunstâncias específicas. Por essa razão, determinados indivíduos tentavam alcançar diferentes identidades preferenciais que representavam níveis de identidades distintos durante fases específicas das suas doenças e em determinados pontos das suas biografias. (Charmaz, 1987, p. 286-287)

> Por meio da luta e da resignação, os doentes tornam-se paradoxalmente mais determinados em relação a si mesmos à medida que se adaptam à diminuição da capacidade física. Eles sofrem perdas físicas, mas ganham enquanto indivíduos. A odisseia que vivenciam os conduz a um nível mais profundo de consciência,

> de si mesmos, da situação, da posição que ocupam em relação aos outros. Conforme os seus corpos se desintegram, eles acreditam em sua força interior. Eles transcendem os seus corpos à medida que renunciam ao controle. O eu faz parte do corpo, porém existe além dele. Junto com essa postura, vêm uma sensação de determinação e uma consciência da regulação do tempo. Os doentes têm uma compreensão de quando lutar e de quando partir para a resignação. Tornam-se impérvios aos significados sociais, inclusive quanto a serem desvalorizados. Eles podem enfrentar o desconhecido sem medo enquanto permanecerem sendo eles mesmos. Nesse ponto, os portadores de doenças crônicas podem se descobrir na irônica situação de dar consolo e conforto aos sãos. Eles conquistam um sentimento de orgulho por saberem ter sido postos à prova, uma prova de caráter, desenvoltura e determinação. Eles sabem que deram a si mesmos nas suas lutas e suportaram as perdas com coragem.
>
> No entanto, a odisseia raramente se mantém como uma jornada única para esses doentes crônicos. Frequentemente, eles repetem muitas vezes essa jornada pelo mesmo caminho e, além disso, se veem levados a fazer percursos laterais inesperados e mantidos prisioneiros em territórios hostis à medida que vivenciam pioras, recaídas, complicações e outros problemas de saúde secundários. Não obstante, eles podem descobrir que cada trecho da odisséia não apenas impõe barreiras, mas também gera possibilidades de determinação e renovação. (Charmaz, 1995a, p. 675)

Em qual passagem você percebeu uma voz humana? Qual delas aparece carregada com códigos disciplinares? Sobre qual delas você gostaria de saber mais? Ao considerar a primeira citação fora do seu contexto, não estou sendo muito justa comigo mesma. Essa citação tem início com a introdução dos meus conceitos de teoria fundamentada e prepara o terreno para o que vem a seguir. Depois explico detalhadamente os níveis de identidade na hierarquia da identidade, a identidade social acima da média, o eu restabelecido, a identidade pessoal contingente e um eu embrutecido. Essas categorias detêm mais a atenção do leitor do que o esquema teórico mais amplo do qual extraí o excerto. Outra vez, a segunda passagem está descontextualizada. Em vez de comparar as duas seções teóricas que originaram os mesmos conceitos, retirei a segunda passagem da parte final. Os escritores nem sempre são justos com os outros escritores, e até mesmo com eles próprios. Porém o ponto principal permanece: o som de uma voz humana promove a leitura envolvente.

CONSIDERAÇÕES FINAIS

Escrever é um processo social. Apoie-se na contribuição dos amigos e dos colegas, mas, antes de tudo, escreva para você mesmo e para a sua teoria fundamentada. Agora você é o especialista; a teoria é sua. Deixe que esmaeçam as vozes dos professores e dos pesquisadores anteriores enquanto você escreve o manuscrito. Uma vez que tenha esboçado as suas ideias principais, busque outra vez essas vozes. Peça críticas construtivas aos seus mentores e aos seus colegas próximos. Obtenha este apoio deles antes de submeter o seu manuscrito à revisão, quer seja uma tese ou um artigo. Depois disso, esteja disposto a reconsiderar, revisar e reelaborar o manuscrito inteiro de acordo com a sua avaliação crítica dos comentários deles. Isso tem o propósito de ir além de um conserto cosmético, podendo indicar a abstenção de pontos centrais. Por exemplo, um mentor pode levantar uma crítica relevante com a qual você discorda. Reflita sobre o que teria despertado essa crítica, assim como o seu conteúdo. É bem possível que as afirmações vagas, o excesso de generalizações ou as lacunas lógicas tenham enfraquecido a sua argumentação, emitindo um aviso de advertência ao seu mentor, o qual não consegue enxergar além dele. Você pode solucionar esses problemas e evitar atrasos e decepções posteriores, em especial na etapa do envio do trabalho para a publicação. A submissão excessivamente precoce dos trabalhos para a publicação se destaca como um motivo frequente da rejeição de estudos que apresentam dados sólidos e ideias interessantes.

Ao considerar as primeiras críticas e revisar o seu manuscrito, você poderá submeter um trabalho refinado que faça a sua teoria fundamentada se salientar. Cada revisão pode tornar o seu manuscrito mais sólido, mais contundente e mais eloquente. Conforme você avalia cada esboço, os critérios apresentados no capítulo seguinte, "Refletindo sobre o processo de pesquisa", podem ajudá-lo a elaborar o seu manuscrito e a antever as questões dos revisores. Enquanto isso, aproveite as descobertas que você faz ao longo do caminho.

NOTAS

1 Qualquer representação de significados tem um caráter interpretativo. Não temos como saber o que se passa na cabeça das pessoas, mas podemos apresentar as nossas interpretações sobre o que elas dizem e fazem.

2 Adele Clarke observa que são comuns dez ou mais revisões (Comunicação pessoal, 22 de dezembro de 2004). Uma professora de produção textual certa vez me contou que incorporou o hábito de não compartilhar material inédito para comentários informais antes do quarto esboço.

3 Fundamento essa questão nas muitas conversas e entrevistas que tive com Strauss, que admitiu que os pesquisadores da teoria fundamentada tivessem uma vida e um conhecimento prévios antes de se envolverem nessa pesquisa. Ver também Charmaz, 1983.

4 Glaser (2001, p. 80) lembra os leitores que "Uma teoria fundamentada é conhecida e lembrada pelas suas ideias conceituais. Ninguém se lembra de como ela foi escrita". Falando como uma ex-editora, considero que Glaser está correto quanto ao primeiro ponto e equivocado em relação ao segundo. Os melhores, e os piores, escritores e escritas tornam-se uma parte componente do saber disciplinar.

8

Refletindo sobre o processo de pesquisa

Ao final da nossa jornada repassamos os passos que adotamos na expectativa de avaliarmos o impacto da nossa teoria fundamentada. Surgem questões quanto ao que vale como teoria fundamentada e a quando ela é um método em desenvolvimento e quando representa algo distinto. Uma definição da teoria fundamentada que leve em conta os avanços metodológicos ocorridos ao longo dos últimos cinquenta anos possui um imenso potencial para fomentar o conhecimento. A teoria fundamentada fornece-nos as ferramentas analíticas e as estratégias metodológicas que podemos adotar sem endossar uma teoria do conhecimento ou uma perspectiva da realidade previamente estabelecida. Para começarmos a ampliar o escopo da teoria fundamentada, sugiro o retorno às suas raízes pragmatistas e que façamos da pesquisa comprometida o nosso objetivo nas futuras jornadas de pesquisa.

Este capítulo encerra a nossa jornada pelo processo de pesquisa. Ao longo do caminho, reunimos os dados, interrompemos e os categorizamos por meio da codificação. Posteriormente, cruzamos novos caminhos na redação dos memorandos. Ampliamos o nosso roteiro por meio da realização da amostragem teórica e especificamos as direções da nossa teorização fundamentada por meio da classificação e da integração das categorias. Por último, exploramos as maneiras de divulgar aquilo que descobrimos por meio do processo da escrita. Qual a nossa compreensão dessa jornada? Como avaliamos a nossa teoria fundamentada concluída? Onde o método da teoria fundamentada nos leva? Para colocarmos essas questões em perspectiva, precisamos recordar a nossa jornada pelos capítulos anteriores.

A ESSÊNCIA DA TEORIA FUNDAMENTADA: VERSÕES E REVISÕES CONTESTADAS

Ao refletir sobre a sua perspectiva da teoria fundamentada, considere aquilo que constitui a teoria fundamentada. Todo mundo "sabe" do que se trata basicamente a teoria fundamentada; entretanto, as pessoas compartilham as mesmas definições e suposições básicas? Ao longo do ano seguinte ao seu início, em 1967, o termo teoria fundamentada passou a ser impregnado de múltiplos significados, mas também foi carregado por numerosos equívocos e prejudicado pelas versões concorrentes. A discussão sobre a teoria fundamentada obscurece as distinções entre o método enquanto processo e a teoria enquanto resultado desse processo. O que vale como teoria fundamentada? De que forma podemos definir um trabalho concluído como uma teoria fundamentada? Quais propriedades, objetivos e estratégias constituem a essência do método? O que se considera como um método de teoria fundamentada em desenvolvimento e o que é capaz de alterá-lo irrevogavelmente?

As construções emergentes dos métodos da teoria fundamentada e as teorias fundamentadas enquanto construções emergentes

Quando refletimos sobre o que define o método da teoria fundamentada, podemos considerar uma posição filosófica específica, uma determinada lógica de pesquisa, um conjunto de procedimentos ou diretrizes flexíveis. Todas essas perspectivas sugerem que as propriedades de definição da teoria fundamentada consistem em atributos externos ao pesquisador e ao processo de pesquisa. Ainda que as teorias fundamentadas concluídas sejam emergentes, o método da teoria fundamentada em si é irrestrito e depende dos processos emergentes, sendo que as construções emergentes do pesquisador acerca dos conceitos determinam tanto o processo quanto o produto desse processo.

Ao longo deste livro, argumentei que o ponto forte dos métodos da teoria fundamentada está em sua flexibilidade e que é preciso empregar-se o método para tornar verdadeira essa flexibilidade. Os pesquisadores podem contar com a flexibilidade da teoria fundamentada sem transformá-la em prescrições rígidas no que diz respeito à coleta de dados, à análise, às inclinações teóricas e às posturas epistemológicas. Os métodos da teoria fundamentada devem ser restritos a uma única epistemologia? Creio que não. No momento em que esses métodos fundamentados não precisam estar restritos a um método único de coleta de dados, ou emergir de uma perspectiva teórica específica, os métodos não precisam ficar limitados a uma única epistemologia.

Podemos utilizar as ferramentas dos métodos da teoria fundamentada sem corroborar uma determinada teoria do conhecimento ou uma perspectiva da realidade previamente pré-estabelecida. Não somos forçados a perceber a teoria fundamentada como a descoberta de categorias que são inerentes aos dados de um universo externo. Nem precisamos ver a teoria fundamentada como uma aplicação de procedimentos. Em vez disso, podemos ver as teorias fundamentadas como produtos de processos emergentes os quais ocorrem por meio da interação. Os pesquisadores constroem os seus respectivos resultados a partir do contexto das interações, tanto as interações testemunhadas quanto aquelas vivenciadas. Os pontos apresentados abaixo resumem a minha postura construtivista:

- O processo de pesquisa da teoria fundamentada é fluido, interativo e irrestrito.
- O problema de pesquisa indica as opções metodológicas iniciais para a coleta de dados.
- Os pesquisadores são parte do que estudam e não algo isolado.
- A *análise* da teoria fundamentada determina o conteúdo e a orientação conceitual do estudo; a análise emergente pode levar à adoção de múltiplos métodos de coleta de dados e à realização da investigação em vários locais.
- Os níveis sucessivos de abstração da análise comparativa constituem a essência da análise da teoria fundamentada.
- As direções analíticas resultam do modo como os pesquisadores interagem com e interpretam as suas comparações e análises emergentes, e não de prescrições externas.

A ASSOCIAÇÃO DOS MÉTODOS COMPARATIVOS E DA INTERAÇÃO NA TEORIA FUNDAMENTADA

O método da teoria fundamentada depende da utilização dos métodos comparativos constantes *e* do comprometimento do pesquisador. Ambos constituem a essência do método. Estabelecer comparações entre dados, códigos e categorias promove a sua compreensão conceitual, pois você define as propriedades analíticas das suas categorias e logo começa a tratar essas propriedades para a análise rigorosa. A sua análise se torna mais explicitamente teórica no momento em que você questiona: Esses dados são um exemplo de qual categoria teórica? À medida que você questiona as relações entre as suas categorias e os aspectos fundamentais da existência humana, tais como a natureza dos laços sociais ou as relações entre a livre escolha e a coação, os indivíduos e as instituições ou as ações e as estruturas, o seu trabalho passa a ser ainda mais teórico.

Os métodos comparativos fornecem-lhe as ferramentas básicas, ainda que as inúmeras interações que ocorrem de múltiplas formas e em vários níveis determinem o conteúdo da sua teoria fundamentada. Basicamente, o conteúdo emergente determina a forma como você utiliza as ferramentas. A sua jornada pela teoria fundamentada depende da *interação*, procedendo da sua concepção do mundo, dos seus pontos de vista e das situações que surgem nos locais de pesquisa, que se desenvolvem entre você e os seus dados, que emergem com as suas ideias e, a seguir, retornando ao campo, ou a outro campo, passando a uma troca de ideias entre a sua disciplina e outros campos substantivos. Para interagirmos, buscamos uma compreensão das nossas situações, avaliamos o que ocorre nelas e nos valemos da linguagem e da cultura para criar as significações e estruturar as ações. Em resumo, a interação é interpretativa.

É verdade que por muito tempo alguns estudiosos preocuparam-se com a natureza interpretativa da coleta de dados da pesquisa qualitativa. Os pesquisadores quantitativos levantaram questões quanto à confiabilidade dos dados qualitativos com base em interações imediatas registradas por observadores qualitativos isolados, possivelmente parciais. Os pesquisadores qualitativos que tentaram observar essas questões lutaram para adotar uma postura distanciada com relação aos seus estudos. Essas preocupações geraram debates sobre o lugar da interpretação nas análises resultantes. Historicamente, os pesquisadores qualitativos deram menos atenção ao conjunto do processo da pesquisa enquanto algo interativo, possivelmente pelo fato de que muitos deles lutavam para conseguir um lugar legítimo nas discussões científicas quantitativas tradicionais e, portanto, buscavam ser objetivos.

O manto da objetividade que envolvia a teoria fundamentada do passado reduziu a visibilidade da sua força interativa. Empregar a teoria fundamentada de maneira contemporânea mais reflexiva faz com que você se mantenha interagindo com os seus dados e as suas ideias emergentes, e o faz de tal forma que incentiva a elaboração de interpretações abstratas. Desde as suas interpretações provisórias na codificação inicial e nos memorandos até o seu projeto concluído, os métodos da teoria fundamentada apreendem as suas ideias momentâneas e questões imediatas, estimulando-o a materializá-las por meio da escrita analítica.

Com certeza, podemos perceber as conexões entre essas forças e o enunciado original de Glaser e Strauss sobre a lógica da teoria fundamentada. O enunciado deles repercutiu entre um público que incluía pesquisadores diversos, tanto de filiação social construcionista quanto objetivista. A versão de Glaser (1978) elaborou as estratégias básicas da teoria fundamentada e manifestou os seus antecedentes positivistas e objetivistas, mas teve menor repercussão entre os acadêmicos. A versão extremamente eficaz e acessível da teoria fundamentada elaborada por Strauss (1987) e por Strauss e Corbin (1990 e 1998) atraiu um público maior que, no entanto, a utilizou mais por seus atributos técnicos e procedimentais.

O desenvolvimento de programas de computador presumivelmente baseados no método intensificou o interesse em relação a ele (ver Fielding e Lee, 1998) e suscitou preocupações em relação à deterioração do processo analítico, à geração de análises superficiais e à imposição de um método único à pesquisa qualitativa (Coffey, Holbrook e Atkinson, 1996; Lonkila, 1995). A lógica comparativa das primeiras versões é menos evidente na versão da teoria fundamentada de Strauss e Corbin (1990, 1998), embora as suas técnicas adicionais a tornem mais procedimental e menos manifestamente arraigada na filosofia pragmatista que no enunciado original de Glaser e Strauss, ou na exegese de Strauss (1987).

A minha ênfase no construtivismo desvincula a teoria fundamentada das suas bases objetivistas. Os críticos podem interpretar que tendências recentes como a minha ou a de Strauss e Corbin aprimorem o método ou se afastem dele. Glaser vê a versão atual dele como sendo a teoria fundamentada clássica; entretanto, a abordagem de Glaser mudou também, conforme observei nos capítulos anteriores. Glaser sempre defendeu o aperfeiçoamento da coleta de dados por meio das diretrizes da teoria fundamentada. Contudo, a defesa dele das amostras bem pequenas parece ter-se firmado apesar de as tensões resultantes entre a coleta de dados limitada e a comparação de muitos casos, conforme ele recomenda. Porém, ao refletir sobre o que estudar, Glaser (2001) fez uma mudança significativa ao repensar a sua insistência inicial (1992) de que os participantes informariam o pesquisador em relação ao que fosse significativo quando reconheceu que os pesquisadores podem identificar um assunto fundamental que seja considerado corriqueiro pelos participantes. Essa mudança permite ao menos algumas possibilidades interpretativas e conduz o pesquisador da teoria fundamentada ao processo de pesquisa. Nos situamos *dentro* do processo de pesquisa e não acima, antes ou fora dele.

O QUE DEFINE UMA TEORIA FUNDAMENTADA?

Ao pensarmos em identificar as propriedades definidoras da teoria fundamentada, entramos em um terreno ambíguo. Até que ponto o objetivo e o foco da análise da teoria fundamentada constituem as suas propriedades definidoras? Do ponto de vista construtivista, os pesquisadores podem usar os métodos da teoria fundamentada para seguir variados objetivos e focos analíticos *emergentes,* em vez de procurarem atingir objetivos e focos *a priori*, tais como um único processo social básico.

Se, em algum momento, os métodos da teoria fundamentada foram definidos pelo estudo dos processos sociais, mas isso já não mais ocorre necessariamente, o que isso significa para o próprio método? Isso constitui uma mudança fundamental no método em si? Uma abordagem construtivista pode invocar os métodos da teoria fundamentada para diversos problemas analíticos e substantivos. Quando Glaser argumenta que a teoria fundamentada é uma "teoria para solucionar um assunto principal" que pode ser teoricamente codificado de muitas maneiras, ele apresenta uma excelente utilização da teoria fundamentada, mas que não é única. Quanto a isso, o que constitui um assunto principal depende do ponto de vista de cada um. As construções são importantes. Quem define esse assunto principal? Com quais critérios? De quem são as definições que são mantidas? Observe que o enfrentamento dessas questões trata o assunto principal como algo problemático e não como algo determinado, e confere poder e controle à análise. A teoria fundamentada oferece as ferramentas para a obtenção de variadas construções ou definições concorrentes da situação, conforme for determinado pela *ação*, e não simplesmente afirmado em narrativas reconstruídas.

A teoria fundamentada deve ter como objetivo alcançar o nível geral abstraído das realidades empíricas? Não. Em forte contraste, argumento que as teorias se fortalecem conforme as situamos nos seus contextos sociais, históricos, locais e interacionais. Essa situação contextual permite que se façam comparações sutis entre os estudos. Posteriormente, essas comparações podem resultar em teorias mais abstratas e, paradoxalmente, mais gerais. Nesse ponto, a generalidade procede do exame minucioso de numerosas particularidades e, após a elaboração da teoria substantiva, deve incluir a análise e a conceitualização dos resultados de múltiplos estudos para construir uma teoria formal.

A generalidade emerge *do* processo analítico e não como um objetivo pré-estabelecido *para* ele. Ao situar o seu estudo e deixar a generalidade emergir da análise, você desenvolve uma defesa contra o enquadramento dos dados dentro das suas categorias analíticas preferidas. Como observei antes, situar os estudos de teoria fundamentada também reduz as possibilidades de importação de suposições preconcebidas como aquelas relativas às intenções, às ações e aos significados humanos, e minimiza o risco de deixar que vieses etnocêntricos, de gênero, classe e raça infiltrem-se na análise.

A *forma* da análise distingue os pesquisadores que realizam a teoria fundamentada "genuína" daqueles que apenas alegam utilizar o método? Nem sempre. Uma teoria fundamentada concluída deve ser sempre uma análise variável? Não. Ela deve ser uma análise conceitual de relações padronizadas? Sim. Ela ignora as relações existentes fora desse padrão? Não. Essas relações sugerem caminhos para que se descubram as variações dentro de um processo ou categoria e interpretações alternativas. Ironicamente, uma ênfase na teoria fundamentada tradicional pode fazer com que os pesquisadores minimizem a significação dos dados e dos detalhes que não se ajustam às suas categorias emergentes e, por conseguinte, acabem forçando os dados dentro dessas categorias.

Em uma das poucas reflexões escritas sobre estudos de teoria fundamentada que se refere a essa questão, Carolyn Ellis (1986) afirma que o foco da teoria fundamentada desenvolvida por ela acabou por fazer com que ela forçasse os detalhes da sua etnografia para que se ajustassem às categorias emergentes, disso resultou que as categorias dela tinham valor explicativo, "porém apresentavam a vida vivida de um modo muito mais categórico do que as experiências reais cotidianas permitiam" (p. 91). Você poderia pensar que este problema poderia ser solucionado ao invocar-se o critério da modificação. Mas isso ocorre? Com qual frequência os pesquisadores realizam estudos subsequentes que alteram uma categoria ou promovem uma compreensão distinta? Ellis visitou essa comunidade muitas vezes antes e durante a pesquisa dela. Após uma nova visita perturbadora à comunidade 3 anos após a publicação do seu livro, as suas reflexões posteriores despertaram novos *insights*. Aqueles pesquisadores que mantiveram um envolvimento restrito nos seus respectivos campos provavelmente não teriam constatado as limitações das suas categorias. Sem esse tipo de conhecimento ninguém segue o critério da modificação. Entretanto, a utilidade da teoria fica reduzida, ou pior ainda, pode resultar em políticas públicas ou profissionais de pouca ou nenhuma utilidade.

A teoria fundamentada envolve derivar as comparações dos dados e chegar à construção das abstrações, e ao mesmo tempo vincula essas abstrações aos dados. Isso significa estudar o específico e o geral, e perceber o que existe de novo neles, e então explorar as suas conexões com questões mais amplas ou criar questões mais amplas ainda desconhecidas em sua totalidade. Uma interpretação imaginativa desperta novas perspectivas e leva outros pesquisadores a novos panoramas. Os métodos da teoria fundamentada conseguem fornecer um rumo para que se visualize além do óbvio e um caminho para se chegar a interpretações imaginativas.

A AVALIAÇÃO DA TEORIA FUNDAMENTADA

Conforme avaliamos por onde andamos e o que conseguimos alcançar, relembramos a nossa jornada e procuramos imaginar de que forma o nosso resultado final aparece aos nossos leitores ou espectadores. O método de transportar-nos pela nossa jornada difere daquilo que obtivemos a partir dessa jornada. A compreensão que fazemos desse caminho toma forma no nosso trabalho concluído. O resultado final que apresentamos faz sentido para nós porque estivemos imersos no processo. Entretanto, para o nosso leitor, tornam-se obscuros os limites entre o processo e o resultado. Outros estudiosos provavelmente julgarão o processo da teoria fundamentada como uma parte integrante do produto final. Em todo o livro, demonstrei que os métodos da teoria fundamentada contêm uma versatilidade e um potencial ainda não explorados. Precisamos considerar os nossos leitores, sejam eles os professores ou os colegas. Eles avaliarão a utilidade dos nossos métodos pela qualidade do nosso produto final.

Os critérios para a avaliação da pesquisa dependem de quem os estabelece e de quais sejam os propósitos que ele ou ela invoca. Os critérios de Glaser (1978, p. 4-5) de ajuste, trabalho, relevância e modificação são particularmente úteis para a reflexão acerca de como a teoria que você elaborou apresenta os dados.

Outros critérios importantes consideram questões disciplinares, comprobatórias ou estéticas. Cada um deles é significativo para o seu projeto. As diferentes disciplinas aderem a padrões distintos de condução da pesquisa e de aceitabilidade dos dados (para exemplos, ver Conrad, 1990; Thome, 2001). Os critérios para pesquisas apenas adequadas podem ser distintos daqueles estudos mais respeitados. As disciplinas ou os departamentos podem também exigir menos dos seus estudantes de pós-graduação do que dos profissionais qualificados. Embora as expectativas em relação aos estudos de teoria fundamentada possam variar, os critérios apresentados a seguir podem fornecer algumas ideias.

CRITÉRIOS PARA OS ESTUDOS DE TEORIA FUNDAMENTADA[1]

Credibilidade

- A sua pesquisa conseguiu obter uma familiaridade íntima com o ambiente ou o tópico?
- Os dados são suficientes para satisfazer às suas afirmações? Considere o alcance, o número e a profundidade das observações contidas nos dados.
- Você fez comparações sistemáticas entre as observações e entre as categorias?
- As categorias cobrem uma ampla variedade de observações empíricas?
- Existem conexões lógicas fortes entre os dados coletados e o seu argumento e a sua análise?
- A sua pesquisa apresentou dados suficientes relativos às suas afirmações de modo a permitir que o leitor formule uma avaliação independente, e *concorde* com as suas afirmações?

Originalidade

- As suas categorias são novas? Elas oferecem novos *insights*?
- A sua análise apresenta uma nova interpretação conceitual dos dados?
- Qual é o significado social e teórico deste trabalho?
- De que maneira a sua teoria fundamentada questiona, expande ou aprimora as ideias, os conceitos e as práticas correntes?

Ressonância

- As categorias retratam a plenitude da experiência estudada?
- Você conseguiu revelar tanto os significados pressupostos quase imperceptíveis quanto aqueles instáveis?
- Você esboçou as conexões entre as coletividades ou as instituições maiores e as vidas individuais quando os dados sugeriam esse procedimento?
- A sua teoria fundamentada faz sentido para os seus participantes ou para as pessoas que compartilham as mesmas circunstâncias? A sua análise oferece-lhes *insights* mais profundos sobre as suas vidas e os seus universos?

Utilidade

- A sua análise oferece interpretações que as pessoas possam utilizar em suas vidas cotidianas?
- As suas categorias analíticas sugerem processos gerais?
- Nesse caso, você analisou esses processos gerais quanto às suas implicações tácitas?
- A análise pode incentivar novas pesquisas em outras áreas substantivas?
- De que modo o seu trabalho contribui para o conhecimento? De que forma ele contribui para a criação de um mundo melhor?

Uma sólida combinação de originalidade e credibilidade aumenta a ressonância, a utilidade e o valor subsequente da contribuição. A hipótese de fazer uma contribuição acadêmica requer um estudo cauteloso da literatura relevante, inclusive aquelas que ultrapassam os limites disciplinares, e um posicionamento claro da sua teoria fundamentada. Esses critérios referem-se às ações e aos significados implícitos do fenômeno estudado e o ajudam a analisar como este é construído. Os critérios mencionados acima dizem respeito ao estudo empírico e ao desenvolvimento da teoria. Não dizem muito sobre a maneira como o pesquisador escreve a narrativa ou sobre o que faz dela uma narrativa contundente. Outros critérios referem-se à estética da escrita. Os nossos trabalhos escritos procedem de princípios estéticos e artifícios retóricos, além dos enunciados teóricos e das bases lógicas científicas. O ato da escrita é intuitivo, inventivo e interpretativo, e não uma simples reportagem dos atos e dos fatos, ou no caso da teoria fundamentada, das causas, das condições, das categorias e das consequências, ou um esboço dos processos que descrevem a análise de uma questão central.

Uma vez originada a partir de reflexões bem sustentadas e de convicções baseadas em princípios, uma teoria fundamentada que conceitua e transmite aquilo que é significativo sobre uma área substantiva pode produzir uma contribuição valiosa. Acrescente-se o mérito estético e o impacto analítico, e logo a influência da teoria pode se estender a um público mais amplo.

A TEORIA FUNDAMENTADA DO PASSADO, DO PRESENTE E DO FUTURO

Um retorno construtivo à teoria fundamentada clássica

A minha versão da teoria fundamentada retoma o passado da teoria, explora o seu presente e se volta para o futuro. As raízes duais da teoria fundamentada no positivismo de meados do século e na sociologia da escola de Chicago, tendo como base a filosofia pragmatista, deram à teoria seu rigor e sua confiança no caráter emergente. Em todos os capítulos precedentes, busquei restituir ao primeiro plano os antecedentes da teoria fundamentada da escola de Chicago e indicar que eles informam e enriquecem as discussões atuais da teoria fundamentada.

A nossa jornada adiante no processo da teoria fundamentada considerou os seus antecedentes pragmatistas. Agora convoco outros pesquisadores, experientes e novatos, a realizarem a viagem de volta à herança pragmatista da teoria fundamentada, baseando-se nesses antecedentes ao invocarem a sensibilidade construtivista do século XXI. Uma teoria fundamentada construtivista conserva a fluidez e o caráter irrestrito do pragmatismo conforme evidenciado nos trabalhos de Strauss, bem como naqueles influenciados por ele (para exemplos, ver Baszanger, 1998; Bowker e Star, 1999; Clarke, 1998 e 2005; Corbin e Strauss, 1988; Strauss, 1959, 1978a, 1978b, 1993 e 1995). Na prática usual da teoria fundamentada, você segue as indicações dos seus dados, conforme você as percebe, e a teoria fundamentada construtivista o conduzirá um pouco além. Com ela, você tenta fazer com que as perspectivas privilegiadas de todas as pessoas envolvidas, bem como as implicações destas, se tornem explícitas, tanto as suas quanto as dos seus diversos participantes. Uma abordagem construtivista não apenas o ajuda a permanecer claro e preciso no que diz respeito aos antecedentes da sua teoria construída, mas também auxilia outros pesquisadores e formuladores de políticas a estabelecerem os limites da utilidade de suas teorias fundamentadas e, possivelmente, apurar como e onde devem modificá-las.

Uma base pragmatista pode ajudá-lo a manter uma ênfase na linguagem, no significado e na ação. Consequentemente, você evita reduzir a pesquisa de teoria fundamentada a estudos dos comportamentos manifestos ou das narrativas de entrevistas considerados sem qualquer questionamento. Se mantiver uma sensibilidade construtivista, você pode conhecer e interpretar as nuanças do significado e da ação enquanto se torna cada vez mais consciente da natureza interativa e emergente dos seus dados e das suas análises. Em resumo, retornar às bases pragmatistas nos estimula a construir uma *representação interpretativa dos universos* que estudamos em vez de um relatório dos eventos e das afirmações baseado em uma perspectiva externa.

Embora a teoria fundamentada construtivista forneça um caminho metodológico para a renovação e a revitalização das bases pragmatistas da teoria fundamentada clássica, a teoria fundamentada construtivista também pode servir a pesquisadores de outras tradições. Dessa forma, a sensibilidade construtivista está de acordo com a natureza de outras abordagens como a teoria feminista, a análise de narrativa, os estudos culturais, o realismo crítico e a pesquisa crítica.

Você pode enxergar conexões entre o seu trabalho e a escola de Chicago as quais ainda não havia percebido. Se não estiver previamente familiarizado com a escola de Chicago, você poderia desejar considerar o modo como essa tradição conseguiu revelar novas perspectivas e transportá-lo a novas altitudes. Em poucas palavras, são várias as vantagens que se destacam nas tradições da Escola de Chicago com as suas respectivas bases pragmatistas. Essas tradições:

- promovem a abertura para o mundo e a curiosidade em relação a ele;
- incentivam um entendimento compreensivo dos significados, das ações e das esferas de vida dos participantes de pesquisa;
- consideram a temporalidade;
- enfocam o significado e o processo em níveis subjetivos e sociais.

A transformação do conhecimento

Agora que você concluiu o seu estudo de teoria fundamentada, considere os propósitos aos quais ela serve. Os seus propósitos originais podem ter sido imediatos: utilizar o método da teoria fundamentada na prática para fazer o seu trabalho. Outros propósitos podem ter permanecido sob a superfície enquanto o seu projeto premente e o envolvimento no processo limitaram a sua atenção. Em um sentido mais amplo, a sua teoria fundamentada serve a qual propósito?

Levando a questão a um nível mais amplo, a quais propósitos o conhecimento *deve* servir? Robert S. Lynd (1939) levantou essa questão, *Conhecimento para quê?*, em seu livro de mesmo título há quase sete décadas. A questão ainda persiste; as respostas ainda permanecem contestadas. Porém, se levarmos a postura construtivista à sua extensão lógica, as questões se tornam mais específicas e as respostas, mais precisas. O conhecimento deve transformar a prática e os processos sociais? Sim. Os estudos de teoria fundamentada podem contribuir para um mundo melhor? Sim. Essas questões devem ter influência sobre o que estudamos e como o estudamos? Sim.

Voltando-nos às ações dos pesquisadores, a pesquisa da literatura da teoria fundamentada reflete os esforços para transformar o conhecimento, os processos sociais, e a teoria fundamentada *enquanto* prática? Os pesquisadores que usam a teoria fundamentada nos campos da enfermagem e da educação têm avançado nessas áreas, e alguns sociólogos também. No entanto, o avanço profissional pode gerar mais estudos de teoria fundamentada que o comprometimento com uma área temática ou com objetivos emergentes de transformação do conhecimento. À medida que os pesquisadores baseiem-se em alegações de neutralidade valorativa, os seus propósitos explícitos e implícitos podem permanecer obscuros. As alegações de neutralidade valorativa podem mascarar as implicações do conhecimento que produzimos, quer sejam significantes ou não. Os pesquisadores adeptos à teoria fundamentada objetivista podem alegar neutralidade na produção do conhecimento e quanto ao afastamento dos assuntos públicos. O conhecimento não é neutro, nem nós estamos desconectados de sua produção ou do mundo.

A jornada da pesquisa pode ser um fim em si mesmo e não um meio para estabelecer uma carreira. Podemos usar os métodos da teoria fundamentada para fazer mais do que conseguir uma melhor pontuação na carreira. Com a utilização da teoria fundamentada, você pode concretizar objetivos cativantes.

Os métodos da teoria fundamentada aumentam as possibilidades para você transformar o conhecimento. Os tópicos que despertam as suas emoções podem levá-lo a realizar uma pesquisa que pode ir além do cumprimento de exigências acadêmicas e da obtenção de reconhecimentos profissionais. Você irá abraçar o fenômeno estudado com entusiasmo e abrir-se para a experiência da pesquisa, seguindo o rumo que ela indicar. O caminho pode apresentar ambiguidades inevitáveis que podem lançá-lo a um processo de desarticulação e conflito existenciais. Entretanto, no momento em que você levar paixão, curiosidade, abertura e esmero ao seu trabalho, disso resultarão experiências novas e as suas ideias emergirão. Lembre-se da Margie Arlen no início deste livro, para quem o fato de reconhecer a doença crônica representou uma modificação à medida que ela aprendeu a enxergar melhor os problemas das outras pessoas à volta dela. Assim como a jornada da Margie com a doença crônica, a sua jornada pela teoria fundamentada pode transformá-lo.

NOTA

1 Esta seção foi ampliada a partir de Charmaz (2005a).

Glossário

A sociologia de escola de Chicago – uma tradição na sociologia que surgiu na Universidade de Chicago durante as primeiras décadas do século XX. A filosofia pragmatista e o trabalho de campo científico constituíram os respectivos fundamentos e princípios metodológicos dessa tradição. Os sociólogos da escola de Chicago não foram tão homogêneos como os livros-texto os retratam, e nem eram todos os membros do departamento de sociologia da Universidade de Chicago da época que tinham afinidade com a escola de Chicago. No entanto, essa escola gerou uma tradição significativa da psicologia social interacionista simbólica e da pesquisa etnográfica e qualitativa. A sociologia de escola de Chicago admite relações dinâmicas e recíprocas entre a interpretação e a ação. A vida social é interativa, emergente e um tanto indeterminante. A etnografia da escola de Chicago promove a abertura ao mundo e a curiosidade em relação a este, e o interacionismo simbólico promove o crescimento e o entendimento compreensivo dos participantes de pesquisa e das suas esferas de vida.

Abdução – um tipo de raciocínio que tem início com a análise dos dados e após o exame minucioso desses dados consideram-se todas as explicações possíveis para os dados observados e, então, formulam-se hipóteses a serem, ou não, confirmadas até que o pesquisador chegue à interpretação mais plausível dos dados observados.

Amostragem teórica – um tipo da amostragem da teoria fundamentada na qual o pesquisador visa a desenvolver as propriedades das suas categorias ou teorias em desenvolvimento, e não testar amostras de populações selecionadas de forma aleatória ou de distribuições representativas de uma determinada população. Ao empregar a amostragem teórica, o pesquisador busca pessoas, eventos ou informações para elucidar e definir os limites e a relevância das categorias. Como o objetivo da amostragem teórica é obter amostras para desenvolver as categorias teóricas, o fato de utilizá-la pode levar o pesquisador além das áreas substanciais.

Categorização – a etapa analítica da teoria fundamentada para selecionar determinados códigos como tendo uma significação primordial ou para abstrair dos temas e padrões comuns a vários códigos um conceito analítico. À medida que o pesquisador categoriza, ele ou ela eleva o nível conceitual da análise de caráter descritivo a um nível mais abstrato, teórico. A seguir, o pesquisador tenta definir as propriedades da categoria, as condições nas quais ela opera, as condições nas quais ela se modifica e a sua relação com outras categorias. Os pesquisadores que utilizam a teoria fundamentada transformam as suas categorias teóricas mais significativas em conceitos de suas teorias.

Codificação – o processo de definição acerca do que sejam os dados. Diferentemente dos pesquisadores qualitativos, que aplicam categorias *preconcebidas* ou códigos aos dados, um pesquisador adepto à teoria fundamentada elabora códigos qualitativos ao definir o que ele ou ela percebe nos dados. Dessa forma, os códigos são emergentes, eles se desenvolvem conforme o pesquisador analisa os dados. O processo de codificação pode levar o pesquisador a áreas e questões de pesquisa imprevistas. Os proponentes da teoria fundamentada seguem essas orientações, eles não buscam problemas de pesquisa previamente projetados que os levem a becos sem saída.

Codificação axial – um tipo de codificação que trata uma categoria como um eixo em torno do qual o analista delineia as relações e especifica as dimensões dessa categoria. Um dos principais objetivos da codificação axial é reunir novamente os dados dentro de um todo coerente após terem sido fragmentados pelo pesquisador na codificação linha a linha.

Construtivismo – uma perspectiva científica social que trata de como as realidades são construídas. Essa perspectiva supõe que as pessoas, inclusive os pesquisadores, constroem as realidades das quais participam. A investigação construtivista tem início com a experiência e questiona como os membros a constroem. Da melhor forma possível, os construtivistas inserem-se no fenômeno, obtêm perspectivas múltiplas deste e situam-no na sua rede de conexões e restrições. Os construtivistas reconhecem que as suas interpretações do fenômeno estudado são uma construção.

Construcionismo social – uma perspectiva teórica que pressupõe que as pessoas criam a(s) realidade(s) social(is) por meio das ações individuais e coletivas. Em vez de ver o mundo como algo determinado, os construcionistas questionam o modo como este é constituído. Assim, em vez de supor as realidades em um mundo externo, inclusive estruturas globais e culturas locais, os construcionistas sociais estudam o que as pessoas, em uma determinada época e em um determinado local, admitem como verdadeiro, como elas constroem as suas opiniões e as suas ações, e, no momento em que surgem construções diferentes, quais delas se estabelecem como definitivas, e como aquele processo prossegue. O interacionismo simbólico é uma perspectiva construcionista, pois pressupõe que os significados e as realidades arraigadas são o produto de processos coletivos.

Dedução – um tipo de raciocínio que começa com o conceito geral ou abstrato e discute os casos específicos.

Indução – um tipo de raciocínio que inicia com o estudo de uma variedade de casos individuais e extrapola os padrões obtidos a partir destes para desenvolver uma categoria conceitual.

Interacionismo simbólico – uma perspectiva teórica originada a partir do pragmatismo que parte do princípio de que as pessoas constroem as personalidades, a sociedade e a realidade pela interação. Como esta perspectiva se concentra nas relações dinâmicas entre o significado e as ações, ela trata dos processos ativos pelos quais as pessoas criam e medeiam as significações. As significações provêm das ações e, por sua vez, influenciam essas ações. Essa perspectiva pressupõe que os indivíduos são ativos, criativos e reflexivos, e que a vida social se compõe de processos.

Matriz condicional/consequencial – um dispositivo de codificação para revelar as intersecções das condições/consequências micro e macro das ações e esclarecer as conexões entre elas.

Método comparativo constante – um método de análise que gera sucessivamente mais conceitos abstratos e teorias por processos indutivos de comparação de dados com dados, de dados com a categoria, de categoria com categoria, e da categoria com o conceito. Portanto, as comparações integram cada uma das etapas do desenvolvimento analítico.

Modelo de indicador de conceito – um método de construção de teoria no qual o pesquisador constrói conceitos os quais consideram as relações definidas nos dados empíricos e onde cada conceito está baseado em indícios empíricos. Assim, o conceito é "fundamentado" nos dados.

Positivismo – uma epistemologia que endossa um método científico unitário que consiste na observação sistemática objetiva e na experimentação em um mundo externo. O objetivo da investigação positivista é descobrir e estabelecer leis gerais que explicam os fenômenos estudados e, a partir dos quais, possam-se elaborar previsões. Subsequentemente, a experimentação e a previsão podem levar ao controle científico sobre os fenômenos estudados.

Pós-modernismo – uma variação teórica a qual questiona os pressupostos fundamentais do Iluminismo com a sua crença na razão humana, na ciência e no progresso pela ciência. Os pós-modernistas variam daqueles que desejam reconhecer as formas intuitivas do conhecimento àqueles que exigem a rejeição niilista das formas modernas de saber e de ser no mundo, bem como a fundamentação destas nos valores iluministas.

Pragmatismo – uma tradição filosófica norte-americana que percebe a realidade como sendo caracterizada pela indeterminação e pela fluidez, bem como por sua abertura a múltiplas interpretações. O pragmatismo pressupõe que as pessoas são ativas e criativas. Na filosofia pragmatista, os significados emergem por meio das ações práticas para solucionar problemas e é por meio das ações que as pessoas acabam conhecendo o mundo. Os pragmatistas consideram que os fatos e os valores estejam mais vinculados que separados, e veem a verdade como relativista e provisória.

Redação de memorandos – a etapa intermediária fundamental da teoria fundamentada entre a coleta dos dados e a redação dos manuscritos. Quando os pesquisadores adeptos à teoria fundamentada escrevem memorandos, eles param e analisam as suas ideias sobre os códigos e as categorias emergentes, independentemente da forma como isso lhes ocorra (ver também Glaser, 1998). A redação de memorandos é um método crucial da teoria fundamentada porque induz os pesquisadores a analisarem os dados e desenvolverem os seus códigos dentro de categorias já na fase inicial do processo de pesquisa. Escrever memorandos sucessivos mantém os pesquisadores envolvidos na análise, ajudando-os a elevar o nível de abstração de suas ideias.

Reflexividade – a análise minuciosa do pesquisador da sua própria experiência de pesquisa, das suas decisões e interpretações de modo a levar o pesquisador para dentro do processo e permitir que o leitor avalie como e até que ponto os interesses, posturas e suposições do pesquisador influenciaram a investigação. Uma postura reflexiva informa como o pesquisador conduz a sua pesquisa, como se relaciona com os participantes da pesquisa e como os representa nos relatórios escritos.

Saturação teórica – refere-se ao ponto no qual a coleta de mais dados sobre uma categoria teórica não revela nenhuma propriedade nova nem permite *insights* teóricos novos sobre a teoria fundamentada emergente.

Teoria formal – uma versão teórica de um tema ou processo genérico que cobre várias áreas de estudo. Em uma teoria formal, os conceitos são abstratos e gerais, e a teoria especifica as conexões entre esses conceitos. As teorias que tratam da formação ou da perda da identidade, da construção da cultura ou do desenvolvimento de ideologias podem ajudar na compreensão do comportamento em áreas diversas como as gangues de jovens, a socialização dos profissionais e a experiência da imigração.

Teoria fundamentada – um método de condução da pesquisa qualitativa que se concentra na criação de esquemas conceituais de teorias por meio da construção da análise indutiva a partir dos dados. Por essa razão, as categorias analíticas são diretamente "fundamentadas" nos dados. O método privilegia a análise e não a descrição, as categorias novas em vez de ideias preconcebidas e teorias existentes, e a coleta de dados sequencial sistematicamente focada em vez de amplas amostras iniciais. Esse método distingue-se dos demais uma vez que implica o comprometimento do pesquisador na análise dos dados durante a coleta desses dados, utilizamos essa análise dos dados para instruir e determinar uma nova coleta de dados. Desse modo, a distinção nítida entre a coleta de dados e as fases de análise da pesquisa tradicional é intencionalmente obscurecida nos estudos da teoria fundamentada.

Teoria fundamentada objetivista – uma abordagem da teoria fundamentada na qual o pesquisador assume o papel de um observador imparcial, neutro, que permanece separado dos participantes da pesquisa, analisa as suas esferas de vida como um especialista não integrado ao grupo, e que trata as relações de pesquisa e a representação dos participantes como algo não problemático. A teoria fundamentada objetivista é uma forma de pesquisa qualitativa positivista e, assim, endossa muitos dos pressupostos e da lógica da tradição positivista.

Teoria substantiva – uma interpretação ou explicação teórica de um problema delimitado em uma área específica, como as relações familiares, as organizações formais ou a educação.

Referências

Alasuutari, P. (1992). *Desire and craving: A cultural theory of alcoholism.* New York: State University of New York Press.

______. (1995). *Researching culture: Qualitativo method and cultural studies.* London: Sage.

______. (1996). Theorizing in qualitative research: A cultural studies perspective. *Qualitative Inquiry, 2,* 371-384.

______. (2004). The globalization of qualitative research. In Clive Seale, Giampietro Gobo, Jaber F. Gubrium, & David Silverman (Eds.) *Qualitative research practice* (pp. 595-608). London: Sage.

Albas, C., & Albas, D. (1988). Emotion work and emotion rules: The case of exams. *Qualitative Sociology, 11,* 259-274.

Albas, D., & Albas, C. (1988). Aces and bombers: The post-exam impression management strategies of students. *Symbolic Interaction, 11,* 289-302.

______. (1993). Disclaimer mannerisms of students: How to avoid being labeled as cheaters. *Canadian Review of Sociology and Anthropology, 30,* 451-467.

Anderson, E. (1976). *A place on the comer.* Chicago: University of Chicago Press.

______. (2003). Jelly's place: an ethnographic memoir. *Symbolic Interaction, 26,* 217-237.

Anspach, R. (1979). From stigma to identity policies: Political activism among the physically disabled and former mental patients. *Social Science & Medicine, 13A,* 765-763.

Arendell, T. (1997). Reflections on the researcher-researched relationship: A woman interviewing men. *Qualitative Sociology, 20,* 341-368.

Ashworth, P. D. (1995). The meaning of 'participation' in participant observation. *Qualitative Health Research, S,* 366-387.

Atkinson, P. (1990). *The ethnographic imagination: Textual constructions of reality.* London: Routledge.

Atkinson, P., Coffey, A., & Delamont, S. (2003). *Key themes in qualitative research: Continuities and changes.* New York: Rowan and Littlefield.

Baker, C., Wuest, J., & Stern, P. (1992). Methods slurring: The grounded theory, phenomenology *exemple, Journal of Advanced Nursing, 17,* 1355-1360.

Baszanger, I. (1998). *Inventing pain medicine: From the laboratory to the clinic.* New Brunswick, NJ: Rutgers University Press.

Becker, H. S. ([1967] 1970).Whose side are we on? Reprinted as pp. 123-134 in his *Sociological work: Method and substance.* New Brunswick, NJ: Transaction Books.

______. (2003). The politics of presentation: Goffman and total institutions. *Symbolic Interaction, 26,* 659-669.

Becker, P. H. (1998). Pearis, pith, and provocations: Common pitfalls in grounded theory research. *Qualitative Health Research,* 3(2), 254-260.

Bergson, H. ([1903] 1961). *An introduction to metaphysics.* (Mabelle L. Andison, translator). New York: Philosophical Library, Inc.
Berk, R. A., Berk, S. E, Loseke, D. R., & Rauma, D. (1983). Mutual combat and other family violence myths. In D. Finkelho, et al. (Eds.), *The dark side of families* (pp. 197-212). Beverly Hills, CA: Sage.
Berk, R. A., Berk, S. F., Newton, J., & Loseke, D. R. (1984). Cops on call: Summoning the police to the scene of spousal violence. *Law & Soáety Review, 18(2),* 480-498.
Berk, S. E, & Loseke, D. R. (1980-1981). Handling family violence: Situational determinante of police arrest in domestic disturbances. *Law & Society Review, 15(2),* 317-346.
Biernacki, P. (1986). *Pathwaysfrom heroin addiction: Recovery without treatment.* Philadelphia: Temple University Press.
Biernacki, P. and Davis, F. (1970). Turning off: A study of ex-marijuana users. Paper presented at the Conference on Drug Use and Subcultures, Asilomar, California.
Bigus, O. E., Hadden, S. C., & Glaser, B. G. (1994).The study of basic social processes. In B. G. Glaser (Ed.), *More grounded theory methodology: A render* (pp. 38-64). Mill Valley, CA: Sociology Press.
Blumer, H. (1969). *Symbolic interactionism.* Englewood Cliffs, NJ: Prentice-Hall.
______. (1979). Comments on 'George Herbert Mead and the Chicago tradition of sociology'. *Symbolic Interaction, 2(2),* 21-22.
Bogard, C. (2001). Claimsmakers and contexts in early constructions of homelessness: A comparison of New York City and Washington, D.C. *Symbolic Interaction, 24,* 425-454.
Bowker, L. H., & Mauer, L. (1987).The medical treatment of battered wives. *Women & Health, 12(1),* 25-45.
Bowker, G., & Star, S. L. (1999). *Sorting things out: Classification and its consequences.* Cambridge, MA: MIT Press.
Bryant, A. (2002). Re-grounding grounded theory. *Journal of Information Technology Theory and Application,* 4(1), 25-42.
______. (2003). A constructivist response to Glaser. FQS; *Fórum for Qualitativo Socia Research, 4(i),* www.qualitative-research.net/fqs/.
Blumer, M. (1984). *Tize Chicago school of sociology: Institutionalization, diversity, and the rise of sociology.* Chicago: University of Chicago Press.
Burawoy, M. (1991). The extended case method. In M., Burawoy, A. Burton, A. A. Ferguson, K. Fox, J. Gamson, N. Gartrell, L. Hurst, C. Kurzman, L. Salzinger, J. Schiffman, & S. Ui, *Ethnography unbound: Power and resistance in the modern metropolis* (pp. 271-290). Berkeley: University of California Press.
______. (2000). Grounding globalization. In M. Burawoy, J. A. Bium, S. George, G. Sheba, Z. Gille, T. Gowan, L. Haney, M. Klawiter, S. A. Lopez, S. O' Riain, & M. Thayer, *Global ethnography: Forces, connections, and imaginations in apostmodern world* (pp. 337-373). Berkeley, CA: University of California Press.
Burke, RJ. (1980). The self: Measurements from an interactionist perspective. *Social Psychology Quarterly, 43,* 18-29.
Bury, M. (1982). Chronic illness as biographical disruption. *Sociology of Health & Illness, 4,* 167-182.
______. (1988). Meanings at risk: The experience of arthritis. In R. Anderson & M. Bury (Eds.), *Living with chronic illness* (pp. 89-116). London: Unwin Hyman.
______. (1991). The sociology of chronic illness: A review of research and prospects. *Sociology of Health & Illness, 13,* 452-468.
Calkins, K. (1970). Time perspectives, marking and styles of usage. *Social Problems,* 17,487-501.
Casper, M. (1998). *The unbom patient.* New Brunswick, NJ: Rutgers University Press.

Chang, D. B. K. (1989). An abused spouses self-saving process: A theory of identity transformation. *Sociological Perspectives, 32,* 535-550.
Chang, J. H.-L. (2000). Symbolic interaction and transformation of class structure: The case of China. *Symbolic Interaction, 23,* 223-251.
Charmaz, K. (1973). *Time and identity: The shaping of selves of the chronically ill.* PhD dissertation, University of California, San Francisco.
_____. (1983a). The grounded theory method: An explication and interpretation. In R. M. Emerson (Ed.), *Contemporary field research* (pp. 109-126). Boston: Littie Brown.
_____. (1983b). Loss of self: A fundamental form of suffering in the chronically ill. *Sociology of Health & Illness, 5,* 168-195.
_____. (1987). Struggling for a self: Identity levels of the chronically ill. In J. A. Roth & P. Conrad (Eds.), *Research in the sociology of health cure: Vol. 6. The experiente and management of chronic illness* (pp. 283-321). Greenwich, CT: JAI Press.
_____. (1990). Discovering chronic illness: Using grounded theory. *Social Science and Medicine,* 30,1161-1172.
_____. (1991a). *Good days, bad days: The self in chronic illness and time.* New Brunswick, NJ: Rutgers University Press.
_____. (1991b).Translating graduate qualitative methods into undergraduate teaching: Intensive interviewing as a case example. *Teaching Sociology, 19,* 384-395.
_____. (1995a). Body, identity, and self: Adapting to impairment. *The Sociological Quarterly, 36,* 657-680.
_____. (1995b). Grounded theory. In J. A. Smith, R. Harré, & L.Van Langenhove (Eds.), *Rethinking methods in psychology* (pp. 27-49). London: Sage.
_____. (1998). Research standards and stories: Conflict and challenge. Plenary presentation, Qualitative Research Conference. University of Toronto, Toronto, Ontario. May 15.
_____. (1999). Stories of suffering: Subjective tales and research narratives. *Qualitative Health Research, 9,* 362-382.
_____. (2000). Constructivist and objectivist grounded theory. In N. K. Denzin & Y. Lincoln (Eds.), *Handhook of Qualitative Research* (2nd ed., pp. 509-535). Thousand Oaks, CA: Sage.
_____. (2001). Qualitative interviewing and grounded theory analysis. In J. F. Gubrium & J. A. Hoktein (Eds.), *Handbook of interview research* (pp. 675-694). Thousand Oaks, CA: Sage.
_____. (2002a). Grounded theory: Methodology and theory construction. In N. J. Smelser & P. B. Baltes (Eds.), *International encyclopedia of the social and behavioral sciences* (pp. 6396- 6399). Amsterdam: Pergamon.
_____. (2002b). The self as habit: The reconstruction of self in chronic illiness. *The Occupational Therapy Journal of Research, 22* (Supplement l), 31s-42s.
_____. (2002c). Stories and silences: Disclosures and selfin chronic illness. *Qualitative Inquiry, 8(3),* 302-328.
_____. (2003). Grounded theory. In Jonathan A. Smith (Ed.), *Qualitative psychology: A practical guide to research methods* (pp. 81-110). London: Sage.
_____. (2004). Premises, principles, and practices in qualitative research: Revisiting the foundation. *Qualitative Health Research, 14,* 976-993.
_____. (2005). Grounded theory in the 21st century: A qualitative method for advancing social justice research. In N. Denzin & Y. Lincoln (Eds.), *Handbook of qualitative research* (3rd ed., pp. 507-535). Thousand Oaks, CA: Sage.
_____. (2006a). Grounded theory. In G. Ritzer (Ed.), *Encyclopedia of sociology.* Cambridge, MA: Blackwell.
_____. (2006b). Stories, silences, and self: Dilemmas in disclosing chronic illness. In D. Brashers D. Goldstein (Eds.), *Health communication.* New York: Lawrence Erlbaum.

Charmaz, K., & Mitchell, R. G. (1996).The myth of silent authorship: Self, substance, and style in ethnographic writing. *Symbolic Interaction, 19(4),* 285-302.
_____. (2001). An invitation to grounded theory in ethnography. In P. Atkinson, A. Coffey, S. Delamonte.J. Lofland, & L. H. Lofland (Eds.), *Handbook of Ethnography* (pp. 160-174). London: Sage.
Charmaz, K., & Olesen,V. (1997). Ethnographic research in medical sociology. *Sodological Methods and Research,* 25(4), 452-494.
Chenitz, W. C., & Swanson, J. M. (Eds.) (1986). *From practice to grounded theory: qualitative research m nursing.* Reading, MA: Addison-Wesley.
Clark, C. (1997). *Misery and company: Sympathy in everyday life.* Chicago: University of Chicago Press.
Clarke, A. E. (1998). *Disciplining reproduction: Modernity, American life sciences, and the problems of sex.* Berkeley, CA: University of California Press.
_____. (2003). Situational analyses: Grounded theory mapping after the postmodern turn. *Symbolic Interaction, 26,* 553-576.
_____. (2005). *Situational Analysis: Grounded theory after the postmodern twn.* Thousand Oaks, CA: Sage.
Clifford, J., & Marcus, G. (1986). *Writing culture: The poetics and politics of ethnography.* Berkeley, CA: University of California Press.
Coffey, A., & Atkinson, P. (1996). *Making sense of qualitative data: Complementary research strategies.* Thousand Oaks, CA: Sage.
Coffey, A., Holbrook, R., & Atkinson, P. (1996). Qualitative data analysis: Technologies and representations. *Sodological Research On-line,* 1.
Collins, P. H. (1990). *Black feminist thought: Knowledge, consciousness, and the politics of empowerment.* New York: Routledge, Chapman, Hall.
Collins, R. (2004a). Interaction ritual chains. Distinguished Lecture, sponsored by Alpha Kappa Delta, presented at the American Sociological Association. San Francisco, August 14.
_____. (2004b). *Interaction ritual chains.* Princeton, NJ: Princeton University Press.
Cooley, C. H. (1902). *Human nature and social order.* New York: Charles Scribner's Sons.
Conrad, P. (1990). Qualitative research on chronic illness: A commentary on method and conceptual development. *Social Science & Medicine, 30,* 1257-1263.
Corbin, J. M. (1998). Alternative interpretations: Valid or not? *Theory & Psychology, 8,*121-128.
Corbin, J., & Strauss, A. L. (1987). Accompaniments of chronic illness: Changes in body, self, biography, and biographical time. In J. A. Roth & P. Conrad (Eds.), *Research in the sociology of health care: Vol. 6. The experience and management of chronic illness* (pp. 249-281). Greenwich, CT: JAI Press.
_____. (1990). Grounded theory research: Procedures, canons, and evaluative criteria. *Qualitative Sociology, 13(1),* 3-21.
_____. (1988). *Unending Work and Care: Managing Chronic Illness at Home.* San Francisco: Jossey-Bass.
Creswell, J. (1998). *Qualitative inquiry and research design: Choosing among five traditions.* Thousand Oaks, CA: Sage.
Dahlberg, C. C., & Jaffe, J. (1977). *Stroke: A doctor's personal story of his recovery.* New York: Norton.
Dalton, M. (1959). *Men who manage.* New York: Wiley.
Daly, K. (2002). Time, gender, and the negotiation of family schedules. *Symbolic Interaction, 25,* 323-342.
Davis, F. (1963). *Passage through crisis: Palio victims and their families.* Indianapolis: Bobbs-Merrill.

Davis, M. S. (1971). 'That's interesting!' Towards a phenomenology of sociology and a sociology of phenomenology. *Philosophy of the Social Sciences, l,* 309-344.
Deely, J. N. (1990). *Basics of semiotics.* Bloomington: Indiana University Press.
Denzin, N. K. (1984). *On understanding emotion.* San Francisco: Jossey-Bass.
_____. (1994). The art and politics of interpretation. In N. K. Denzin & Y. S. Lincoln (Eds.), *Handbook of qualitative research* (pp. 500-515).Thousand Oaks, CA: Sage.
Denzin, N. K., & Lincoln, Y. S. (Eds.) (1994). *Handbook of qualitative research.* Thousand Oaks, CA: Sage.
Derricourt, R. (1996). *An author's guide to scholarly publishing.* Princeton, NJ: Princeton University.
Dey, I. (1999). *Crounding grounded theory.* San Diego: Academic Press.
_____. (2004). Grounded theory. In C. Seale, G. Gobo, J. F. Gubrium, & D. Silverman (Eds.), *Qualitative research practice* (pp. 80-93). London: Sage.
Diamond, T. (1992). *Making gray gold.* Chicago: University of Chicago Press.
DiGiacomo, S. M. (1992). Metaphor as illness: Postmodern dilemmas in the representation of body, mind and disorder. *Medical Anthropology, 14,* 109-137.
Dingwall, R. (1976). *Aspects of Illness.* Oxfbrd: Martin Robertson.
Dobash, R. E., & Dobash, R. P. (1979). *Violence against wives.* New York: Free Press.
_____. (1981). Community response to violence against wives: Charivari, abstract justice and patriarchy. *Social Problems, 28,* 563-581.
Durkheim, E. (1902/1960). *The division of labor in society.* Glencoe, IL: Free Press.
_____. (1915/1965). *Elementar forms of religious life.* New York: Free Press.
_____. (1925/1961). *Moral education: A study in the theory and Application of the sociology of education.* New York: Free Press.
_____. (1951). *Suicide.* Glencoe, IL: Free Press.
Edwards, S. (1987). Provoking her own demise: From common assault to homicide. In J. Hanmer and M. Maynard (Eds.), *Women, violence and social control* (pp. 152-168). Atlantic Highlands: Humanities press International, Inc.
Eide, L. (1995). *Work in progress: A guide to writing and revising* (3rd ed.). New York: St Martins.
Elbow, P. (1981). *Writing with power.* New York: Oxfbrd University Press.
Ellis, C. (1986). *Fisher Folk: Two communities on Chesapeake Bay.* Lexington, KY: The University of Kentucky.
_____. (1995). Emotional and ethical quagmires of returning to the field. *Journal of Contemporary Ethnography, 24(1),* 68-98.
Emerson, R. M. (1983). Introduction to Part II: Theory and evidence and representation. In R. M. Emerson (Ed.), *Contemporary field research: A collection of readings* (pp. 93-107). Boston: Litle Brown.
_____. (2001). Introduction to Part III: producing ethnographies: Theory, evidence and representation. In R. M. Emerson (Ed.), *Contemporary field research: Perspectives and formulations* (2nd ed., pp. 281-316). Prospect Heights, IL: Waveland Press.
_____. (2004).Working with 'Key Incidents.' In Clive Seale, Giampietro Gobo, Jaber F. Gubriurn, & David Silverman (Eds.), *Qualitative Research Practice* (pp. 457-472). London: Sage.
Fabrega, H. Jr., & Manning, P. K. (1972). Disease, illness and deviant careers. In R. A. Scott & J. D. Douglas (Eds.), *Theoretical perspectives on deviance* (pp. 93-116). New York: Basic Books.
Fann, K.T. (1970). *Peirce's theory of abduction. The* Hague: Martinus Nijhoff.
Ferraro, K. J. (1987). Negotiating trouble in a battered women's shelter. In M. J. Deegan, & M. R. Hill (Eds.), *Women and symbolic interaction* (pp. 379-394). Boston: AUen & Unwin.
_____. (1989). Policing woman battering. *Social Problems,* 30(3), 61-74.

Ferraro, K. J., & Johnson, J. M. (1983). How women experience battering: The process of victimization. *Social Problems, 30,* 325-339.
Fielding, N. G., & Lee, R. M. (1998). *Computer analysis and qualitative data.* London: Sage.
Finch, J. and Mason, J. (1990). Decision taking in the fieldwork process: Theoretical sampling and collaborative working. In R, G. Burgess (Ed.), *Studies m qualitative methodology: Reflections on field experience* (pp. 25-50). Greenwich, CT: JAI Press.
Fine, G. A. (1986). *With the boys: Litlle league baseball and preadolescent culture.* Chicago: University of Chicago Press.
______. (1998). *Morel tales: The culture of mushrooming.* Cambridge, MA: Harvard University Press.
Flick, U. *(199S). An introduction to qualitative research.* Thousand Oaks, CA: Sage.
Flowers, L. (1993). *Problem-solving strategies for writing* (4th ed.). Fort Worth, TX: Harcourt Brace. Jovanovich.
Frank. A. W (1990). Bringing bodies back in: A decade review. *Theory, Culture & Society, 7,*131-162.
______. (1991a). *At the will of the body.* Boston: Houghton Mifflin.
______. (1991b). For a sociology of the body: An analytical review. In M. Featherstone, M. Hepworth, & B. S. Turner (Eds.), *The body: Social process and cultural theory* (pp. 36-102). London; Sage.
Frankenberg, R. (1990). Disease, literature and the body in the era of AIDS - A preliminary exploration. *Sociology of Health & Illness, 12,* 351-360.
Freund, P. E. S. (1982). *The civilized body: Social domination, control, and health.* Philadelphia, PA: Temple University Press.
______. (1988). Bringing society into the body: Understanding socialized human nature. *Theory and Society, 17,* 839-864.
______. (1990). The expressive body: A common ground for the sociology of emotions and health and illness. *Sociology of Health & Illness, 12,* 452-477.
Gadow, S. (1982). Body and self: A dialectic. In V. Kestenbaum (Ed.), *The humanity of the ill: Phenomenological perspectives* (pp. 86-100). Knoxville, TN: University of Tennessee Press.
Geertz, C. (1973). *The interpretation of cultures.* New York: Basic Books. Gerhardt, U. (1979). Coping and social action: Theoretical reconstruction of the life-event approach. *Sociology of Health & Illness, l,* 195-225.
______. 1989. Ideas about illness: An intellectual and political history of medical sociology. New York: New York University Press.
Giles-Sims, J. (1983). Wife battering: A systems theory approach. New York: The Guilfbrd Press.
Glaser, B. G. (1978). *Theoretical sensitivity.* MilI Valley, CA: The Sociology Press.
______. (1992). *Basics of grounded theory analysis.* Mill Valley, CA: The Sociology Press.
______. (Ed.) (1994). *More grounded theory.* Mill Valley CA: The Sociology Press.
______. (1998). *Doing grounded theory: Issues and discussions.* Mill Valley, CA: The Sociology Press.
______. (2001) *The grounded theory perspective: Conceptualization contrasted with description.* Mill Valley, CA: The Sociology Press.
______. (2002). Constructivist grounded theory? Forum qualitative Sozialforschung/Forum: *Qualitative Social Research [On-line Journal], 3.* Available at: http: //www. qualitative-research.net/fqs-texte/3-02/3-02glaser-e-htm.
______. (2003). *Conceptualization contrasted with description.* Mill Valley, CA: The Sociology Press.
Glaser, B. G., & Strauss, A. L. (1965). *Awareness of dying.* Chicago: Aldine.
______. (1967). *The discovery of grounded theory.* Chicago: Aldine.

______. (1968). *Time for dying.* Chicago: Aldine.
______. (1971). *Status passage.* Chicago: Aldine.
Glassner, B. (1988). *Bodies.* New York: Putnam.
______. (1989). Fitness and the postmodern self. *Journal of Health and Social Behavior, 30,*180-191.
Goffmman, E. (1959). *The presentation of self in everyday life.* Garden City, NY: Doubleday Anchor Books.
______. (1961). *Asylums.* Garden City, NY: Doubleday Anchor Books.
______. (1963). *Stigma.* Englewood Cliffs, NJ: Prentice-Hall.
______. (1967). *Interaction ritual.* Garden City, NY: Doubleday Anchor Books.
______. (1969). *Strategic interaction.* Philadelphia: University of Pennsylvania Press.
Gorden, R. (1987). *Interviewing: strategies, techniques, and tactics.* Homewood, IL: Dorsey.
Goulding, C. (2002). *Grounded theory: A practical guide for management, business, and market researchers.* London: Sage.
Guba, E. G., & Lincoln,Y. S. (1994). Competing paradigms in qualitative research. In N. K. Denzin, & Y. S. Lincoln (Eds.), *Handbook of qualitative research* (pp. 105-118). Thousand Oaks, CA: Sage.
Gubrium, J. F. (1993). *Speaking of life: Horizons of meaning for nursing home residents.*
Hawthorne, NY: Aldine de Gruyter. Gubrium. J. F., & Holstein, J. A. (1997). *The new language of qualitative research.* New York: Oxford University Press.
Gubrium, Jaber F. and Holstein, James A. (Eds.) (2001). *Handbook of interview research: Context and method.* Thousand Oaks, CA: Sage.
Hall, W. A., & Callery, P. (2001). Enhancing the rigor of grounded theory: Incorporating reflexivity and relationality. *Qualitative Health Research, 11,* 257-272.
Hartsock, N. C. M. (1998). *The feminist standpoint revisited and other essays.* Boulder, CO: Westview.
Henwood, K., & Pidgeon, N. (2003). Grounded theory in psychological research. In P. M. Camic, J. E. Rhodes, & L. Yardiey (Eds.), *Qualitative research in psychology: Expanding perspectives in methodology and design* (pp. 131-155). Washington, DC: American Psychological Association.
Hermes. J. (1995). *Reading women's magazines.* Cambridge, UK: Polity Press. Hertz, R. (2003). Paying forward and paying back. *Symbolic Interaction, 26,* 473-486.
Hewitt, J. P. (1992). *Self and sociefy.* New York: Simon and Schuster.
Hogan, N., Morse, J. M., & Tasón, M. C. (1996). Toward an experiential theory of bereavement. *Omega, 33,* 43-65.
Holliday, A. (2002). *Doing and writing qualitative research.* London: Sage.
Holstein, J. A., & Gubrium, J. F. (1995). *The active interview.* Thousand Oaks, CA: Sage.
Hood, J. C. (1983). *Becoming a two-job family.* New York: Praeger.
Jankowski, M. S. (1991). *Islands in the street: Gangs and American urban society.* Berkeley, CA: University of California Press.
Kearney, Margaret H. (1998). Ready to wear: Discovering grounded formal theory. *Research in Nursing & Health, 21,* 179-186.
Kelle, U. (2005, May). Emergence vs. forcing of empirical data? A crucial problem of 'grounded theory' reconsidered [52 paragraphs]. *Forum Qualitative Sozialforschung/Forum: Qualitative Social Research* [On-line Journal] 6(2),Art. 27. Available at http//www.qualitative-research.net/fqs-texte/2-05/05-2-27-e.htm [Date of Access: 05-30-05].
Kestenbaum, V. (1982). Introduction: The Experience of illness. In V. Kestenbaum (Ed.), *The humanity of the ill: Phenomenological perspectives* (pp. 3-38). Knoxville: University of Tennessee Press.
Kleinman, A., Brodwin, D., Good, B. J., & Good, M. D. (1991). Introduction. In M. D. Good. P. E. Brodwin, B. J. Good, & A. Kleinman (Eds.), *Pain as human experience: An anthropological perspective* (pp. 1-28). Berkeley: University of California Press.

Kotarba, J. A. (1994). Thoughts on the body: Past, present, and future. *Symbolic Interaction, 17*, 225-230.
Kuhn, T. S. (1962). *The structure of scientific revolutions.* Chicago: University of Chicago Press.
Kusow, A. (2003) Beyond indigenous authenticity: Reflections on the inside/outsider debate in immigration research. *Symbolic Interaction, 26,* 591-599.
Latour, B., & Woolgar, S. ([1979] 1986). *Laboratory life: The social construction of scientific facts* (2nd ed.). Princeton, NJ: Princeton University Press.
Layder, D. (1998). *Sociological practice: Linking theory and social research.* London: Sage.
Lazarsfeld, P. and Rosenberg, M. (Eds.) (1955). *The language of social research; a reader in the methodology of social research.* Glencoe, IL: Free Press.
Lempert, L. B. (1996).The Une in the sand: Definitional dialogues in abusive relationships. N. K. Denzin (Ed.), *Studies m Symbolic Interaction, 18* (pp. 171-195). Greenwich, CT: JAI Press.
______. (1997). The other side of help: the negative effects of help-seeking processes of abused women. *Qualitative Research, 20,* 289-309.
Lewis, K. (1985). *Successful living with chronic illness.* Wayne, NJ: Avery.
Lindesmith, A., Strauss, A. L., & Denzin, N. K. (1988). *Social psychology.* Englewood Cliffs, NJ: Prentice-Hall.
Locke, K. (2001). *Grounded theory in management research.* Thousand Oaks, CA: Sage.
Locker, D. (1983). *Disability and disadvantage: The consequences of chronic illness.* London; Tavistock.
Lofland. J. (1970). Interactionist imagery and analytic interruptus. In T. Shibutani (Ed.), *Human nature and collective behavior.* Englewood Clifis, NJ: Prentice-Hall.
Lofland, J., & Lofland, L. H. (1984). *Analyzing social settings* (2nd ed.). Belmont, CA: Wadsworth.
______. (1995). *Analyzing social settings* (3rd ed.). Belmont, CA: Wadsworth.
Lonkila, M. (1995). Grounded theory as an emerging paradigm for computer-assisted qualitative data analysis. In K. Udo (Ed.), *Computer-aided qualitative data analysis: Theory, methods and practice* (pp. 41-51). London: Sage.
Loseke, D. R.. (1987). Lived realities and the construction of social problems: The case of wife abuse. *Symbolic Interaction, 10,* 229-243.
______. (1992). *The battered woman and shelters: The social construction of wife abuse.* Albany, NY: State University of New York Press.
Luker, K. (1984). *Abortion and the politics of motherhood.* Berkeley, CA: University of California Press.
Lynd, R. S. (1939). *Knowledge for what?: The place of social science in American culture.* Princeton, NJ: Princeton University Press.
MacDonald, L. (1988). The experience of stigma: Living with rectal cancer. In R. Anderson & M. Bury (Eds.), *Living with chronic illness* (pp. 177-202). London: Unwin Hyman.
MacKinnon, C. A. (1993). Feminism, marxism, method and the state: Toward a feminist jurisprudence. In P. B. Bart and E. G. Moran (Eds.), *Violence against women* (pp. 201-208). Newbury Park, CA: Sage.
Maines, D. R. (2001). *The faultline of consciousness: A view of interactionism in sociology.* New York: Aldine de Gruyter.
Markovsky,B. (2004). Theory construction. In G. Ritzer (Ed.), *Encyclopedia of social theory, volume II* (pp. 830-834). Thousand Oaks, CA: Sage.
Martin, D. (1976). *Battered wives.* New York: Pocket Books.
Maynard, D. (2003). *Good news, bad news: Conversational order in everyday talk and clinical settings.* Chicago: University of Chicago Press.
Mead, G. H. (1932). *Philosophy of the present.* La Salle, IL: Open Court Press.

_____. (1934). *Mind, self and society.* Chicago: University of Chicago Press.
Melia, K. M. (1987). *Learning and working: The occupational socialization of nurses.* London: Tavistock.
_____. (1996). Rediscovering Glaser. *Qualitative Health Research, 6,* 368-378.
Merton, R. K. (1957). *Social theory and social structure.* Glencoe, IL: Free Press.
Miller, D. E. (2000). Mathematical dimensions of qualitative research. *Symbolic Interaction,* 23,399-402.
Miller, G. (1997). Contextualizing texts: Studying organizational texts. In G. Miller & R. Dingwall (Eds.), *Context and method in qualitativ research* (pp. 77-91). London: Sage.
Mills, T. (1985). The assault on the self: Stages in coping with battering husbands. *Qualitative Sociology, 8,* 103-123.
Mitchell, R. G. (1991). Field notes. Unpublished manuscript, Oregon State University, Corvallis, OR.
_____. (2002). *Dancing to armageddon: Survivalism and chaos in modern times.* Chicago: University of Chicago Press.
Morrill, C. (1995). *The executive way: Conflict management in corporations.* Chicago: University of Chicago Press.
Morse. J. M. (1995). The significance of saturation. *Qualitative Health Research, 5,*147-149.
Murphy, E., & Dingwall, R. (2003). *Qualitative methods and health policy research.* New York: Aldine de Gruyter.
Murphy, R. F. (1987). *The body silent.* New York: Henry Holt.
Olesen, V. (1994). Problematic bodies: Past, present, and future. *Symbolic Interaction, 17,* 231-237.
Olesen, V, Schatzman, L., Droes, N., Hatton, D., & Chico, N. (1990). The mundane ailment and the physical self: Analysis of the social psychology of health and illness. *Social Science & Medicine, 30,* 449-455.
Pagelow, M. D. (1984). *Family Violence.* Praeger: New York.
Park, R. E., & Burgess, E.W (Eds.) (1921). *The city.* Chicago: University of Chicago Press.
Parsons. T. (1953). *The social system.* Glencoe, IL: Free Press.
Peirce, C. S. (1958). *Collected Papers.* Cambridge, MA: Harvard University Press.
Pollner, M., & Emerson, R. M. (2001). Ethnomethodology and ethnography. In P. Atkinson, A. Coffey, S. Delamont, J. Lofland, & L. H. Lofland (Eds.), *Handbook of ethnography* (pp. 118-135). London: Sage.
Prior, L. F. (2003). *Using documents in social research.* London: Sage.
Prus, R. C. (1987). Generic social processes: Maximizing conceptual development in ethnographic research. *Journal of Contemporary Ethnography, 16,* 250-293.
_____. (1996). *Symbolic interaction and ethnographic research: Intersubjectivity and the study of human lived experience.* Albany, NY: State University of New York Press.
Radley, A. (1989). Style, discourse and constraint in adjustment to chronic illness. *Sociology of Health & Illness, 11,* 230-252.
Radley, A., & Green, R. (1987). Illness as adjustment: A methodology and conceptual framework. *Sociology of Health & Illness, 9,* 179-206.
Reinharz, S. (1992). *Feminist methods in social research.* New York: Oxford University Press.
Reinharz, S., & Chase, S. E. (2001). Interviewing women. In J. F. Gubrium & J.A. Holstein (Eds.), *Handbook of interview research* (pp. 221-238).Thousand Oaks, CA: Sage.
Richardson, L. (1990). *Writing strategies: Researching diverse audiences.* Newbury Park, CA: Sage.
_____. (1994).Writing: A method of inquiry. In N. K. Denzin &Y. S. Lincoln (Eds.), *Handbook of qualitative research* (pp. 516-529).Thousand Oaks, CA: Sage.

Rico, G. L. (1983). *Writing the natural way: Using right-brain techniques to release your expressive powers.* Los Angeles: J. P. Tarcheir.
Ritzer, G., & Goodman, D. J. (2004). *Classical sociological theory* (4th ed.). Boston: McGraw Hill.
Robrecht, L. C. (1995). Grounded theory: Evolving methods. *Qualitative Health Research, 5,* 169-177.
Rock, P. (1979). *The making of symbolic interactionism.* London: Macmillan.
Rosenthal, G. (2004). Biographical research. In C. Seale, G. Gobo, J. F. Gubrium, & D. Silverman (Eds.), *Qualitative research practice* (pp. 48-64). London: Sage.
Roth. J. (1963). *Timetables.* New York: Bobbs-Merrill.
Rubin, H. J., & Rubin, I. S. (1995). *Qualitative interviewing: The art of hearing.* Thousand Oaks, CA: Sage.
Sanders, C. R. (1990). *Customizing the body.* Philadelphia, PA: Temple University Press.
Sarton, M. (1988). *After the stroke: A journal.* New York: W.W. Norton.
Schechter, S. (1982). *Women and male violence.* Boston: South End Press.
Scheper-Hughes, N., & Lock, M. M. (1987). The mindfull body: A prolegomenon to future work in medical anthropology. *Medical Anthropology Quarterly, 1,* 6-41.
Schneider, M. A. (1997). Social dimensions of epistemological disputes: The case of literary theory. *Sociological Perspectives, 40,* 243-264.
Schreiber, R. S. & Stern, P. N. (Eds.) (2001). *Using Grounded Theory in Nursing.* New York: Springer.
Shostak, S. (2004). Environmental justice and genomics: Acting on the futures of environmental health. *Science as Culture, 13,* 539-562.
Schutz, A. (1967 [1932]). *The phenomenology of the social world.* Evanston, IL: Northwestern University Press.
Schwalbe, M., & Wolkomir, M. (2002). Interviewing men. In J. F. Gubrium &J.A. Holstein (Eds.), *Handbook of interview research* (pp. 203-219). Thousand Oaks, CA: Sage.
Schwandt, T. A. (1994). Constructivist, interpretivist approaches to human inquiry. In N. K. Denzin & Y. S. Lincoln (Eds.), *Handbook of qualitative research* (pp. 118-137). Thousand Oaks, CA: Sage.
Seale, C. (1999). *The quality of qualitative research.* London: Sage.
Seidman, I. E. (1998). *Interviewing as qualitative research: A guide for researchers in education and the social sciences* (2nd ed.). New York: Teachers College Press.
Shilling, C. (1993). *The body and social theory.* London: Sage.
Silverman, D. (1997). *Discourses of counselling: HIV counselling as social interaction.* London: Sage.
______. (2000). *Doing qualitative research: A practical handbook.* London: Sage.
______. (2001). *Interpreting qualitative data: Methods for analysing talk, text, and interaction.* (2nd ed.). London: Sage.
______. (2004). *Instances or sequences?: Improving the state of the art of qualitative research.* Paper presented at the Qualitative Research Section of the European Sociological Association, Berlin, September.
Smith, D. E. (1987). *The everyday world as problematic: A feminist sociology.* Boston, MA: Northeastern University Press.
______. (1999). *Writing the social: Critique, theory and investigations.* Toronto: University of Toronto Press.
Soulliere, D., Britt, D. W., & Maines, D. R. (2001). Conceptual modeling as a toolbox for grounded theorists. *Sociological Quarterly, 42(2),* 253-269.
Speelling, E. (1982). *Heart attack: The family response at home and in the hospital.* New York: Tavistock.

Star, S. L. (1989). *Regions of the mind: Brain research and the quest for scientific certainty.* Palo Alto, CA: Stanford University Press.

______. (1999).The ethnography of infrastructure. *American Behavioral Scientist, 43,*377-391.

Stark, E. and Filcraft. A. (1983). Social knowledge, social policy, and the abuse of women. In D. Finkelhor, et al. (Eds.), *The dark side of families* (pp. 330-348). Beverly Hills, CA: Sage.

______. (1988). Violence among intimates-An epidemiological review. In V. B. VanHasselt, et al. (Eds.), *Handbook of Family Violence* (pp. 293-317). New York: Plenum Press.

Stephenson, J. S. (1985). *Death, grief, and mourning: Individual and social realities.* New York: Free Press.

Stern, P. N. (1994a). Eroding grounded theory. In J. Morse (Ed.), *Critical issues in qualitative research methods* (pp. 212-223). Thousand Oaks, CA: Sage.

______. (1994b).The grounded theory method: Its uses and processes. In B. G. Glaser (Ed.), *More grounded theory: A reader* (pp. 116-126). Mill Valley, CA: The Sociology Press.

Straus, M. A. (1977). A sociological perspective on the prevention and treatment of wife-beating. In M. Roy (Ed.), *Battered women* (pp. 194-238). New York: Van Nostrand Reinhold.

Straus, M. A., Gelles, R. J., & Steinmetz, S. (1980). *Behind closed doors.* Garden City, NY: Doubleday

Strauss, A. L. (1959). *Mirror's and masks.* Mill Valley, CA: The Sociology Press.

______. (1978a). A social worids perspective. *Studies in Symbolic Interaction, 1,* 119-128.

______. (1978b). *Negotiations: Varieties, contexts, processes and social order.* San Francisco: Jossey Bass.

______. (1987). *Qualitative analysis for social scientists.* New York: Cambridge University Press.

______. (1993). *Continual permutations of action.* New York: Aldine de Gruyter.

______. (1995). Notes on the nature and development of general theories. *Qualitative Inquiry,* 1, 7-18.

Strauss. A., & Corbin, J. (1990). *Basics of qualitative research: Grounded theory procedures and techniques.* Newbury Park, CA: Sage.

______. (1994). Grounded theory methodology: An overview. In N. K. Denzin & Y. S. Lincoln (Eds.), *Handbook of qualitative research* (pp. 273-285).Thousand Oaks, CA: Sage.

______. (1998). Basics of qualitative research: *Grounded theory procedures and techniques* (2nd ed.). Thousand Oaks, CA: Sage.

Strauss, A. L., & Glaser, B. G. (1970). *Anguish.* Mill Valley, CA: The Sociology Press.

Strauss. A. L., Schatzman, L., Bucher, R., Ehrlich, D., & Sabshin, M. (1963). The hospital and its negotiated order. In E. Friedson (Ed.), *The hospital in modern sodety* (pp. 147-168). Glencoe, IL: Free Press.

Thomas, J. (1993). *Doing critical ethnography.* Newbury Park, CA: Sage.

Thorne, S. E. (2001). The implications of disciplinary agenda on quality criteria for qualitative research. In J. M. Morse, J. M. Swanson, & A. Kuzel (Eds.), *The nature of qualitative evidence* (pp. 141-159). Thousand Oaks, CA: Sage.

Thorne, S. Jensen, L., Kearney, M. H., Noblit, G., & Sandelowski, M. (2004). Qualitative metasynthesis: Reflections on methodological orientation and ideological agenda. *Qualitative Health Research, 14,* 1342-1365.

Thulesius, H., Hakansson. A., & Petersson, K. (2003). Balancing: A basic process in the end-of-life care. *Qualitative Health Research, 13,* 1357-1377.

Timmermans, S. (1999). *Sudden death and the myth of CPR.* Philadelphia, PA; Temple University Press.

Turner, B. S. (1992). *Regulating bodies: Essays in medical sociology.* London: Routledge.
Tweed, A. E., & Salter, D. P. (2000). A conflict of responsibilities: A grounded theory study of clinical psychologists' experiences of client non-attendance within the British Nacional Health Service. *British Journal of Medical Psychology, 73,* 465-481.
Urquhart, C. (1998) Exploring analyst-client communication: Using grounded theory techniques to investigate interaction in informal requirements. In A. S., Lee, J., Liebenau, & J. I. DeGross (Eds.), *Information systems and qualitative research* (149-181). London: Chaprnan & Hall.
_____. (2003). Re-grounding grounded theory-or reinforcing old prejudices?: A brief response to *Bryint. Journal of Information Technology Theory and Application, 4,* 43-54.
van den Hoonaard, W. C. (1997). *Working with sensitizing concepts: Analytical Field research.* Thousand Oaks, CA: Sage.
Van Maanen. J. (1988). *Tales of the field.* Chicago: University of Chicago Press.
Walker, L. E. (1979). *The battered woman.* New York: Harper & Row.
_____. (1989). *Terrifying love.* New York: Harper & Row.
Wiener, C. L. (2000). *The elusive quest: Accountability in hospitals.* New York: Aldine de Gruyter.
Williams, G. (1984). The genesis of chronic illness: Narrative reconstruction. *Sociology of Health & Illness, 6,* 175-200.
Wilson, H. S., & Hutchinson, S. (1991). Triangulation of qualitative methods: Heideggerian hermeneutics and grounded theory. *Qualitative Health Research, l,* 263-276.
_____. (1996). Methodologic mistakes in grounded theory. *Nursing Research, 4(2),* 122-124.
Wuest, J. (2000). Negotiating with helping systems: An example of grounded theory envolving through emergent fit. *Qualitative Health Research, 10,* 51-70.
Zoia, I. K. (1982). *Missing pieces: A chronicle of living with a disability.* Philadelphia, PA: Temple University Press.
_____. (1991). Bringing our bodies and ourselves back in: Reflections on a past, present, and future 'Medical Sociology.' *Journal f Health and Social Behavior, 32,* 1-16.

Índice